헤르만 헤르츠버거의

건축 수업

Lessons for students in Architecture
by Herman Hertzberger
Copyright ⓒ 1991 Uitgeverij 010 Publishers,
Watertorenweg 180, 3063 HA Rotterdam, The Netherlands(original edition)

All rights reserved.
Korean Translation Copyright ⓒ Hyohyung Publishing Company, 2009
Korean Translation edition published by arrangement with Uitgeverij 010 Publishers
through PubHub Literary Agency.

이 책의 한국어판 저작권은 PubHub 에이전시를 통한 저작권자와의 독점 계약으로 효형출판에 있습니다.
저작권법에 의해 한국 내에서 보호를 받는 저작물이므로 무단 전재와 무단 복제를 금합니다.

국립중앙도서관 출판시도서목록(CIP)

헤르만 헤르츠버거의 건축 수업 : 모든 사람을 행복
하게 하는 건축가 / 헤르만 헤르츠버거 지음 ; 안진이
옮김. — 파주 : 효형출판, 2009
    p. ;   cm

원제: Lessons for students in architecture
원저자명: Herman Hertzberger
참고문헌 수록
영어로 번역된 네덜란드어 원작을 한국어로 중역함
ISBN 978-89-5872-083-6 03540 : ₩18,000

건축 설계[建築設計]

610-KDC4
720-DDC21   CIP2009002905

모든 사람을 행복하게 하는 건축가
헤르만 헤르츠버거의
건축 수업

안진이 옮김

효형출판

일러두기

1. 이 책은 1973년부터 델프트 공과대학에서 저자가 강의해온 내용과 그의 저서 《Het openbare rijk(Public Domain)》(1982), 《Ruimte maken, ruimte laten(Making Space, Leaving Space)》(1984), 《Uitnodigende vorm(Inviting Form)》(1988) 가운데 중요한 부분을 엄선해 담았다.
2. 2005년 출간된 개정 5판을 우리말로 옮겼으며, 도판과 참고 문헌은 6판(2009)을 참고했다.
3. 독자의 이해를 돕기 위해 원서의 마지막 장을 맨 앞으로 옮겨 실었다.
4. 본문의 해당 도판 번호를 소제목 뒤에 위첨자로 적었다.
5. 인용문의 출처는 본문과 부록의 참고 문헌에 원문자(예: ①)로 표기했다.

한국의 독자들에게

졸저 《Lessons for Students in Architecture》가 중국과 일본에 이어 한국에서 《헤르만 헤르츠버거의 건축 수업》이라는 제목으로 젊은 건축학도들과 만나게 되어 기쁘다.

이 '수업'은 1980년대 네덜란드 델프트 공과대학에서 했던 강의에 그 뿌리를 두고 있다. 이 책에서 다룬 주제와 예는 두 권의 책—《Space and the Architect》(2001)와 《Space and Learning》(2008)—으로 발전·심화되었다. 내가 이처럼 30년 가까이 하나의 주제에 천착하는 까닭은 이 책에서 다루는 내용이야말로 젊은 건축학도가 반드시 익혀야 할 기본이라고 확신하기 때문이다. 동시에 건축계를 지배해왔고, 여전히 맹위를 떨치고 있는 전통과 권위에 대한 비판이기도 하다.

건축을 공부하는 이들에게 이 책과 '수업'이 작은 길잡이가 되길 희망한다.

2009년 가을
헤르만 헤르츠버거

머리말

"어려운 일이란 없다. 정작 어려운 것은 일을 해낼 수 있는 조건을 만드는 것이다."
―브랑쿠시

건축가가 수업을 할 때는 당연히 자신의 작품을 출발점으로 삼게 된다. 경험을 토대로 하는 것이야말로 건축가가 자기 의견을 전달하는 최고의 방법이다. 이 책의 내용 역시 실제 작업을 중심으로 전개된다. 작품을 하나하나 보여주면서 각각의 특징을 차례로 설명하는 방식이 아니라, 서로 다른 특징을 있는 그대로 나열하면서도 전체적으로는 하나의 이론으로 귀결되도록 했다. 실천을 이론으로 전화轉化시키는 것은 다양한 요소가 조직되는 방식 때문이다.

자기 작품 이야기를 하기에 앞서 건축가는 어디에서 영감을 얻었는지 자문해볼 필요가 있다. 무릇 모든 발견에는 실마리가 있다. 건축가는 자기 머릿속에서가 아니라 자신이 속한 사회의 문화에서 영감을 얻는다. 그래서 이 책에는 내용 전개에 필요한 다른 건축가의 작품을 일목요연하게 수록했다. 독자 여러분이 이 책에서 무언가를 배운다면, 그것은 브라만테Donato Bramante와 세르다Ildefons Cerda, 르코르뷔지에Le Corbusier, 도이커Jan Duiker, 베이부트Bernard Bijvoet, 반 아이크 Aldo van Eyck, 가우디Antoni Gaudi와 후졸Josep Maria Jujol, 오르타Victor Horta, 라브루스트Henri Labrouste, 팔라디오Andrea Palladio, 페루치Baldassare Peruzzi, 리트펠트Gerrit Rietveld, 반 데르 플뤼트Van der Vlugt, 브링크만Michael Brinkman 같은 수많은 건축가의 가르침이기도 하다. 나는 그들의 눈을 빌려 세상을 바라보면서 내 작업을 한 단계 발전시키는 데 필요한 것이 무엇인지 깨닫곤 했다. 건축가는(건축가만 그런 것은 아니지만) 자신이 어디에서 영감을 얻었는지를 숨기거나 그럴 듯하게 얼버무리곤 한다. 이것은 바람직하지 못한 행동이다. 영감의 원천을 숨기면 설계 과정에 혼란이 생기게 마련이다. 반대로 처음부터 어디에서 감동과 자극을 받았는지 당당하게 밝히면, 작업을 쉽게 설명할 수 있고 결정한 바를 실행에 옮기기도 수월해진다.

이 책에 나오는 것과 같은 수많은 선례는 곧 건축가의 작업 환경이 되고, 건축가의 머릿속에 있는 다양한 개념과 이미지(사람이 자기가 보고 듣는 것보다 많은 아이디어를 낼 수는 없지 않은가?)는 건축가의 도구로 쓰인다. 우리는 새로운 아이디어를 접할 때마다 잘 정리해서 기억해야 한다. 이렇게 축적된 아이디어는 문제가 생길 때마다 찾아볼 수 있는 도서관이 된다. 그러므로 보고 경험하고 기억하는 것이 많아질수록 나아갈 방향을 정하는 데 도움이 되는 참고 문헌이 더 방대해지고 광범위해진다.

어떤 문제에 대해 근본적으로 다른 해답을 찾아내는 능력, 즉 다른 '메커니즘'을 창조하는 능력은 전적으로 경험이 얼마나 풍부한가에 달렸다. 언어로 표현할 수 있는 능력이 그 사람의 어휘 구사력을 넘어서지 못하는 것과 같은 이치다.

알다시피 설계하는 방법을 남에게 가르쳐주기란 불가능하다. 나는 지금까지 그렇게 하려 했던 적도 없거니와, 이 책에서는 "설계하는 방법을 배운다는 것이 가능한가?"라는 질문 자체가 중요하지도 않다. 내게 건축학 '수업'의 목적은 언제나 학생들을 자극하고 건축적 사고를 일깨워 스스로 작업하도록 하는 것이었다. 이 책을 펴내는 이유도 다르지 않다.

헤르만 헤르츠버거

옮긴이의 말

헤르만 헤르츠버거는 네덜란드 구조주의 건축의 대가다. 구조주의 건축이란 보와 기둥, 콘크리트와 하중 등 역학적 의미에서의 구조에 천착한다는 뜻이 아니라 창작의 근간이 되는 일체의 사고방식을 가리킨다. 구조주의 건축은 사람들이 무의식적으로 공유하고 있는 사고의 체계를 찾아내고, 공간의 구조가 다시 사람의 행동에 영향을 미칠 수 있다는 낙관에 근거한다. 특히 네덜란드 구조주의 건축은 1920년대의 모더니즘 운동인 '데 스틸De Stijl'에서 1960년대 알도 반 아이크Aldo van Eyck를 거쳐 헤르츠버거와 피에트 블롬Piet Blom으로 이어지는 굵직한 흐름을 형성한다.

헤르츠버거에 따르면, 땅 위에 형태를 창조하고 공간을 구획하는 일은 언어를 구사하는 행위와 마찬가지로 '다양한 문화권에 사는 모든 인류에게 공통적으로 내재된 능력의 발현'이다. 문법과 어휘가 있고 규칙을 중시한다는 점에서 헤르츠버거의 구조주의 건축은 언어와 비슷하다. 하지만 규칙을 기계적으로 적용하는 것이 아니라, 다양한 상호 관계가 일정한 규칙의 제약 속에서 충분한 자유를 누리는 구성을 목표로 한다.

본래 구조주의는 문화인류학과 언어학에서 유래했기 때문에 이 책에 나오는 개념이 다소 어렵게 느껴질 수 있다. 그러나 헤르츠버거의 주된 관심사인 공적영역과 사적영역, 매개공간, 가로공간, 공간의 접근성 같은 개념을 뼈대로 해서 촘촘히 이야기를 엮듯 나열된 건축물들을 찬찬히 따라가다 보면 어느새 구조주의 건축을 직관적으로 이해하게 된다. 사진과 도면, 설명이 적절하게 어우러져 자칫 추상적으로 흐르기 쉬운 개념을 명료하게 보여주는 것 또한 이 책의 장점이다.

헤르츠버거의 작품 세계는 대규모 복합 프로젝트뿐 아니라 공동주택, 학교, 사무실 같은 일상의 생활공간이 주를 이룬다. 이는 건축이 사회적 상호작용을 위한 촉매가 될 수 있다는 그의 믿음과 일맥상통한다. 그는 현대사회가 잃어가는 '거리'와 '광장'을 회복하기 위해 노력하는 건축가다. 그래서 그가 설계하는 공동주택의 가로는 단순한 통행의 장이 아니라 주민들이 생활하고 이웃과 교류하는 공간이다. 학교 설계에서는 전통적인 방식을 탈피해 우연한 만남이 이루어지는 공간을 강조하며, 공공시설이나 통로를 계획할 때도 보행자의 상호작용을 고려한다. 계획 단계에서부터 증축을 고려하거나, 주민 참여를 통해 공간을 만드는 방식도 헤르츠버거 건축의 미덕이다. 화려한 기교나 첨단 기법이 동원되지는 않지만, 건축가가 일관된 원칙을 가지고 고심해서 만든 요소들이 곳곳에서 빛을 발하는 인간적인 건축이다.

헤르츠버거가 구사하는 건축의 '어휘'를 살펴보는 것은 이 책이 선사하는 또 하나의 즐거움이다. 그의 작품에는 도시공간과 연속된 생활공간으로서의 가로와 정원, 공용생활공간으로 쓰임새를 확장한 발코니living balcony와 계단 등이 빈번하게 등장한다. 이웃과의 일상적인 접촉 기회를 늘리고 공동체에 대한 귀속의식을 높이는 장치들은 물론, 개별 세대의 프라이버시를 보장하기 위한 장치도 자주 눈에 띈다. 이처럼 짜임새 있고 풍부한 헤르츠버거의 건축 세계를 우리말로 옮겨 독자에게 소개하는 그 자체만으로도 적잖은 의미가 있다고 여긴다.

한편 그의 건축은 대부분 네덜란드의 전통과 특성을 반영하며, 현대사회 현실과 밀접한 관련이 있다. 예컨대 헤르츠버거가 설계한 작품 가운데 서민용 임대주택, 노인 전용 주거와 요양시설이 상당수 포함된다는 사실은 네덜란드의 합리적인 주택정책과 연관지어 이해할 수 있다. 네덜란드 주택정책의 가장 큰 목표는 '모든 사람에게 가장 적합한 주택을 싼값에 공급, 유지'하는 것이며, 실제로 1901년 주택법 제정 이후 설립된 600여 개의 비영리 주택조합이 주도해서 사회임대주택을 다량 공급해왔다. 공동체를 생각하고 사회적 상호작용을 촉진하는 헤르츠버거의 건축은 이 같은 네덜란드의 사회적·제도적 토양에서 피어난 꽃이 아닐까? 주택이 삶의 터전이기보다 투기 수단이 되고, 현란한 대형 빌딩은 늘어나지만 건축계의 양극화가 날로 심각해지는 우리 현실이 새삼 안타까워진다면 지나친 비관일까?

한국의 건축 문화가 더 풍성해지려면 건축공간의 질적 향상과 더불어 제반 사회적 여건을 개선하기 위한 노력도 필요하다고 생각한다. 모쪼록 이 책이 현역 건축가나 건축을 공부하는 학생들의 다양한 사색과 활동에 보탬이 되기를 바란다.

안진이

차례

한국의 독자들에게　5
머리말　6
옮긴이의 말　8

A　형태는 초대한다

1　원하는 대로 소리 내는 악기　16
2　정확한 규모　30
3　시야, 열고 닫음　42
4　외부 세계를 내부로　56
5　세상과 소통하는 창　66
6　건축의 정치적 함의　86

B 함께하는 영역

1 개인과 집단의 충돌   112
2 공간의 건축적 모티프, 접근성   114
3 접근성에 따른 영역의 구분   120
4 참여를 통한 공간의 성격 변화   122
5 사용자에서 거주자로   128
6 환영과 만남의 공간   132
7 함께하는, 공동의 장소   140
8 모든 사람에게 '속하는' 장소   144
9 거리의 재발견   148
10 대중의 영역, 거리   164
11 소비와 공공건물   168
12 사적영역과 대중의 접근   174

C 공간 만들기, 공간 남기기

1 구조와 해석   192
2 구조에 관한 다양한 해석   194
3 구조는 척추다   208
4 도시 개발과 그리드   222
5 건물의 질서, 통일성의 획득   226
6 기능성, 유연성 그리고 다원자성   246
7 공간과 사용자   250
8 공간 만들기와 공간 남기기   252
9 동기 부여   264
10 형태는 악기다   270

저자 약력   272
작품 활동   274
주요 저작   276
전시   277
참고 문헌   278

A

1 원하는 대로 소리 내는 악기
높은 보도(부에노스아이레스)
베이스퍼르스트라트 학생 기숙사(암스테르담)
라 카펠(프랑스)
찬디가르 고등법원(인도, 르코르뷔지에)
브레던뷔르흐 음악당(위트레흐트)
드 에베나르 학교(암스테르담)
아폴로 학교(암스테르담)
성 베드로 광장(로마, G. L. 베르니니)

2 정확한 규모
할렘머르 하우튀넌 주택(암스테르담)
〈감자 먹는 사람들〉(빈센트 반 고흐)
드리 호번 요양원(암스테르담)
몬테소리 학교(델프트)
센트랄 베헤이르 빌딩(아펠도른)
주택 개조(암스테르담)
성 베드로 광장(로마)
브레던뷔르흐 음악당(위트레흐트)

3 시야, 열고 닫음
몬테소리 학교(델프트)
베이스퍼르스트라트 학생 기숙사(암스테르담)
스위스 파빌리온(파리, 르코르뷔지에)
발코니
에스프리 누보 파빌리온(파리, 르코르뷔지에)
도큐멘타 우르바나 주택(카셀)
리마 주택(베를린)
타우 학교(바르셀로나)
브레던뷔르흐 음악당(위트레흐트)
오버로프 요양원(알메르)
구엘 공원(바르셀로나, A. 가우디, J.M. 후홀)
좌석의 사회학
아폴로 학교(암스테르담)

4 외부 세계를 내부로
반 넬레 공장(로테르담, M. 브링크만, L. C. 반 데르 플뤼트)
리트펠트-슈뢰더 하우스(위트레흐트, G. 리트펠트)
오버로프 요양원(알메르)
드 에베나르 학교(암스테르담)

5 세상과 소통하는 창
만국박람회 전시관(파리, F. 르 플레)
시네악 시네마(암스테르담, J. 도이커)
브레던뷔르흐 음악당(위트레흐트)
빌라 사보아(프랑스 포이시, 르코르뷔지에)
지하보행로(스위스 제네바, G. 데콩브)
롱샹 성당(프랑스, 르코르뷔지에)
알함브라(스페인 그라나다)
모스크(스페인 코르도바)
개인 주택(브뤼셀, V. 오르타)
메종 드 베르(파리, P. 샤로, B. 베이부트, L. 달베)
반 에트벨데 저택(브뤼셀, V. 오르타)
카스텔 베랑제(파리, H. 기마르)
아폴로 학교, 암스테르담
생트 주느비에브 도서관(파리, H. 라브루스트)

6 건축의 정치적 함의
개방 학교(암스테르담, J. 도이커)
오버로프 요양원(알메르)
빌라 로톤다(이탈리아 비첸차, A. 팔라디오)
위계
모스크(스페인 코르도바)
성 베드로 광장(로마)
네덜란드 화가들
르코르뷔지에, 공식적인 것과 비공식적인 것
국회 의사당(인도 찬디가르, 르코르뷔지에)
저수지(인도 수르케즈)

A 형태는 초대한다

요즘 출간되는 수많은 건축 서적에 쓰인 하나같이 화창한 날 찍은 으리으리한 사진을 보고 있노라면, 건축가들이 도대체 무슨 생각을 하며 세상을 어떻게 바라보는지 궁금해진다. 가끔은 그들이 나와 다른 직업에 종사하는 게 아닌가 하는 생각마저 든다. 건축은 결코 특별한 어떤 것이 아니다. 단지 모든 사람이 영위하는 생활 속 일상사에 관여할 따름이다. 건축은 옷과 같아서 사용자에게 어울릴 뿐 아니라 크기가 잘 맞아야 한다. 겉모습에 치중하는 요즘의 유행을 따르다 보니 재치 있게 고차원적 의미를 부여한다 해도 건축은 어느새 저급한 조각품으로 전락하고 만다. 어디에서 어떻게 공간을 구성하든, 건축가가 하는 모든 일은 궁극적으로 사람들에게 영향을 미친다. 땅 위에 세워지는 모든 건축물들은 사용자의 생활에서 일정한 역할을 수행할 수밖에 없으므로, 건축가는 좋든 싫든 모든 공간을 다양한 상황에 적합하게 만드는 일에 집중해야 한다. 그것은 실용적이냐 아니냐 하는 '효용'의 문제만이 아니라, 우리가 설계하는 공간이 일반적인 인간관계에 적합한가 그리고 그 공간이 모든 사람을 평등하게 대우하는가의 문제이기도 하다. 건축에 사회적 기능이 있느냐 없느냐라는 질문은 아무런 의미가 없다. 사회와 무관한 해결책이란 존재하지 않기 때문이다. 사람들이 살아가는 환경에 대한 개입은 건축가의 구체적인 의도와 관계없이 사회적 함의含意를 가진다. 사실상 건축가들은 자유롭지 못하며, 마음대로 설계할 수도 없다. 그러나 건축가들이 하는 모든 행동은 사람들에게 영향을 미치고 나아가 인간관계까지 영향을 미친다.

건축가가 할 수 있는 일이 많지는 않다. 그렇기 때문에 몇 안 되는 기회를 놓치지 않고 붙잡는 일이 중요하다. 우리의 작업으로 세상이 더 나아질 수 없다는 생각이 들더라도 최소한 세상을 더 나쁘게 만들지는 말아야 한다.

건축은 아름다움을 창조하는 것만이 아니며, 그렇다고 실용적인 건물을 만드는 일이 전부도 아니다. 건축은 아름다움과 실용성을 동시에 추구해야 한다. 건축가는 보기도 좋고 몸에도 잘 맞는 옷을 만드는 재단사와 같다. 그리고 황제뿐만 아니라 누구나 입을 수 있는 옷을 만들어야 한다.

건축가가 설계하는 모든 공간은 가능한 모든 상황에 적합해야 한다. 즉, 상황을 수용하는 데 그치지 않고 상황을 유도할 수도 있는 공간이어야 한다는 말이다. 이처럼 기본적이면서도 능동적인 적합성을 지니고 있으며 사람을 향한 애정이 풍부한 공간을 '우호적인 공간 inviting form'이라고 부른다.

1 원하는 대로 소리 내는 악기

기구가 아닌 악기로서 설계 대상에 접근하면, 더 높은 효율성을 낳는 방법을 옹호하는 셈이다. 필요한 조건을 만들어낼 뿐 아니라 분화한 쓰임새를 실제로 장려함으로써 변화하는 상황 속에서 여러 가지 역할을 수행하는 형태의 능력을 여기에서는 일반적인 원칙으로 확장하려 한다.

건축가는 설계하는 모든 공간의 가능성을 확장해서 유용하고 적응력이 뛰어나며 주어진 목적에 부합하는 공간을 만들어야 한다. 특정한 목적에 맞춰진 물체는 미리 정해진 프로그램대로만, 즉 예상대로 기능을 수행한다. 이는 구조주의 이론과도 비슷하다. 건축에서 기대할 수 있는 최소한의 실용성도 이런 것이다. 하지만 다양한 상황이 발생할 때 최소한의 실용성에서 우리가 한걸음 더 나아가기 위해서는, 연주자가 원하는 대로 소리를 낼 수 있는 악기처럼 더 큰 '수용' 능력을 가진 공간과 장소를 만들어야 한다. 요컨대 공간의 '수용' 능력을 증대시켜 그 공간이 다양한 상황에 쉽게 적응하도록 해야 한다. 찾아보면 뜻밖의 틈새에서 전혀 상상하지 못했던 사용법의 예를 쉽게 발견할 수 있다.

예를 들어, 높이 차이와 같은 '불규칙성'은 어디에나 있다. 이러한 불규칙성을 최소화하는 데 전력을 기울일 것이 아니라 불규칙성을 최대한 활용해야 한다. 난간parapet, 울타리railing, 막대post, 도랑gutter 등은 분절된 형식이지만, 결합 가능성이 풍부하므로 이른바 '건축의 문법'을 구성하는 기본 요소가 될 수 있다. 이들은 일상생활 속에서 다양한 모양과 크기로 발견되며 언제든지 활용할 수 있다.

사람이 주변 환경을 점유하기 위한 가장 기본적인

1

조건은 앉을 수 있어야 한다는 것이다. 좌석은 일시적으로 전용專用의 기회를 제공하고 다른 사람과 접촉이 가능한 환경을 만든다. 하지만 평범한 가정용 소파나 의자는 다양한 용도로 쓰일 수가 없다. 사람을 앉힌다든가 하는 하나의 특정한 목적을 명시적으로 드러내는 물체는 다른 목적으로 쓰기에 적합하지 않다. 지나치게 기능에 집착한 설계는 경직되어 사용자에게 나름대로 해석할 자유를 주지 않는다. 사용자에게 기대하는 일과 해야 할 일, 하지 말아야 할 일 등이 선험적으로 정해지기 때문이다. 결국 사용자는 형태에 종속되며 미리 정해진 '합의'의 부속물로 전락하고 만다. 사용자는 지시하는 바를 따를 경우에만 그 물체를 사용할 수 있다.

소파가 지시하는 것은 소파의 존재에 책임이 있는 주체들이 제공하는 의미의 합이다. 여기서 책임이 있는 주체들이란 소파를 만든 사람, 구입한 사람, 이데올로기, 사회, 문화 등을 가리킨다. 또한 '벤치'라는 개념은 일련의 연상에 의해 유지되는데, 그 힘이 너무나 강력하기 때문에 사용자가 그 연상들을 넘어서는 시야를 가지고 매 순간 그에게 가장 필요한 것을 골라낼 가능성은 거의 없다. 만약 그것이 가능하다면 소파는 의자가 아니라 탁자가 될 수도 있고, 단지 찻잔이 담긴 쟁반을 내려놓는 장소로 쓰일 수도 있다.

사용자가 소파에게 기대하는 바는 단지 편안하게 앉아서 쉬는 것뿐일지도 모른다. 그러나 어떤 사람은 앉아서 쉬는 것 외에 다른 목적을 가질 수도 있다. 그리고 그 다른 목적이 충족될 경우 조금 더 기능적으로 충실한 소파가 된다. ④

부에노스아이레스의 높은 보도[2]

예를 들어, 경사가 심한 거리에 특별히 높은 보도를 만들어 사람이 걸터앉거나 기댈 수 있게 한 경우, 보도는 사람들이 만나고 잠시 머무는 장소가 된다.

지나가는 사람들에게 물건을 파는 행상도 이곳을 활용할 수 있다. 눈에 잘 띄면서도 어느 정도 격리되어있어 상품을 늘어놓기에 좋기 때문이다. ④

형태는 초대한다   17

베이스퍼르스트라트 학생 기숙사 4-6

길고 폭이 넓은 난간은 눈에 거슬리지 않으며, 아무데서나 발길을 멈추고 잠깐 또는 한참 동안 기대거나 앉아서 이야기 나누기 좋은 장소다. 가끔 식당이 붐빌 때면 식사공간으로 쓰이고, 크리스마스에 뷔페 음식을 차리는 데도 사용된다. ④

자연스러운 접촉이 성립하려면 부담이 없고 일방적인 희생을 요구하지 않는다는 조건이 충족되어야 한다. 접촉을 끊고 싶을 때 언제든지 끊을 수 있으면, 훨씬 쉬워진다. 언제든지 후퇴가 가능하다는 전제 하에 서로에게 동등한 권리를 주장한다는 점에서, 사용자와 사물 사이에 접촉이 성립되는 과정은 어떻게 보면 남녀가 서로를 유혹하는 과정과 비슷하다.

여기서도 역시 우리의 의식 속에 축적된 이미지들이 불러일으키는 연상 작용이 결정적인 역할을 한다. 교제 중인 한 쌍의 남녀를 떠올리면, 이들이 벤치에 앉아있는 모습이 그려지고, 그들의 미래 모습과 여러 가지 상황을 함께 상상하게 된다. ④

라 카펠 LA CAPELLE 7

물건은 일상생활과 결합해 일종의 구조 역할을 한다. 가령 난간은 노인들이 턱이 있는 길에 올라서거나 내려설 때 지지대가 되고, 근처에 사는 아이들에게는 민첩함을 과시할 기회를 제공한다. 때로는 놀이터의 정글짐처럼 이용되거나 여름철에 작은 오두막을 만드는 데도 쓰인다. 네덜란드에서는 주부들이 양탄자의 먼지를 털 때 난간을 주로 이용한다. 이처럼 곧은 철제 난간은 일상생활 속의 여러 가지 상황에서 광범위한 용도로 편리하게 쓰이며, 때때로 거리를 놀이터로 바꿔놓기도 한다.

현재 도시 곳곳에 의도적으로 설계된 놀이터는 아이들에게 필요불가결한 피난처 노릇을 한다. 하지만 이렇게 만들어진 놀이터는 어떤 점에서 의수나 의족처럼 느껴진다. 아이들에게 그 자체로 놀이터가 되어야 할 도시가 얼마나 잔혹하게 단절되어있는가를 고통스럽게 상기시켜주기 때문이다. ④

찬디가르 고등법원 8-11

르코르뷔지에의 후기 작품에 빈번하게 등장하는 요소인 '브리즈-솔레이유brise-soleil(햇볕 차단용 돌출 시설물)'은 수평과 수직 평면들로 이루어진 고정된 콘크리트 그리드를 뜻한다. 깊은 틈새 공간이 가득한 벌집 모양 구조물인 브리즈-솔레이는 당연히 햇빛을 차단하는 역할을 하지만 겉으로 드러나지 않는 다른 역할도 함께 수행한다. 르코르뷔지에가 처음 이 구조물에 매료되었던 이유는 틀림없이 강한 '가소성plasticity' 때문이었을 것이다. 그는 이 구조물이 지닌 풍부한 표현력과 햇빛을 차단하는 기능 외에도 여러 가지 면에서 유용하여 건물의 가치를 높일 수 있다는 사실은 염두에 두지 않았을 것이다.

지금까지 살펴본 사례에 따르면, 특별한 가치는 항상 우연한 요소에서 생겨났으며 의도적인 설계의 결과였던 적은 없다. 하지만 특별한 가치를 설계 개요의 명확한 요구 사항으로 넣을 수도 있다. 요구 사항이 추가된다고 해서 항상 비용이 많이 드는 것은 아니며, 일단 신경을 쓰기 시작하면 자연스럽게 요구 사항이 충족되는 경우도 있다. 결국 같은 재료로 더 많은 것을 이뤄내고, 지금까지와 다르게 구성하고, 기존 요소를 더욱 부각시키는 것이 문제다. 바꿔 말하면 우선순위의 문제다.

8 9
10 11

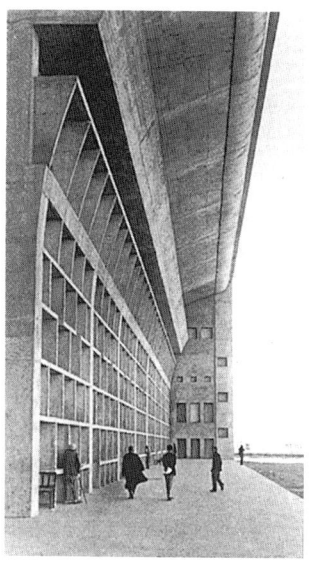

형태는 초대한다 19

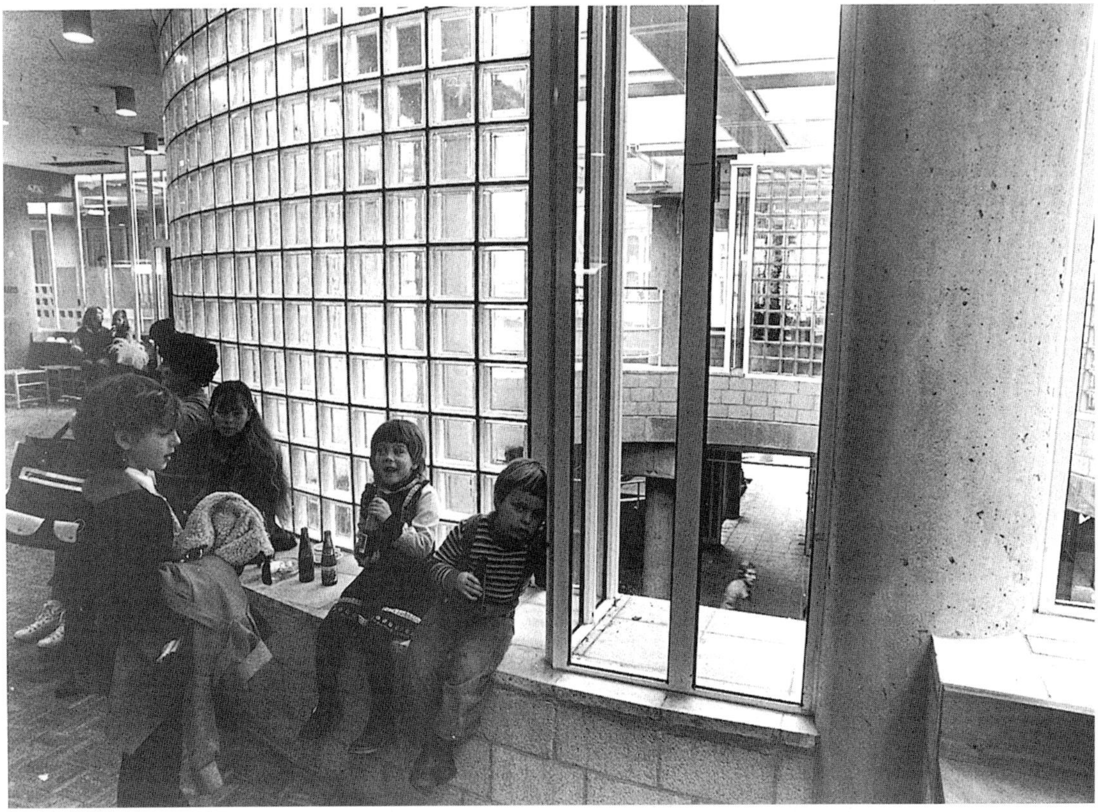

12

13 14

브레던뷔르흐 음악당(네덜란드 위트레흐트) 12-17

공연장 로비에 좌석이 너무 많아서 문제가 되는 경우는 없다. 하지만 휴식 시간에는 '공식적인' 좌석을 찾는 관객이 상대적으로 줄어들기 때문에 비공식적인 좌석이 많으면 많을수록 좋다.

브레던뷔르흐 음악당에는 여분의 좌석 수요를 맞추기 위해 가능한 곳마다 길게 이어지는 석조 대좌를 설치했다. 푹신하게 만든 벤치보다는 덜 편안하지만, 그 실용성은 후한 점수를 줄 만하다.

공연장에서 휴식 시간에 흔히 발생하는 문제는 음료수

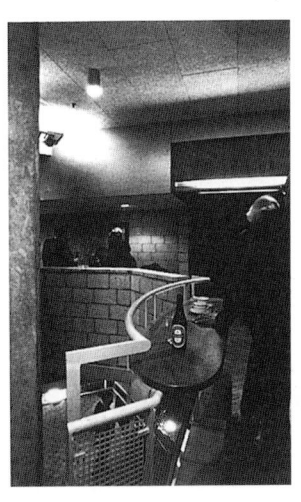

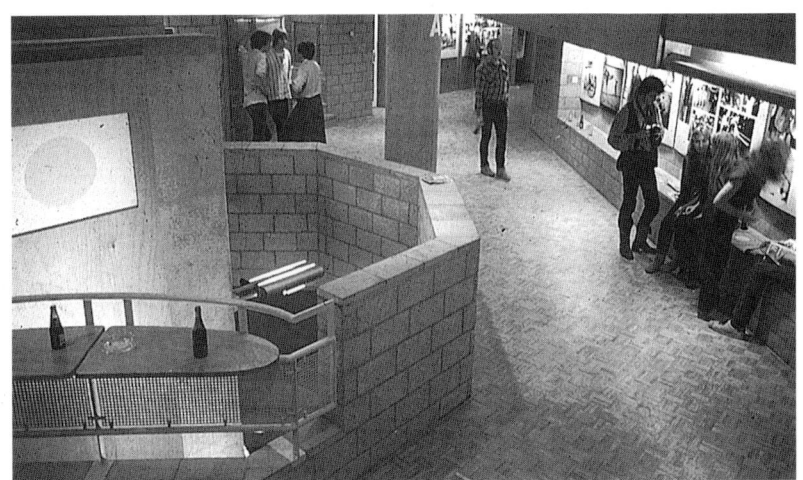

컵이나 병을 내려놓을 곳이 없다는 것이다. 그래서 사람들은 평평한 곳이면 어디든 활용하곤 한다. 사소하지만 언제나 발생하는 문제다. 그렇다고 해서 컵을 둘 공간을 따로 만들 필요는 없다. 난간과 계단 난간balustrade, 파티션 등의 윗면을 넓게 만들기만 해도 충분하다. 난간에 나무판을 덧붙여 선반처럼 만드는 방법도 있다. 쇼핑 아케이드 위층에 있는 금속제 난간은 일정한 간격으로 바깥쪽을 향해 휘어지면서 작은 의자로 쓰일 공간을 마련한다. 이 의자에 앉으면 좌우로 양쪽 아케이드가 내려다보인다. 어쩌면 너무 거창해 보일 정도로 높아진 의자 등받이는 건축 업무를 담당하는 행정당국에 양보한 결과다. 난간 높이에 적용되는 규칙을 엄격하게 지켜야 했기 때문이다. 최종안에 앞서 작성된 더 자연스럽고 우아한 설계안은 이런 이유로 거절당했다.

지금 이 의자는 철거되고 없다. 밤마다 노숙자를 끌어들인 모양이다. 노숙자들은 건물 안에서 생활하며 쓰레기를 남기거나 행인을 불편하게 한다는 문제를 끊임없이 야

네덜란드 철도공사는 공공시설을 원형 그대로 깨끗하게 관리할 책임이 있다. 최근 로테르담 중앙역에 끔찍한 조치가 취해졌다. 앉을 수 있는 돌에 끝이 뾰족한 철제 막대를 설치한 것이었다. 쓰레기와 시설 훼손을 막기 위한 캠페인의 일환이다. (Bouw 11, 1987)

기한다. 이것은 세계 여러 도시가 모두 겪는 문제이기도 하다. 씁쓸한 일이지만, 환영한다는 의사표시가 바람직하지 않은 손님까지 함께 불러들인다. 그래서인지 어떤 공간이든 최대한 비인간적이고 빈틈이 없도록 만들려는 경향이 있지만, 결과는 종종 정반대로 나타나곤 한다.

드 에베나르 학교 18-24

암스테르담에 새로 지어진 초등학교 드 에베나르의 계단은 분절되어있어서 학교 건물로 올라가는 과정이 경쾌하다. 계단 두 개를 나란히 놓았기 때문에 난간은 서로 마주보는 방향으로 구부러져야 했고, 결과적으로 계단참(계단 중간에 있는 조금 넓은 공간)에 있는 구부러진 난간에 작은 의자 두 개가 설치되었다. 이 의자는 음악당 갤러리에 있는 좌석들과 마찬가지로 눈에 잘 띄는 편이지만 즉흥적인 성격은 없다. 두 경우 모두 주어진 상황에서 합리적인 해결책을 찾은 결과라 할 수 있다. 이 의자는 형태를 통해 기능을 명시적으로 표현하지만, 위층 계단참에 있는 철판이 구부러진 공간은 그렇지 않다. 하지만 아이들은 여기 앉을 수 있다는 암시적 표현을 금방 알아차린다.

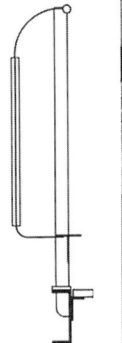

18 19
   20
21 22

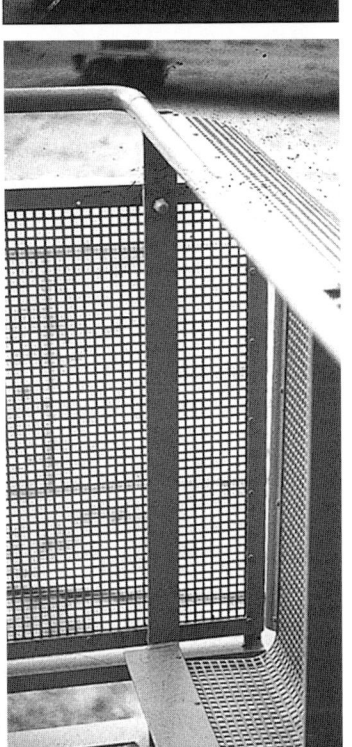

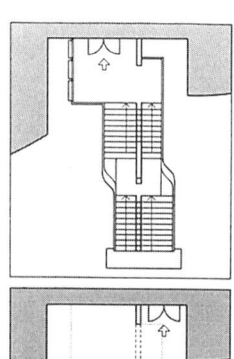
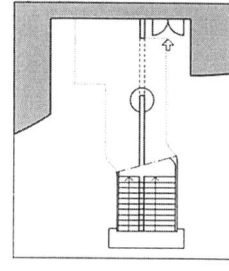
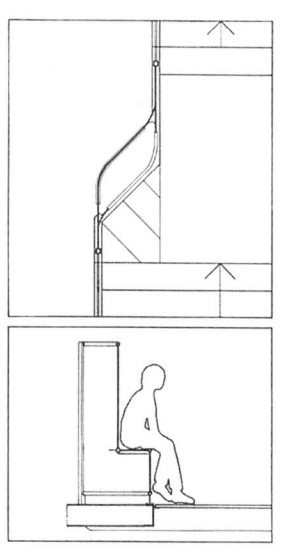

아폴로 학교 25-27

교실에 있는 창턱, 선반, 돌출부는 아이들이 만든 공예 작품을 전시할 기회를 제공한다. 깨지기 쉬운 많은 공예 작품을 이런 공간에 전시하고 공간을 전용하면서 아이들은 자기 집처럼 편안한 느낌을 받는다. 그래서 가능한 공간마다 선반과 돌출부 등을 추가했다. ⑩

형태는 초대한다

오늘날의 기둥은 개별적인 기둥받침(柱礎)도 없고 고전 건축 양식에서 발견되는 전통적인 기둥머리(柱頭)도 없다. 단지 바닥과 닿는 곳에서 끝날 뿐이다. 하지만 기둥 맨 아랫부분의 폭을 넓히면 가외의 혜택을 얻는 경우가 종종 있다. 예컨대 아이를 집으로 데려가려는 부모들이 모여 기다리는 어린이집 입구를 생각해보자. 부모들이 기다린다고 해서 특별히 벤치까지 만드는 것은 과도한 배려일 수 있고, 부모들이 정말 벤치를 원할지도 의문인 상황이다.

그렇다면 기둥 아랫부분을 원반 모양으로 넓혀 비공식적인 좌석을 제공하는 것이 적절한 해결책이 된다. 부모들은 예상보다 오래 기다려야 하는 날에 그런 좌석이 있어서 기뻐할 것이고, 아이들은 휴식 시간에 외투와 가방을 그 위에 올려놓을 것이다. 바닥에 내려놓는 것보다는 분명히 낫다. 마지막으로 이 기둥의 중요한 기능은 숨바꼭질을 하고 노는 아이들에게 '집'이 되어준다는 점이다. ⑩

성 베드로 광장, 로마 28-29

베르니니 G. L. Bernini가 설계한 로마의 산 피에트로 광장에 있는 4열의 콜로네이드 colonnade(수평의 들보를 지른 줄기둥이 있는 회랑)를 형성하는 수많은 기둥에는 사람이 편히 앉기에 부족함이 없을 만큼 넓은 사각형 기둥받침이 있다. 기둥의 굵기 역시 앉은 사람을 가려주기에 충분하다. 이 다목적 '좌석'은 외부와 차단되는 가장 아늑한 장소인 타원형 공간에 인접해있으며 광장이 비어있을 때도 모든 사람에게 비공식적인 환영의 뜻을 전한다. 오늘날 세계 각국에서 설계되는 기둥 가운데 함께 살아갈 사람들에게 이러한 혜택을 제공하는 기둥이 과연 몇 개나 될까? ⑥

〈성 베드로 광장〉 (1754), G. P. 판니니.

드 에베나르 학교 30-32

계단에 붙어있는 난간은 기울어진 손잡이를 따라 경사지게 설치되는 경우가 대부분이다. 사실 경사진 난간은 계단의 존재를 논리적으로 암시하는 가장 쉽고 명백한 해결책이다. 하지만 드 에베나르 학교에서처럼 어떤 광경을 바라보는 위치에 설치되는 난간은 사람들에게 그 위에 앉거나 팔꿈치를 올려놓으라고 권유한다. 구경거리가 있을 때마다 잠시 멈춰 서서 바라볼 장소가 필요하다. 좌석 수용 가능성을 높이는 건축적 장치를 도입할 이유는 그것만으로도 충분하다. 따라서 드 에베나르 학교의 경우 흔히 설치하는 경사진 난간 대신 사람들이 앉거나 팔꿈치를 기댈 수 있을 정도로 폭이 넓은 수평 난간을 계단식으로 만드는 것이 바람직하다. 더욱이 드 에베나르 학교처럼 석조 벽이 있는 건물에서는 벽돌을 절단하지 않아도 되므로 계단식 난간을 만들기가 훨씬 쉽다. 의도한 바는 아니지만 이 학교의 계단식 난간은 베를라헤Hendrik Berlage(1856~1934)와 루스Adolf Loos(1870~1933)의 역작을 연상시킨다.

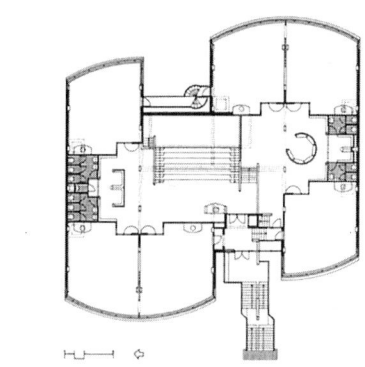

아폴로 학교 34, 36-38

학교 정문 옆에 있는 모든 계단 또는 돌출부는 아이들이 앉을 자리가 된다. 비바람을 가려주거나 등을 기대기 좋은 기둥이 있을 경우, 좌석으로 쓰일 확률은 매우 높다. 이러한 사실을 발견하는 순간 형태는 저절로 결정된다. 여기서 형태는 스스로 생성되며 그것은 발명의 문제라기보다는 사람과 사물이 무엇이 되고 싶어하는가에 귀를 기울이는 문제라는 사실을 다시 한 번 확인하게 된다. ⑩

때때로 요긴하게 쓰이리라 예측되는 장소가 있다. 그런 장소에서는 그 점을 염두에 두고 각각의 요소를 활성화시킴으로써 건물의 경계를 최대한 우호적으로 만들어야 한다. 학교나 유치원으로 올라가는 계단 밑이 그런 예에 해당한다. 계단 밑 공간은 대개 어두컴컴하고 악취가 나는데다 사람 대신 쓰레기 더미와 고양이들만 가득한 공간으로 전락하기 십상이다. 그러나 미리 몇 단을 올려 그 위에서 계단이 시작되면, 그런 사태를 방지할 뿐 아니라 계단 밑 공간에 긍정적인 가치를 부여할 수도 있다. 이것은 문자 그대로 '사이 공간'을 활용 가능한 양질의 공간으로 만드는 일이다.

34

어떤 틈새나 구석진 곳도 쓸모없는 공간으로 내버려두거나 '활용 불가능한' 공간을 만들지 않도록 주의해야 한다. 건축가는 낭비되는 공간을 없애고 공간을 늘려야 한다. 항상 눈길이 가는 장소만이 아니라 평소에는 눈에 들어오지 않는 장소, 즉 사물 사이의 공간에도 해당되는 이야기다. 지금까지 살펴본 사례들은 언제나 매개공간을 염두에 두면 건축공간의 실용성을 확장시킬 수 있음을 보여준다.

주위를 둘러보면 건축가가 의도적으로 고안하지 않았는데도 양질의 공간이 만들어진 경우가 종종 있지만, 그래도 건축가는 모든 사물과 공간을 실용적으로 만들고 2차원적 성격을 줄이기 위해 노력해야 한다. 그러기 위해서는 영역의 개념으로 더 많이 사고해야 한다. 가령 천장에 닿지 않고 독립적으로 서있는 벽은 두께만

형태는 초대한다　27

몬테소리 학교, 델프트.

명시적으로 만드는 효과가 있다. 추가된 가치가 사람이 앉거나 물건을 올려놓을 여지를 확대하는 것이라고 한다면 처음에는 효과가 그다지 크지 않다고 느껴질지도 모른다. 하지만 설계자 또는 건축가에게는 가능한 곳이면 어디에나 이런 식으로 가치를 추가할 책임이 있다. 그렇게 하면 사용자들은 추가된 가치에서 더 많은 혜택을 이끌어낼 것이다.

이론적으로 보더라도 무언가를 덧붙이는 것은 건축가가 가진 제2의 천성이다. 이는 특별한 것이라기보다는 개성의 문제이며, 무엇을 설계하느냐보다는 어떻게 설계하느냐의 문제다. 하지만 우리가 덧붙여야 할 것은 어디까지나 내용이며 설계안에 무엇을 추가하는 일은 적을수록 좋다. 설계안이 지나치게 복잡하고 세밀해질 위험은 언제나 있는 법이니까.

충분하다면 물건을 올려놓는 선반으로 활용이 가능하다. 이탈리아에 있는 교회 건물에서 발견할 수 있는 놀라운 점은 무릎 높이로 돌출된 돌이 거의 모든 벽을 둘러싸고 있어서 그 돌 위에 사람들이 앉아있거나 누워있는 모습을 쉽게 볼 수 있다는 사실이다. 또 옛날 자동차에 달려있는 발판은 타고 내리기 편하게 해줄 뿐 아니라 야외에서 피크닉을 즐길 때 좌석이 되기도 한다.

비공식적인 수평 평면을 추가하여 사용 가능한 공간을 늘리면 암시적이었던 요구 사항을 더욱

35

36

37 38

우호적인 공간을 만들기 위한 전제 조건은 감정이입이다. 건축가는 방문객이 원하는 바를 예측하고 이를 토대로 설계해야 한다. 공간의 '수용 능력'을 증가시키면 요구 사항을 만족시키기도 쉬워져 다양한 상황에서 사람들의 필요를 충족시킬 수 있고, 결과적으로 더 많은 것을 제공하는 공간이 된다. 사물 사이의 공간을 활용한다는 것은 공식적인 데서 비공식적인 데로, 평범한 일상생활이 이끄는 곳으로, 고정된 기능이 명시적으로 표현된 의미 사이의 가장자리로 주의를 돌린다는 뜻이다.

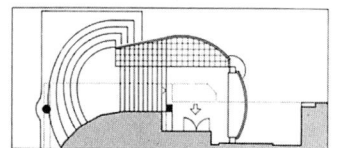

⟨해변의 피크닉 Picnic on the beach⟩, (1941)

⟨불로뉴 숲의 여인들 dames du bois de Boulogne⟩, (1925)

⟨공업도시 계획안 Cité Industrielle⟩, (1901~04), T. 가르니에.

⟨베톤도르프 Betondorp⟩, (1922), D. 그레이너르.

2 정확한 규모

어떤 공간을 설계할 때는 그 공간이 어떤 목적으로 사용되고 적절한 규모는 어느 정도인가를 가장 먼저 고려해야 한다. 가장 쉬운 방법은 공간이 클수록 더 많은 가능성을 제공한다고 가정하고 모든 것을 가능한 한 크게 만드는 것이다. 물론 클수록 좋다는 가정은 실제로는 성립하지 않는다. 예컨대 부엌이 지나치게 넓다면 원하는 물건을 가져오거나 물건을 운반할 때마다 필요 이상으로 많이 움직여야 한다. 공간의 규모는 사용자에게 필요한 물건을 모두 손이 닿는 범위 안에 둘 수 있는지 여부에 따라 결정할 문제다. 활동 내용이 다르고 사용법이 다르면 필요한 규모도 달라진다. 가령 탁구를 칠 수 있을 정도로 넓은 공간이 사람들 몇 명이 둘러앉아 담소를 나누기에는 적합하지 않을 수도 있다. 어느 정도의 공간을 부여하느냐는 언제나 사람들 사이의 친밀도를 알아내는 문제로 귀결된다. 긴밀한 접촉이 용이하면서도 혼잡하다고 느낄 만큼 가깝지는 않아야 한다. 혼잡스러운 느낌은 마비 효과를 낳을 가능성이 높다. 낯선 사람들로 꽉 찬 엘리베이터 안에서 형식적인 대화가 흐르다가 곧이어 끊어지는 현상이 바로 그것이다.

할렘머르 하우튀년 주택 43-45

현관 앞에 포장된 작은 정원은 낮은 벽돌담으로 둘러싸여 있으며 위층의 발코니보다 넓지 않다. 물론 정원을 더 작게 만들 수는 없었지만 크다고 반드시 좋은 것 같지도 않다. 이 정원은 소규모로 모인 사람들에게 공간을 제공하기에 충분히 넓었고, 각 세대에 필요한 공간이 그렇게 다양하지도 않았다. 각 세대는 작은 탁자 주위에 의자 몇 개를 놓을 만한

탁자에 둘러앉은 사람은 화가들이 자주 다룬 주제였다. 구성에 대해 누구보다도 날카로운 안목을 지녔던 화가들은 그런 단위를 공간구성의 출발점으로 삼았던 것이다. 〈감자 먹는 사람들〉(1885)에서 시선을 모으는 지점은 탁자 위로 늘어뜨린 등불이다. 탁자 주위에 비추는 빛은 사람들과 여러 가지 부속물을 하나로 엮어 공간의 모습을 결정하고 궁극적으로는 사람과 장소를 융합시킨다. '가난한 사람들의 최후의 만찬'이라고 일컬어지는 이 작품에서 사람과 장소가 서로 보완하는 모습은 건축가에게 특별한 교훈을 준다.

공간이 필요했는데, 탁자는 원형, 사각형, 길쭉한 모양 등으로 다양했지만 표준 규격에서 벗어나는 경우는 드물었다. 이 모든 사실은 예측이 가능했고, 일반적인 보도와 폭을 똑같이 만드는 것은 적절하지 않았다.

일반적인 경우에는 집 앞에 정원이 있는 아래층 세대에 사는 사람들이 위층 세대 주민들보다 마음대로 쓸 수 있는 공간이 많지만, 이 주택은 위층 세대의 발코니가 더 넓다. 발코니 면적의 절반은 지붕이 덮여있는데, 일부는 유리 차양이고 일부는 발코니가 파사드에서 물러나면서 저절로 만들어진 지붕이다. 발코니가 물러나서 생기는 또 하나의 이점은 측면에 인접한 부엌으로 이어지는 문을 만들기에 충분한 공간이 형성되므로 외부와 내부의 생활공간을 통합하기가 쉬워진다는 점이다. 인접한 두 발코니 사이의 파티션은 현관에서 60센티미터 떨어진 난간과 같은 높이로 낮게 만들어져있어 이웃들이 원할 때마다 접촉하기가 쉽다.

고흐의 〈감자 먹는 사람들〉[46]

주택 당국과 건축규제 담당 공무원들이 공간을 측정하는 기준으로 정해놓은 최소 규모를 따르는 대신, 탁자에 둘러앉는 사람들이 점유하는 공간을 단위처럼 쓸 수도 있다.

정해진 목적에 비해 너무 좁은 공간이 부적절한 것과 마찬가지로 너무 넓은 공간도 부적절하다. 공간이 넉넉하고 많은 것을 수용할 수 있다고 해서 반드시 그 안에 있는 사람이 적절하다고 느끼는 것은 아니다. 알맞은 공간이란 너무 꽉 끼어서 불편하지도 않고, 활동에 방해가 될 정도로 헐겁지도 않은 옷과 같다. 각종 규제의 제약을 받지 않을 경우, 대부분 건축가는 공간을 작게 만들기보다는 지나치게 크게 만든다. 합리적인 반발을 미연에 방지하기 위해 모든 것을

[45]
[46]
[47]

드리 호번 요양원.

최대한 널찍하게 트인 공간으로 만든다. 하지만 건축가들이 미처 깨닫지 못한 사실은 그렇게 광활한 느낌이 실제로는 공간의 가능성을 박탈할 수 있다는 점이다. 규모가 클수록 공간을 실속 있게 활용하기는 어려워진다.

오늘날 모든 도시계획자와 건축가는 정치적 압력이 있든 없든 언제나 전차 전용공간, 자전거 전용공간 등 여러 교통수단을 위한 공간을 더 많이 확보하려 애쓰고 있다. 그 모든 전용공간 덕분에 집과 집 사이의 간격도 점점 벌어지고 있다.

교통수단을 위한 공간이 지나치게 넓은 곳에서는 건물들이 항상 서로 멀리 떨어진 채 고립되어있다. 이렇게 되면 도시 공간은 건물의 높이와 건물 사이의 거리를 조절해 가며 유기적으로 진화하고 적절한 친밀감과 격리의 수단을 창조하기가 불가능해진다. 교통수단을 중심에 두지 않은 오래된 도시 중심지에 가면 아직도 그런 친밀감을 느낄 수 있다. 도로 양편이 더 많이 접촉하고 서로 이해하지 않는다면, 제 기능을 발휘하는 공공장소라는 개념은 우리의 기억 속에서 아예 사라질지도 모른다.

드리 호번 요양원[47]

'병실 내에 앉을 곳이 마련되어있는 일반적인 경우와 달리, 복도를 넓혀 침실 두 개당 좌석이 하나씩 있는 공간을 만들었다. 고정된 좌석을 둘러싼 낮은 벽돌 파티션에 의해 복도와 분리되기 때문에 이곳에 있으면 복도를 오가는 사람들로부터 적절히 차단되면서도 주위에서 벌어지는 일을 볼 수 있다. 이 공간의 존재는 직원과 주민들 사이의 우연한 접촉을 증가시키고 직원들이 매우 바쁠 때도 접촉이 가능하다. 이곳에 앉아있는 사람은 옆으로 고개를 돌려 복도를 바라보거나, 등 뒤에 있는 침실 창문을 열어 안에 있는 사람과 만날 수 있다.

이곳은 엄격한 면적 규정을 지키는 가운데 슬쩍 끼워 넣은 틈새공간이지만 네 명이 앉아도 넉넉한 공간이다.

사람들은 이곳에서 손님을 맞이하거나 식사를 하고 텔레비전을 시청하거나 라디오를 듣기도 한다. 뒷쪽 벽에는 선반이 잔뜩 달려있어 소지품을 올려둘 수 있다. 규모와 가구 배치로 볼 때, 이 틈새공간은 거주자 숫자에 맞게 만든 간단한 거실 같은 느낌이다. 만약 아주 큰 공간이었다면 이와 같이 유용하게 쓰이지 못했을 것이다.' ⑦

어떤 장소의 적절한 규모는 어떻게 사용되느냐에 따라 결정된다. 장소의 건축적·공간적 조건이 어떤 용도는 촉진하고 어떤 용도는 제지하는 작용을 하기 때문에 좋든 싫든 건축가는 어떤 장소에서 일어나는 일에 지대한 영향을 미친다. 건축가가 규모를 정하기만 해도 그 장소가 무엇은 적합하고, 무엇은 적합하지 않다는 규정이 생기는 셈이다.

'공간의 규모는 그곳에서 벌어질 활동과 어울려야 한다.' 이 원칙은 장소가 넓든 좁든 똑같이 적용된다. 건축가는 공간의 규모가 예상되는 목적을 수행하기에 적합한지를 반드시 확인해야 한다.

장소를 제공하라 ― 시대를 막론하고 건축가는 항상 '장소'라는 개념에 사로잡혀있다. 하지만 장소를 누구도 무시하지 못할 중요한 개념으로 정립한 최초의 인물은 '알도 반 아이크 Aldo van Eyck(1918~)'였다. 그는 장소와 공간에 관한 글을 많이 남겼는데, 다음 두 가지가 널리 알려져있다.

"공간과 시간은 어떤 경우에도 장소와 상황만큼 풍부한 의미를 담아내지 못한다. 공간에 사람이 개입하면 장소가 되고, 시간에 사람이 개입되면 상황이 되기 때문이다."

"모든 것을 하나의 장소로 만들고, 모든 집과 도시를 장소의 집합체로 만들라. 집은 작은 도시이고 도시는 커다란 집이다."

― 알도 반 아이크, 1962

몬테소리 학교 48-50

아이들이 노는 모습을 관찰하면, 예상보다 작은 규모로 몇 명씩 흩어지는 것을 발견하게 된다. 모래성을 쌓거나 소꿉장난을 하는 아이들은 넓은 공간보다는 좁은 공간에서 집처럼 편안한 느낌을 받기 때문이다. 그래서 널찍한 놀이터를 하나 만들기보다 작은 놀이터를 여러 개 만드는 편이 낫다.

델프트에 있는 몬테소리 학교에는 여러 영역으로 나뉜 놀이터가 있다. 작은 놀이터 하나는 모래성을 만들기에 알맞은 규모다. 모래성을 쌓고 놀 만한 나이의 아이들은 보통 혼자 놀거나 두셋씩 짝을 지어 논다. 네 명이 함께 노는 경우는 드물고, 다섯 명 이상이 모이는 경우는 거의 없다. 넓은 놀이터에서는 점유한 공간의 경계 표시가 없기 때문에 자기 영역 넓히기를 좋아하는 아이가 다른 아이의 집중을 방해하고 친밀감을 깨뜨리기 쉽다. 반면 몬테소리 학교에 있는 놀이터는 작은 규모가 공간의 용도에 어울리고 나아가 공간의 사용을 촉진한다. 적절한 규모란 예상되는 용도에 알맞은 규모를 종합한 것이며, 역으로 공간의 규모는 그곳에 최적화한 용도를 이끌어낸다. ⑦

본연의 기능에 최대한 충실하기 위해 일련의 작은 영역들로 분할한 이 놀이터는 분절의 기본 원칙을 보여주는 좋은 예다.

분절 – 공간의 분절은 언제나 장소를 형성해야 한다. 분절된 단위 공간은 규모가 정확하고 적절한 차단 장치가 있어서 사용자들이 맺는 관계를 수용할 수 있어야 한다. 분절은 공간의 성격을 결정하는 중요한 요인으로, 어떤 공간이 하나의 대규모 집단에 적합한가, 아니면 여러 개의 소규모 집단에 적합한가를 좌우한다.

분절이 많이 이루어질수록 단위 공간은 작아지고, 주의가 집중되는 장소가 많아질수록 전체적으로 개인화 효과가 강해진다. 다시 말해서 동시에 여러 집단이 각기 다른 활동을 벌이기 유리해진다. 공간을 분절해 작은 단위 공간을 만들면 대규모 활동을 등한시하는 것처럼 해석하지만 그것은 잘못된 생각이다. 넓은 공간을 과감하게 나눈다고 해서 반드시 한 집단이 쓰기에 불편하다는 뜻은 아니다. 마찬가지로 분절되지 않은 넓은 공간이라고 해서 꼭 동시에 여러 가지 용도로

48
49
50

형태는 초대한다 33

면적이 같은 네 공간.

사용하기 좋은 조건이 형성되지도 않는다.

실제로는 공간을 중앙집중적인 용도와 분산적 용도에 모두 적합한 방식으로 분절하는 일도 가능하다. 그럴 경우 우리는 어떤 해석을 원하느냐에 따라 대규모 개념을 채택할 수도 있고 소규모 개념을 채택할 수도 있다.

하지만 지금 하는 이야기는 원칙에 불과하다. 분절의 성격뿐 아니라 분절의 '파장'과 그 파장의 성격, 즉 원칙을 '어떻게' 실행에 옮기느냐가 공간의 가능성을 좌우한다.

우리는 공간을 분절해서 더 작게 만들어야 한다. 분절된 공간은 필요 이상으로 크지 않아야 하며, 관리하기 쉬워야 한다. 분절은 적용 가능성을 증가시키기 때문에 공간을 확장하는 효과도 있다. 따라서 우리는 공간을 더 작게 만드는 동시에 더 크게 만들어야 한다. 실제 사용할 수 있을 만큼 작으면서도 활용 가능성을 최대한으로 제공하기에 충분할 정도로 커야 한다. 분절은 '수용 능력의 확대'로 이어지며 결과적으로 같은 재료에서 더 많은 것을 이끌어낸다. 밀도가 높기 때문에 필요한 재료가 줄어드는 것이다.

■ 모든 사물은 규모가 적절해야 한다. 적절한 크기로 만들기로 마음먹는다면 거의 모든 사물이 지금보다 상당히 작아져야 함을 금방 알 수 있다. 건축가는 작은 단위 요소의 집합인 경우를 제외하고는 큰 것을 만들지 말아야 한다. 지나치게 큰 것은 거리감을 낳고 결합을 느슨하게 한다. 크고 웅장한 공간을 설계하는 일을 고집한 결과 건축가는 거리감과 소외감을 대규모로 생산하는 제조업자로 전락했다. 그러나 다목적으로 쓰기 위해 큰 규모를 선택한 경우에는 복잡성이 증가하며, 복잡성이 증가하면 전체를 구성하는 요소 사이의 관계와 상호작용이 더욱 다양해지기 때문에 해석 가능성이 높아진다. ④

센트랄 베헤이르 빌딩[52-56]

센트랄 베헤이르 사무실 설계는 공간을 분절한다는 원칙이 철저하게 적용되었다. 설계의 출발점이 된 명제는 '모든 업무와 오락 활동이 개인적으로 이루어지지 않고 소규모 단위로 이루어지게 한다'는 것이었다. 상황을 분석한 결과 프로그램을 구성하는 모든 요소를 3제곱미터 단위 공간의 결합으로 해석할 수 있다는 결론이 나왔다. 하지만 현실 세계에서는 모든 일이 정확한 숫자로 맞아떨어지지 않기 때문에, 공간이 모자랄 때 동선 공간을 침범할 수 있도록 적당히 여유가 있어야 한다는 점도 함께 고려했다. 예컨대 건물 안에서 미술 전시회가 개최되는 시기(실제로 전시회가 정기적으로 개최된다)에는 비교적 쉽게 실내공간을 갤러리와 비슷한 분위기로 바꿀 수 있다. 비록 상상 가능한 모든 프로그램을 수용하기에 적합한 공간을 만들겠다는 꿈을 센트랄 베헤이르 빌딩이 완벽하게 구현하지는 못했지만, 그 꿈에 가까이 다가선 것만은 틀림없다.

다양한 장소로 활용하기 위해 공간을 분절하는 것은 사실 거의 불가능하다. 우리가 장소라고 부르는 단위 공간의

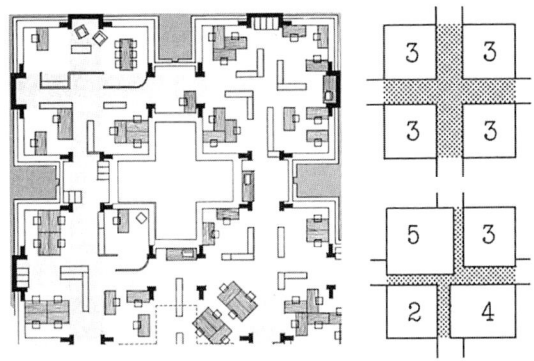

54
55 56

크기는 사회적 상호작용에 필요한 공간을 토대로 정해지기 때문이다. 그렇다면 센트랄 베헤이르 빌딩은 사회적 상호작용이라는 목적에 어느 정도 적합한 기본적 구조물이라 할 수 있다. 일반적으로 건물의 가능성은 구조의 밀도와 그 건물에서 파생된 분절에 의해 결정된다. 센트랄 베헤이르 빌딩은 사무공간으로 쓰기에는 매우 훌륭하지만, 전 직원이 참가하는 축하연을 열기에는 적합한 환경이 아니다. 그래서 큰 행사는 인접한 건물의 커다란 홀에서 열린다. 이 홀은 전체 시설을 통합하는 부분으로서 어디에서나 쉽게 접근이 가능한 곳이다.

형태는 초대한다 35

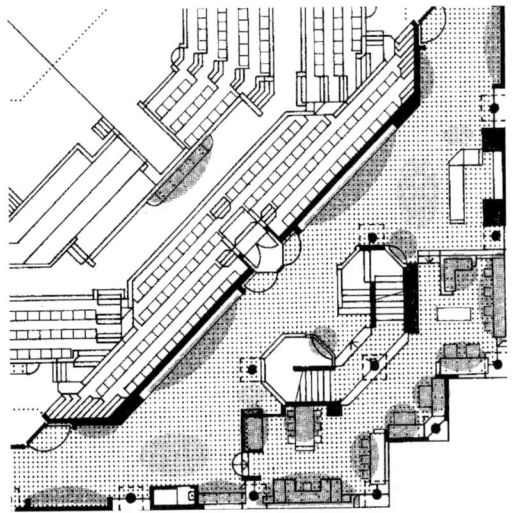

브레던뷔르흐
음악당 로비.

'장소'가 만들어질 가능성에 따라 평면도를 평가할 수 있으며, 그런 과정을 통해 그 공간이 여러 가지 활동을 수용할 잠재력을 얼마나 가지고 있는지를 가늠해볼 수도 있다. 예를 들어, 전통적인 네덜란드 주택의 평면은 방 두 개가 벽장을 짜 넣은 미닫이문을 사이에 두고 서로 연결되는 형식이다.

■ 명확한 장소
▨ 가능성이 있는 장소

오랜 세월 동안 수많은 사람들이 미닫이문을 없애고 큰 공간 하나를 얻으려 했다. 하지만 그렇게 해서 생긴 공간은 넓긴 했지만 짜임새 있게 가구를 배치하기 어려웠고 미닫이문을 떼어내고 얻은 공간 역시 활용면에서 기대에 미치지 못했다. 결과적으로 장소를 만들고 공간을 차별화하는 데는 전통적인 방식대로 분절된 공간이 더 유리하다. 공간을 분절하면 오히려 공간이 더 넓어지는 것과 같은 효과를 얻을 수 있으며,

암스테르담 주택.
A: 개조 전

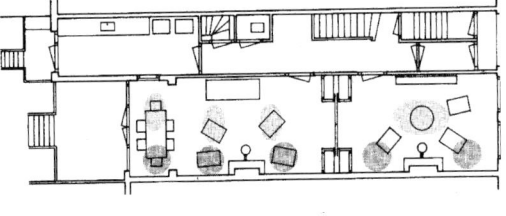

B: 개조 후

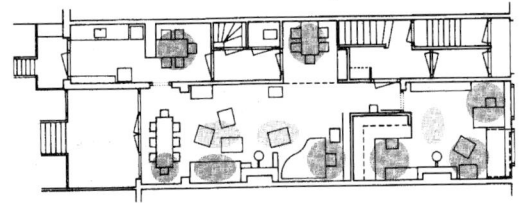

그 공간을 이용하는 사람들이 다양한 목적으로 사용하고자 할 때도 '장소로서의 능력place-capacity'이 증가한다.

주택 개조[59]

일반적인 주거공간을 다양한 활동에 어울리도록 만들기 위해 비교적 간단하고 규모도 작은 개조 공사가 이루어졌다. 원래의 평면은 전통적인 형식대로 부엌, 식당, 거실로 이루어져있었다. 다양한 활동을 하는 가족의 필요에 맞게 개조 공사가 시행된 후의 평면을 보면 3개 이상의 작업공간이 추가되고 부엌에도 탁자와 의자가 늘어났다. 방치되어있던 구석을 활용해 작업공간을 추가한 결과 장소의 개수가 늘어나고 공동 생활공간 전체의 수용 능력도 증대되었다.

'장소로서의 능력'은 동선으로 쓰이지 않는 공간의 질을 말한다. 공간을 최대한 효율적으로 사용한다는 것은 우수한 평면도의 중요한 기준이다. 즉 동선 공간이 필요 이상으로 넓지 않아야 하며 장소로서의 능력을 극대화하는 공간 조직이 이루어져야 한다. 평면도를 보고 장소로서의 능력을 평가하는 일은 어렵지 않다. 반드시 필요한 동선 공간의 면적은 얼마나 되는가, 실제로 동선 공간으로 쓰일 것으로 예상되는 면적은 얼마나 되는가를 확인하고 남아있는 영역 가운데 '장소'가 되기 위한 최소한의 요건을 만족시키는 공간이 얼마나 되는가를 살펴보면 된다. 다음으로는 각 장소의 규모와 열리고 닫힌 정도가 장소의 용도에 부합하는지를 살펴본다. 이런 식으로 '장소 차트place-chart'를 작성하면서 평면도를 그리고 지속적으로 평가하다 보면 '장소로서의 능력'을 향상시킬 수 있다.

개인 주택, V. 오르타.

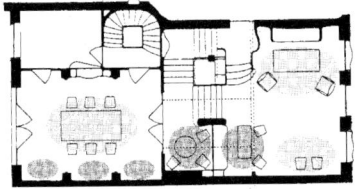

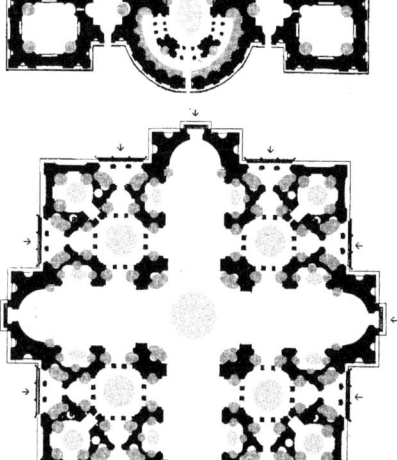

성 베드로 대성당 평면도.

줄리아노 다 상갈로,　페루치
미켈란젤로,　브라만테

*이 평면도는 브라만테와 협력해서 작성된 듯하다. 성 베드로 대성당의 평면도는 여러 명의 건축가가 작성했다고 알려져있는데, 문헌마다 정보가 조금씩 다르기 때문에 어느 것이 누구의 안이라고 정확히 이야기하기는 어렵다.
출처: L. Benevolo, *Storia della Citta* / Norberg Schulz, *Meaning in Western Architecture* / Pevsner, *An Outline of European Architecture* / Van Ravesteyn, "De doorbraak naar de St. Pieter te Rome", in *Forum 1952*.

성 베드로 대성당 60-63

최종적인 성당 건립은 미켈란젤로의 설계안에 따라 이루어졌지만, 미켈란젤로보다 먼저 설계안을 작성한 페루치 Baldassarre Peruzzi(1481~1536)의 초안 가운데 하나를 들여다보면 약식 평면도에 불과한데도 상상력 넘치는 복잡한 분절이 이루어져있다는 사실에 놀라게 된다. 여러 개의 공간이 연속되면서 놀랍도록 풍부한 패턴을 형성하지만 건물 전체의 굵은 선은 손상되지 않는다. 미켈란젤로의 평면도와 규모가 완전히 다른 평면도를 보는 느낌마저 든다. 첫눈에 보기에도 중심공간으로 판단되는 영역은 분절이나 비례에서 바로 옆에 위치한 공간과 별다른 차이가 없다. 따라서 실제로는 더 이상 중심공간과 주변공간을 구분하기가 불가능하다. 페루치의 평면도에서는 어떤 부분도 다른 부분을 지배하지 않는다.

미켈란젤로의 평면 역시 동일한 원칙에 입각해있지만 규모와 비례가 달라지면서 중심공간이 전체를 지배한다. 나머지 공간에는 부수적인 역할이 주어지고 그들을 둘러싼 공간은 대폭 축소되어 중심공간과 별도로 사용할 수 있다는 생각이 전혀 들지 않는다.

중심공간은 전체를 흡수하는 것처럼 보이는데, 단면도를 함께 고려하면 이런 효과가 더욱 강해진다. 미켈란젤로가 설계한 성당 건물의 높이를 페루치의 평면에도 적용해서 비교해보라. 여기서 우리는 분절의 변화가 공간에 어떤 작용을 하는가를 알 수 있다. 크기를 약간만 변화시켜도 공간이 크게 달라질 수 있다.

'둘러싸기 능력enclosing capacity' 또는 '장소의 질'이라는 개념은 어떤 공간이 크고 작은 집단을 끌어들이는 정도를 나타내며 공간의 비례와 형태에 의해 좌우된다. 둘러싸기 능력은 닫힘과 열림, 내향성과 외향성의 정확한 균형을 토대로 한다. 건축가는 다양한 장소에 충분히 주의를 기

60　61
62　63

울여 사람들이 서로 관계를 맺을 수 있게 하면서도 모두가 하나의 공간에 함께 있다는 사실을 자각하게 해야 한다.

브라만테, 페루치, 상갈로, 미켈란젤로가 각각 설계한 성 베드로 성당 평면도를 비교해보면, 공간 구성의 원칙에서는 큰 차이가 없지만 분절이 이루어진 양상과 중심공간을 부각하는 방식에서는 확연한 차이를 보인다.

공간 사용의 '가능성'에서 평면들 간의 차이는 미묘하면서도 결정적이다. 중심공간 대 나머지 공간의 비율만 보면 브라만와 페루치의 평면도에 큰 차이는 없지만, 브라만테의 평면에서는 중심공간이 훨씬 강조된다. 또 페루치가 작성한 평면도에서는 타워와 중심공간 사이가 전체 평면도를 축소한 것 같아서 그 자체로 성당 역할을 할 수도 있는 공간이 네 개나 있다는 점이 특히 눈에 띄는데, 브라만테의 평면도에는 이 부분이 없다. 브라만테의 평면도에서는 이 공간들이 현관홀과 비슷한 공간이 되어 결과적으로 통로 길이가 늘어났다.

중심공간이 끝나는 곳마다 있는 네 개의 전실narthex(본당 입구 앞의 넓은 홀-옮긴이) 역시 브라만테의 평면도에서는 보이지 않는다. 하지만 브라만테가 작성한 다른 평면도에는 전실이 다시 나타난다.

종합해 보면 브라만테의 평면에서는 여러 집단을 수용하기 위한 '둘러싸기 능력'이 현저히 줄어든 셈이다. 페루치의 평면이 훌륭한 이유는 타워와 중심 공간 사이에 삽입된 또 하나의 완결적인 공간 때문이다. 게다가 페루치의 평면에서는 상호 연관된 비례 속에서 각 부분의 독립성과 상호의존성이 완벽한 균형을 유지하고 있다. ⑥

브레던뷔르흐 음악당 64-66

음악당은 많은 사람이 모이고 서로 만남과 접촉을 가지는 특별한 장소인 만큼, 공간 조직은 사회적 접촉의 기회를 많이 제공하는 방향으로 이루어져야 한다. 특히 정확한 분절이 중요하다. 즉 음악당의 각 부분을 사용하는 모든 사람들의 관계 패턴에 맞는 비례를 채택해야 한다.

공간의 규모는 다양한 장소와 상황에서 자연스럽게 형성되는 집단의 규모에 맞아야 한다. 그리고 집단 속에서 어울릴 것인가 아니면 혼자 있을 것인가, 남의 눈에 띄는 곳에

있을 것인가 아니면 뒤쪽에 남아있을 것인가, 어떤 사람에게 다가가 이야기를 나눌 것인가 아니면 접촉을 피할 것인가를 각자 자유롭게 선택할 수 있어야 한다.

강당 안에서는 관중이라는 하나의 집단이 앞에서 벌어지는 공연에 집중하지만, 공연 전과 후에는 관중이 여러 개의 작은 집단으로 나뉜다. 그럴 때는 강당 안에서의 상황과는 달리 공간적인 측면에서 서로 연관되면서도 어느 정도 분리된 여러 개의 장소가 필요하다. 동시에 건물을 사용하는 사람 수가 매우 많기 때문에 분절되지 않은 단 하나의 거대한 공간도 필요하지만, 분절되지 않은 하나의 공간에 아주 많은 사람을 한꺼번에 수용해야 하는 상황이 종종 일어난다. 좌석은 발코니와 비슷하게 구획된 공간에 배열되고 원형극장처럼 생긴 공간에는 곳곳에 높이가 다른 복도와 계단이 있다. 출구는 여러 군데 있어서 관람객들은 자연히 각기 다른 층의 로비로 나가게 된다.

스넥코너는 층별로 여러 곳에 배치되어서 휴식 시간에 손님들이 오래 기다리는 일이 없도록 되어있다. 강당 안에도 계단이 있지만 강당 밖 로비에도 가장 큰 중앙공간의 모서리마다 한 쌍씩 대칭을 이루는 계단이 있어서 높이가 서

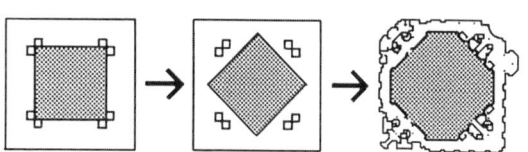

로 다른 공간을 연결한다. 큰 계단을 한두 개 배치하는 대신 두세 명이 대화를 중단하지 않고 오르내릴 수 있을 정도의 좁은 계단을 여러 개 만들었다. 얇은 막처럼 대강당을 둘러싸는 로비 공간을 설계할 때는 외부의 광장이 보이는 장소, 아케이드 내부가 보이는 장소, 사방이 전부 막힌 장소 등 각 장소가 지닌 가능성을 최대한 활용하려고 노력했다.

평면 설계의 초기 단계만 해도 대강당 주변은 전통적인 형식대로 강당을 둘러싼 공간에 지나지 않았으나, 설계가 진행되면서 서서히 변화를 거듭해 다양한 성격을 가진 단위 공간으로 바뀌었다. 자연광과 인공조명이 번갈아 사용되고, 높은 천장과 낮은 천장이 번갈아 나타난다. 간혹 오목한 천장도 등장하며, 벽감壁龕(장식을 위해 벽면을 오목하게 파서 만든 공간)에 태피스트리(다채로운 색실로 무늬를 짜넣은 직물)가 장식된 곳이 있는가 하면 통로의 폭을 넓힌 곳도 있다. 이 모든 특징들로 말미암아 각양각색의 장소가 탄생한다.

관람객은 가장 좁은 통로를 따라 이동할 때도 단순한 통로에 비하면 훨씬 풍부한 공간을 경험한다. 로비 곳곳에는 앉을 자리가 있다. 낮은 벽처럼 보이는 좌석이 가장 많지만 그 외에도 작은 탁자와 벤치가 있고, 아늑한 벽감에 쿠션을 놓은 곳도 있다. 로비의 폭이 넓어지는 곳에도 커다란 원탁과 여러 개의 의자가 놓여있다. 공간의 다양성은 목재로 마감하고 부드러운 재료로 장식을 더한 지점에서 한층 강조된다. 판 루헨Joost van Roojen의 태피스트리 작품으로 장식한 덕분에 구석진 곳까지 모두 밀도 있는 공간으로 바뀌었다.

건물을 가로질러 걸어가다 보면 군중과 떨어진 내향적인 구석, 주위에서 벌어지는 일이 빠짐없이 눈에 들어오는 곳, 강당 내부가 보이는 장소, 외부의 도시 풍경이 보이는 자리까지 각양각색의 장소와 마주친다. 분절이 공간 지각의 범위를 넓힌다는 사실을 다시 한 번 확인할 수 있다. 다양하게 설계된 작은 단위 공간들은 전체의 수용 능력을 증대시킨다. 사람들은 무심하게 열려있는 공간에 있기보다 곳곳에 퍼져있기를 더 좋아하기 때문이다. ⑤

'스케일scale'이라는 개념은 단순히 규모를 나타내는 말로 아무렇게나 쓰이지만, 본래는 설계된 공간 또는 건물이 지나치게 크거나 작다고 여겨지는 경우를 가리키는 말이다. '스케일이 크다'와 '스케일이 작다'는 말은 실제 수치와는 아무런 관계가 없다. 어떤 물건이 매우 크거나 혹은 작더라도 필요에 의해서 그런 것이라면, 지나치게 크거나 작다고 이야기하지 않는다. 스케일이라는 개념을 둘러싼 혼란 때문에 우리의 시야가 흐려지는 일이 없도록 하려면 언제나 분절에 신경써야 한다.

대형 여객선을 예로 들어보자. 그것은 스케일이 큰 구조물인가, 아니면 스케일이 작은 구조물인가? 물론 대형 여객선은 매우 큰 선박이므로 일반적인 비교는 무의미하다 그러나 대형 여객선을 구성하는 요소인 선실, 복도, 계단 등은 모두 육지에 있는 그것들보다 훨씬 작다.

'분절'이라는 용어는 일반적으로 벽과 파사드가 리드미컬하거나 운율을 가지고 있어서 일정한 가소성을 유발하는 것을 의미한다. 가소성이라는 개념이 건축의 역사에 자주 등장하는 데는 그만한 이유가 있다. 어떤 건물이나 특정한 건축양식의 외적 특징을 표현하는 가장 효과적인 수단이 바로 '가소성'이라는 사실이 세월을 거듭하며 입증되었기 때문이다. 음악에서 박자가 곡을 일정한 단위로 나눠 더욱 알기 쉽게 만들듯이 건축에도 거리와 크기를 알기 쉽게 만드는 박자와 같은 요소가

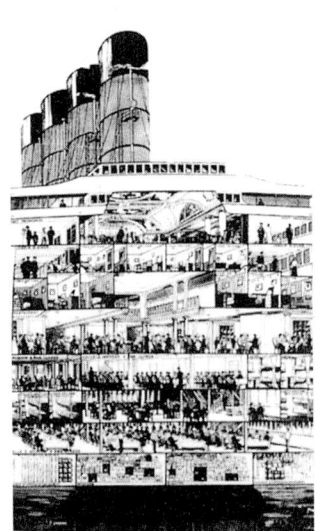

자유의 여신상(1883), 파리에서 제작된 후 뉴욕으로 운반되었다. 강철 구조물, G. 에펠, 조각가 바르톨디

있다. 평면적이고 분절이 이루어지지 않은 물체는 크기를 짐작하기가 힘들지만, 우리에게 익숙한 크기의 단위로 나누어 전체를 부분의 합으로 파악하기 한결 쉽다. 그렇기 때문에 규모가 큰 물체나 공간에 시각적인 분절을 가해 보다 알기 쉬운 비율로 만들면 거대한 덩어리 같은 느낌이 줄어들고 인지하기가 쉬워진다. 이처럼 분절은 가독성을 향상시키는 수단으로서 공간지각에 크게 기여한다. 하지만 그러기 위해서는 하나의 조건이 필요하다. 시각적으로 인지하는 바와 전체적인 이미지가 가리키는 공간 조직이 일치해야 한다는 점이다. 흔히 보듯 어떤 건물의 외부는 여러 개의 작은 단위 공간으로 나뉜다는 사실을 암시하는데 실제 내부공간 조직은 전혀 그렇지 않은 경우, 분절은 파사드를 장식하고 결과적으로 무의미한 가소성 요소를 보여주는 것 외에 아무런 기능이 없다. 오래된 건물들의 유서 깊은 파사드를 한데 모아 사무실 또는 호텔로 개조한 경우에도 파사드는 도시의 장식으로 의미가 축소된다. 파사드의 시각적이고 가소성 있는 요소들이 우리가 공간 조직과 패턴을 이해하는 데 도움이 되려면 그런 요소들이 실제 내부공간의 구획과 일치해야만 한다. 건축의 모든 수단은 다양하고 풍부한 사회적 교류를 수용할 '공간'을 형성하거나 보완하는 데 쓰여야 한다.

69 70

71 72

산 마르코 광장, 베네치아.

형태는 초대한다 41

3 시야, 열고 닫음

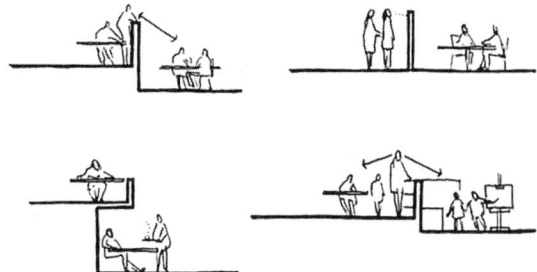

건축가는 언제나 시야를 열고 닫음에 적절한 균형을 추구해야 한다. 즉 모든 사람이 언제 어디서나 자기 위치를 다른 사람과의 관계 속에서 파악할 수 있도록 공간을 조직해야 한다. 분절이 충실히 이루어진 영역에서는 필연적으로 결합보다 분할이, 통일보다는 분리가 더 주목을 받는다. 그러나 장소의 열림도 닫힘과 마찬가지로 중요하다. 사실 열림과 닫힘은 상호보완적이어서 어느 한쪽이 없으면, 다른 한쪽도 존재하지 않는다. 말하자면 서로 변증법적인 관계인 셈이다.

어떤 장소들이 서로 분리된 정도, 서로를 향해 열려있는 정도 그리고 분리 또는 개방이 이루어진 방식은 모두 설계자의 손에 달렸다. 건축가는 상황에 따라 접촉을 조절해 프라이버시를 보장하면서도 '상대방'을 바라보는 시야가 지나치게 좁아지지 않게 해야 한다.

공간의 높이에 변화를 주면 시야는 넓어지지만, 위에 있는 사람이 아래에 있는 사람을 내려다보게 되므로 위치가 대등하지 않다는 사실을 고려해야 한다. 따라서 낮은 곳에 있는 사람은 높은 곳에 있는 사람의 시선을 피할 수 있도록 장치를 마련해 주어야 한다.

몬테소리 학교 73-75

교실 안에 높이가 다른 공간을 만든 이유는 낮은 곳에 있는 아이들이 그림을 그리거나 만들기를 하는 동안 높은 곳에 있는 아이들은 조금 더 집중력을 요구하는 활동에 전념하게 하려는 의도였다. 이렇게 하면 높은 곳에 있는 아이들이 다른 활동을 하는 아이들로부터 방해받을 염려가 없어지며 서있는 교사가 교실 전체를 감독하기도 쉬워진다.

교실에서 벌어지는 일을 항상 지켜보아야 하는 교사의 입장에서는 아이들을 낮은 곳에 배치하는 편이 좋지만, 아이들이 '지위가 낮아진' 느낌을 받을지도 모른다는 우려 때문에 실제로 그렇게 하지는 않았다. 사실 공간을 이런 식으로 배치한 데는 몇 가지 이유가 더 있었다. 가령 '자기표현' 영역이 복도와 높이 차이 없이 이어진다거나, 파사드 창문을 통해 들여다보이는 부분은 '정상적인' 수업이 이루어지는 공간이어야 한다는 요청이 있었다.

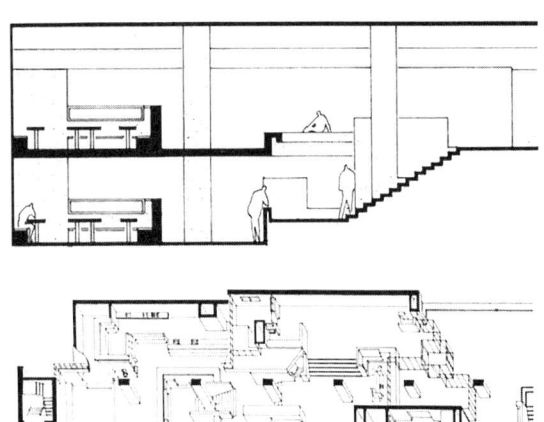

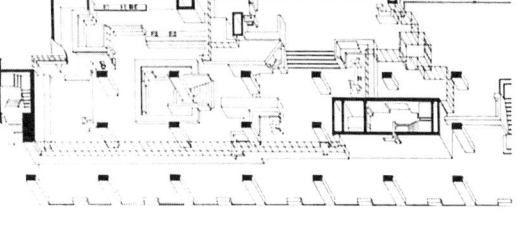

베이스퍼르스트라트 학생 기숙사 76-78

'시선lines of vision'은 시각적 접촉을 촉진하는 영역과 프라이버시가 보장되는 영역을 적절히 구분하는 역할을 한다. 따라서 우리가 공간의 높이를 다루는 방식이 무엇보다 중요하며 특히 다른 곳보다 높게 만든 부분에 신경을 써야 한다. 넓은 계단참은 아래쪽의 식당에 비해 상당히 높기 때문에 계단참의 낮은 난간에 앉아있는 사람들은 식당을 오가는 사람들과 같은 높이에 있게 된다. 이러한 장치는 우연한 만남의 가능성을 높인다.

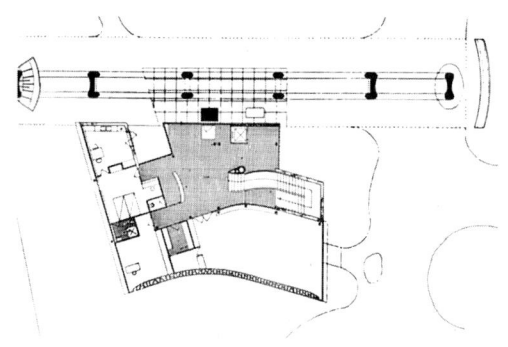

르코르뷔지에의 스위스 파빌리온 79-80, 82-85

계단을 여섯 칸 올라가면 통로처럼 길게 이어지는 계단참이 나오고 실제 계단은 뒤쪽으로 물러나있다. 계단참 위에 서있는 사람은 공동공간인 거실 벽 너머를 바라볼 수 있고 반대로 거실에서도 그 사람을 볼 수 있다. 계단참 덕분에 계단을 오르내리는 모든 사람이 열린 시야를 얻고 거실 안에 있는 사람도 홀에 들어온 사람들의 시선을 피할 수 있어서 프라이버시를 침해받지 않을 수 있다.

발코니 81

발코니를 건물 전체의 폭만큼 길게 만드는 경우가 종종 있다. 비용이나 시공의 편리함을 기준으로 보면 나쁘지 않은 방법이지만, 발코니 폭을 넓히는 데 한계가 있다는 단점이 있다. 폭을 넓히지 못하는 이유 가운데 하나는 아래층 실내 공간이 받아야 할 빛을 차단하기 때문이다. 수치상으로 발코니 면적이 몇 제곱미터 넓어지긴 하겠지만 길고 좁은 공간은 쓰임새가 그다지 많은 것도 아니다. 만약 발코니의 모양이 정사각형에 가까운 모양이라면 탁자를 놓고 여러 사람이 둘러앉아 야외 식사를 즐기기에 좋을 것이다. 사각형 발코니는 깊이가 있어서 외부와 차단되는 효과가 크고 햇빛을 가리기도 어렵지 않다. 게다가 거실의 일부가 외부 파사드와 직접 접하기 때문에 채광이 좋아질 뿐만 아니라 거리를 직접 내려다볼 수 있는 공간도 생긴다.

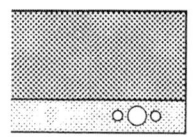
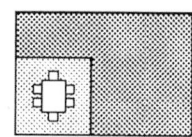

르코르뷔지에의 에스프리 누보 파빌리온 86-92

이런 종류의 기본적인 공간 조직에 예리한 안목을 가진 건축가가 르코르뷔지에였다. 그는 다양한 풍경을 유심히 관찰하고 상투적인 표현을 제거하여 새로운 '공간 메커니즘'으로 탄생시켰다. 그런 사례는 세계 각지에서 찾아볼 수 있다.

비록 실현하지는 못했지만 르코르뷔지에가 작성한 '빛나는 도시' 계획안을 생각해보라. 이 계획안이 거절당한 데는 그만한 이유가 있었다. 계획안에서 제안한 것처럼 모든 세대가 로지아loggia(옥외에 있는 2층 높이의 커다란 방)를 갖도록 할 만한 도시공간이 없었기 때문이다. 1925년 파리에서 열린 국제장식미술박람회에서 르코르뷔지에가 처음 선보였고 이탈리아 볼로냐에 다시 지어진 '에스프리 누보 파

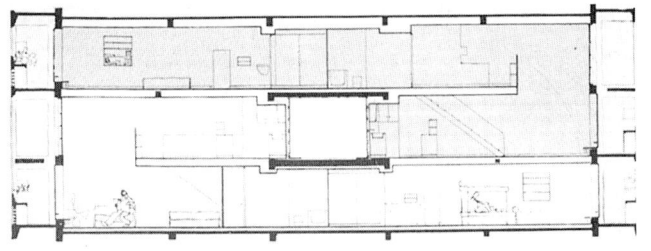

유니테 다비타시옹, (마르세이유, 1945), 르코르뷔지에.

86 87
88 89
90 91
92

에스프리 누보 파빌리온, (파리, 1925) 이탈리아 볼로냐에 재건축됨

빌리온pavillion de l'esprit nouveau'에서 로지아와 비슷한 발코니를 다시 만들었다. 물론 마르세이유에 있는 '유니테 다비타시옹Unite d'habitation'과 같은 대규모 집합주택을 설계하면서 비용과 같은 현실적인 문제 때문에 어쩔 수 없이 발코니를 채택했다. 그러나 르코르뷔지에가 만든 좁은 발코니는 주도면밀하게 설계되어서 오늘날 일반 공동주택의 발코니보다 넓게 사용할 수 있다.

형태는 초대한다 45

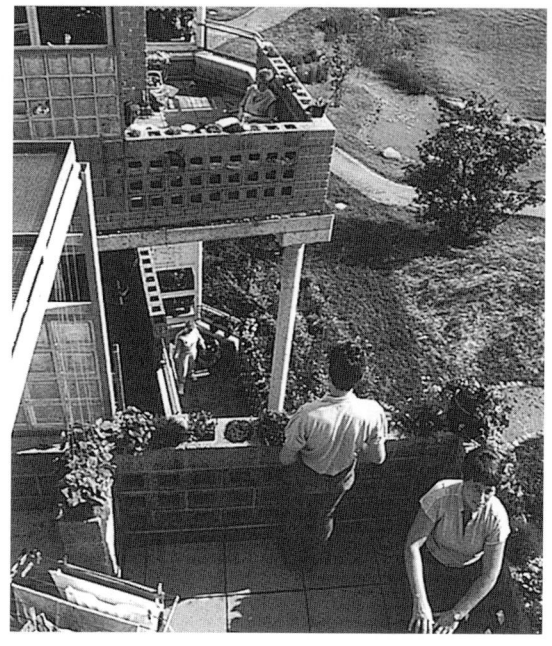

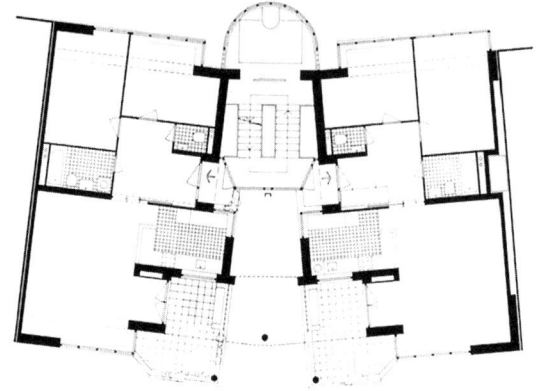

93 96
94
95

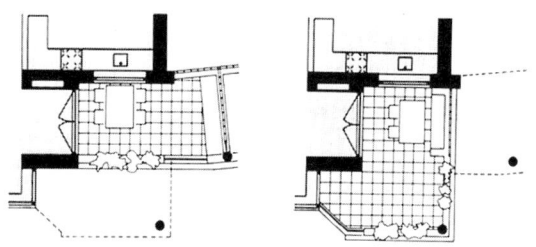

공간 조직의 기본 원리를 활용하면 열리고 닫힌 정도를 다양하게 조절할 수 있다. 열림과 닫힘은 매우 조심스럽게 적용해야 한다. 적어도 사람들이 공간적 측면에서는 다른 사람과의 관계를 자기가 원하는 대로 설정할 수 있도록 해주어야 한다. 건축가는 모든 사람의 개인적 특성을 최대한 존중해야 하며, 사회적 접촉을 강요하거나 반대로 사회적 접촉을 방해하는 건축 환경을 만들지 않도록 주의해야 한다. 건축가는 벽을 만드는 사람인 동시에 시야를 열어주는 사람이기 때문이다. 건축가에게 열림과 닫힘은 모두 중요하다.

도큐멘타 우르바나 주택 93-96

이 공동주택의 단면도에는 '수직의 거리'인 계단실stairwell 과 '외부의 방'에 해당하는 발코니가 결합되어있다. 층마다 나란히 배치된 널찍한 발코니가 건물 정면과 측면에 교대로 튀어나와있기 때문에 위층 발코니의 방해를 받지 않는다.

발코니는 로지아와 비슷하게 닫힌 부분과 테라스처럼 개방된 부분으로 나뉜다. 테라스 부분은 2층 높이로 트여있거나 아예 하늘로 열려있고, 닫힌 부분은 한쪽이 햇빛을 가려주는 불투명 유리블록으로 막혀있다. 닫힌 부분에서는 남의 눈에 띄거나 이웃과 마주치지 않고도 야외에 앉아있을 수 있다. 아니면 다른 발코니를 쳐다볼 수 있고 자기 모습도 훤히 드러나는 '사교적인' 위치를 선택할 수도 있다. 혼자 있고 싶은지 아니면 이웃과 가벼운 대화를 나누고 싶은지를 자유롭게 선택할 수 있다.

지멘스슈타트 주택,
(베를린, 1929~31),
H. 헤링.

리마 주택 99-105

카셀에서 개발한 아이디어를 베를린에 위치한 린덴스트라세Lindenstrasse 공동주택에 다시 적용했다. 베를린은 어느 도시보다도 발코니가 넓고 집약적으로 활용되는 곳이다. 일찍이 휴고 헤링Hugo Häring 역시 베를린에서 널찍하고 아름다운 발코니를 설계한 바 있다. 베를린 프로젝트에서는 카셀의 공동주택보다 가구 수가 많고 구체적인 상황에 따른 요구도 달랐기 때문에, 부지의 장점을 극대화하기 위해 발코니를 다양하게 병치하고 정렬했다.

97 98
99
100 101

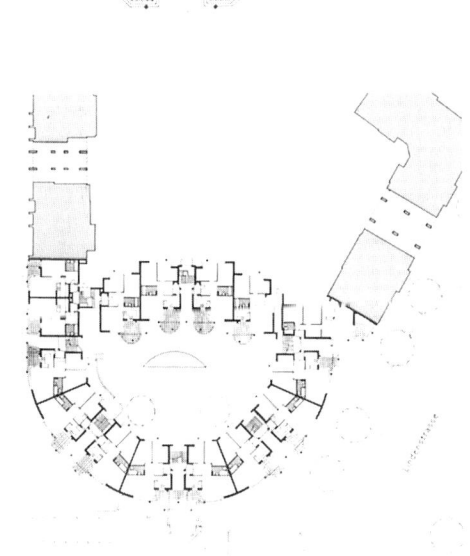

형태는 초대한다 47

102 103 104
105

바르셀로나 타우 학교 106-109

타우 학교의 주 계단은 파사드를 따라 한 방향으로 올라가면서 각기 다른 지점에서 건물의 각 층과 연결된다. 따라서 입구가 수직으로 일직선상에 놓이지 않는다. 계단이 파사드 전체를 가로지르기 때문에 천장고가 가장 높은 곳은 계단 맨 아랫부분이다. 각 층의 공간이 계단을 향해 열려있으므로 어느 층에서나 유리 파사드를 통해 외부 풍경과 계단에 있는 사람을 볼 수 있다. 각 층의 공간을 한눈에 볼 수 있도록 배치해 계단을 오르내리는 사람, 앉거나 서있는 사람을 쉽게 만나게 된다. 우리는 전통적인 형식대로 단위공간을 겹쳐놓는 대신 계단을 활용해 여러 층을 하나로 묶어 전체 공간에 통일성을 부여했다. 다른 반과 학년에 속한 아이들의 접촉을 돕는 공간을 만든 것이다. 타우 학교에서는 이쪽저쪽으로 이동하는 행위 자체가 공동의 일상생활이므로 학생들이 다른 반 친구의 모습을 볼 기회가 많은 편이다. ⑨

106
107
108 109

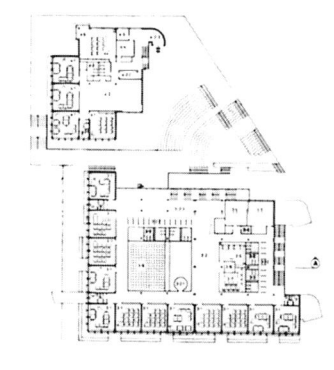

형태는 초대한다 49

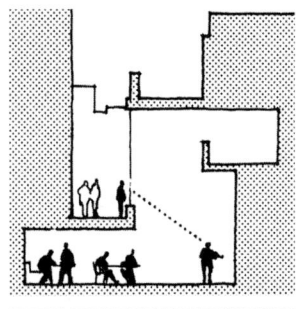

브레던뷔르흐 음악당 110-112

음악가들이 쓰는 휴게실은 건물의 비공식적인 중심지다. 음악가와 제작진들은 이곳에서 공연을 준비하고 공연 후에 긴장을 풀면서 늦게까지 머물기도 한다. 거의 항상 누군가가 사용하는 공간인 휴게실은 의상실, 창고 등의 '서비스 구역service area'과 가까운 위치에 있다. 또한 위쪽에 있는 관람객용 통로와 시각적으로 연결되어있기 때문에, 지나가던 사람들이 음악당 무대 뒤에서 벌어지는 일을 살짝 엿볼 수 있으며, 휴게실에 있는 사람도 쉽게 바깥 상황을 살필 수 있다. 이것은 가로공간의 일상적인 활동과 일반적으로 뒤쪽의 서비스 구역 사이에 깊숙이 박혀있는 공간 사이의 간극을 한정된 범위에서나마 메워보려는 시도였다.

우리의 목표는 건물 안에서 일하는 사람들이 관람객에게 주의를 돌리게 하고, 역으로 관람객 역시 건물 안에서 일하는 사람에게 관심을 기울이게 하는 것이었다. 우리는 센트럴 베헤이르 빌딩에서도 비슷한 시도를 했다. 설거지하는 장소를 사람들에게 노출시켰다. 대개는 그다지 매력적으로 여겨지지 않는 설거지를 하는 사람들이 외면당하거나 접촉에서 배제된다고 느끼지 않게 하려는 의도였다. ⑬

오버로프 요양원 113-114

드리 호번 요양원과 마찬가지로 오버로프 요양원 역시 중심부에 공동의 시설을 모아놓은 마을 광장 같은 공간이 있다. 오버로프 요양원에 사는 사람들은 이곳에서 식사를 하거나 차를 마신다. 요컨대 이곳은 온갖 활동의 중심지이자 주민들이 각자의 주거공간에서 느끼는 고립에서 벗어날 수 있는 장소다.

우선 각 세대와 접촉하고 있는 '실내 가로'를 모두 중앙공간에 수렴되게 만들어서 주민들이 잠깐만 걸으면 중앙공간에 도착할 수 있게 만들었다. 그리고 어떤 층도 소외되지 않도록 중앙공간을 수직 방향으로 건물 맨 위층까지 확장시켰다. 이렇게 만들어진 넓은 공간에는 길쭉한 유리창이 달린 승강기를 설치해 주민들이 중앙공간에 들어오고 나가는 모습이 보이도록 했다. 층과 층 사이를 이동할 때는 대부분 승강기를 사용하지만 계단도 갖췄다. 중앙공간에 있는 계단의 위치는 층별로 다르다. 위치는 일정한 방향을 따르거나 중앙공간에서 잘 보이는 곳을 선택하기보다는 다양성을 고려해서 결정했다. 각 동의 끝부분에는 일반적인 형식으로 만들어진 계단도 있다.

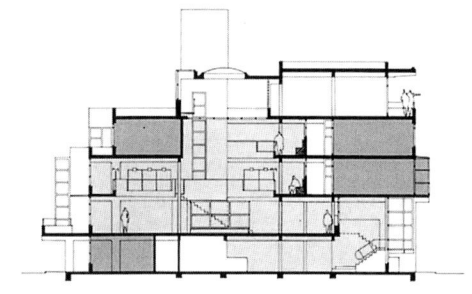

바르셀로나 구엘 공원[115-117]

가우디가 설계한 바르셀로나의 구엘 공원 중앙 테라스를 둘러싼 벤치는 길고 구불구불한 모양으로 만들어져서 어디에 앉느냐에 따라 보이는 풍경이 달라진다. 난간이 안쪽으로 구부러지는 곳에 반원 모양으로 앉아 서로를 마주볼 수도 있고, 바깥쪽으로 구부러지는 곳에 앉아 넓은 중앙공간을 바라볼 수도 있다. 물결 모양 난간에 둘러싸여있지만 야외에 있는 느낌이 나는 공간이다. 벤치의 곡선이 오목한 모양에서 볼록한 모양으로 바뀌는 '변곡점turning points'은 두 가지 성격이 공존하는 유리한 장소다. S자 모양으로 이어지는 벤치는 점진적으로 변화하는 외향성과 내향성을 지닌 장소의 연속으로서 어디에나 등받이가 잘 갖추어져있다. 전체적으로 보면 벤치는 실로 다양한 특성을 보여주는 공간으로서 가족끼리 소풍을 즐기기에도 적합하고, 눈앞에 있는 테라스 풍경을 감상하거나 누군가를 기다리며 혼자 휴식을 취하기도 좋다. 형형색색의 도자기 파편을 붙인 매력적인 디자인은 20세기의 '아방 라 레테르avant la lettre'라 할 수 있다. 이 벤치에 앉는 사람은 무슨 색깔 옷을 입었든 자연스럽게 전체와 어우러져 잠시나마 멋진 구성의 일부가 된다.

좌석의 사회학[118-122]

살다보면 다른 사람과 마주보고 앉거나 등을 맞대고 앉는 상황이 종종 생긴다. 기차, 전차, 버스와 같은 각종 대중교통 수단을 설계할 때는 이런 상황을 염두에 두어야 한다. 낯선 사람과 가까이 있어야 하는 상황은 우연하지만 생생한

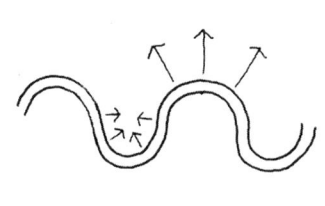

만남으로 이어질 수도 있다. 물론 만남은 매우 짧을 수도 있고 상당히 오랫동안 지속될 수도 있다. 따라서 대중교통 수단의 좌석을 배치하는 작업은 본질적으로 건축가가 건물 내부공간을 조직하는 방식과 다를 바 없다. 유럽의 옛날 전차에서는 넓은 통로를 사이에 두고 양쪽에 좌석이 있었기 때문에 모든 사람이 창문에 등을 대고 가운데 통로를 바라보고 앉았다. 그 결과 마치 공공장소의 대기실처럼 다른 사람에게 서슴없이 가벼운 눈길을 던질 수 있는 공간이 형성되었다. 하지만 통로에 서있는 승객이 많아서 시야가 완전히 차단될 때도 있다.

이런 식의 배치는 두말할 필요도 없이 더 많은 승객을

태우기 위함으로, 오늘날 뉴욕과 도쿄의 지하철에서 흔히 볼 수 있는 광경이다. 이러한 배치의 또 다른 장점은 공간이 더 필요할 때 앉아있는 승객과 서있는 승객이 서로의 거리를 좁힐 수 있다는 점이다. 승객 한 명에게 할당되는 공간이 미리 정해져있지 않고 수요에 따라 변하기 때문이다.

일반적으로 기차에는 두세 명이 서로 마주보고 앉거나 등을 돌리고 앉는 좌석이 차량 너비로 놓여있다. 전형적인 'D-트레인'의 공간은 좁은 복도를 따라 작은 방과 비슷한 객실이 일렬로 늘어서있고 객실마다 유리를 끼운 미닫이문이 달려있다. D-트레인에서는 누구와 함께 여행할지를 신중하게 선택해야 한다. 낯선 사람과 상당히 오랜 시간을 밀착해서 이동해야 하기 때문이다. 일단 자리를 잡고 나면 볼 수 있는 광경이라고는 사람들이 자기 객실에 드나드는 모습과 역에 설 때마다 다른 승객들이 좌석을 찾아 복도를 오가는 모습이 고작이다.

복도는 D-트레인에서 유일하게 입석이 제공되는 장소다. 오늘날 기차와 버스, 비행기는 마치 학교 교실처럼 모든 좌석이 앞쪽을 향해 일렬로 배열되어있다. 승객들 간의 거리는 매우 가깝지만 특별한 경우가 아니라면 옆에 앉은 승객 외에는 누구와도 접촉할 수 없는 배치다. 이런 배치가 갈수록 보편화되고 승객들 사이에 실질적인 접촉이 사라지는 현상은 어떤 환경에서나 개인주의적 경향이 강해지고 있음을 반영한다. 기차 승강장처럼 여러 사람이 모여서 대기하는 공공장소에서도 같은 현상이 일어난다. 옛날에 유행하던 긴 의자는 대부분 사라지고 마치 카페에서처럼 좌석들이 일정한 거리를 두고 하나씩 설치되어있다.

서로 분리된 좌석을 일렬로 나란히 배치하는 방식은 옆자리에 앉은 사람을 방해하거나 긴 의자에 드러눕는 일을 방지하기 위해 고안된 것이다. 그 결과 이제 두 사람이 바짝 붙어앉거나 사람들이 조금씩 움직여 다른 사람에게 공간을 만들어주지 못하게 되었다. 사람들 사이의 거리가 모두 고정되어있으므로 유연한 좌석 사용이 불가능하다.

카페, 바, 구내 식당과 같이 단시간에 많은 사람이 사용하는 장소에는 공간 절약을 염두에 두고 설계된 똑같은 탁자가 여러 개 놓여있다. 사용자는 언제나 여섯 명 또는 여덟 명씩 모여앉게 된다. 함께 앉는 사람 수가 식탁 크기에 의해 정해지는 셈이다. 하지만 이런 상황에서도 다양성을 강화한 배치가 사용자들의 사회적 상호작용 양식에 더 적합하

120
121 122

베이스퍼르스트라트 학생 기숙사.

센트랄 베헤이르 빌딩.

다. 일반 식당에서 탁자에 둘러앉는 사람 수가 제각각인 것과 같은 이치다.

작은 탁자를 선호하는 사람이 많지만, 큰 탁자를 선호하는 사람도 상당히 많다. 보통 친구들과 함께 있을 때는 2~4인용으로 만든 작은 탁자를 선택하고, 자기를 드러내고 싶지 않을 때는 6~8인용의 큰 탁자를 선택한다(큰 탁자에서는 적어도 다른 사람에게 자기소개를 하거나 같이 앉아도 되냐고 양해를 구할 필요가 없다). 혼자 있고 싶다는 의사가 명백하게 드러나므로 신문을 읽거나 말없이 앉아있어도 무안하지 않은 자리도 있어야 한다. 보통은 창가에 있는 탁자가 이런 용도다. 설사 창문으로 이렇다 할 경치가 보이지 않더라도 창가 자리 쪽으로 얼굴을 돌리고 앉으면 프라이버시를 지키고 싶다는 의사가 쉽게 표현되기 때문이다. 혼자 있지만 다른 사람과 접촉할 의사가 있는 사람에게는 긴 탁자가 적당하다. 아주 긴 탁자에서는 누가 그곳에 앉느냐가 탁자 길이에 따라 정해지지 않기 때문에 언제든지 우연한 접촉이 가능해진다.

탁자의 형태 역시 사회적 접촉의 양상에 지대한 영향을 미친다. 직사각형 탁자와 달리 원탁에서는 모든 좌석이 동등하다는 사실을 생각해보라.

아폴로 학교 123-127

복도를 따라 교실이 일렬로 배치되고 복도에는 외투를 거는 못과 '작업대'가 있는 전통적인 형식의 학교가 오늘날에도 여전히 만들어지고 있다. 대개는 외부적인 요인 때문에 이런 설계안을 채택한다. 물론 교실 자체는 설계가 우수하고 기능에도 문제가 없을 수 있지만, 전통적인 형식으로 공간을 배치하면 교실이 서로 분리된 자기완결적인 단위공간으로서 기껏해야 바로 옆 교실과 적당한 관계를 유지할 뿐이다. 서로 다른 반에 속한 아이들은 쉬는 시간에 혼잡한 복도에서 잠시 마주칠 뿐이다.

교실이 공동의 중앙공간을 둘러싸고 있어서 아이들이 교실 문을 나서자마자 저절로 중앙공간에 모이게 된다면

학년이 다른 아이들도 우연히 만날 기회가 늘어난다. 다른 반 교사, 학생들과 자주 접하다 보면 자연스럽게 여러 가지 활동을 함께하고 싶어질 수 있다. 아폴로 학교에 있는 두 개의 중앙공간은 원형극장처럼 높이가 단계적으로 변하는 공간으로 설계되어 시각적 접촉의 범위가 매우 넓다. 배우와 관중이 있는 무대가 즉석에서 만들어지기도 한다. 높이가

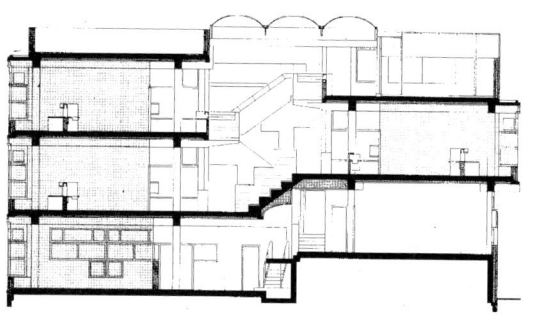

123
124

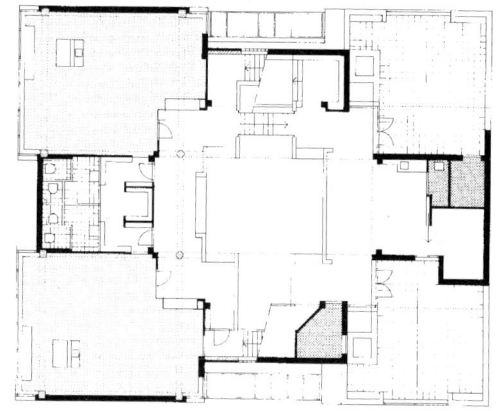

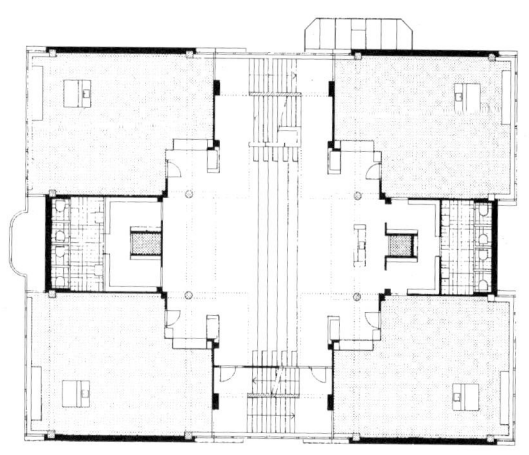

형태는 초대한다 53

다른 두 공간을 연결하는 계단에 앉아있는 아이들이 관중처럼 행동하면서 낮은 공간에 위치한 '배우'들에게 '공연'을 선보이라고 요구한다.

중앙공간의 높이를 단계적으로 변화시킨 결과 원형극장과 비슷한 공간이 만들어졌고, 서로의 모습이 최대한 잘 보이도록 세 개씩 두 그룹으로 나뉜 여섯 개의 교실에도 접점이 생겼다. 이러한 시각적 연계로 교실들은 모두 하나로 엮인다. 교실을 층층이 배치해 서로 엄격하게 구분한다면 불가능했을 일이다.

중앙공간은 공동으로 사용하는 커다란 교실과 같다. 가장 높은 '발코니'에는 교사들의 공간이 있다(교장이 쓰는 공간은 한쪽 면을 가려놓았다). 아이들이 다가서기 쉬운 곳에 위치한 교사 공간은 홀 전체에 커다란 거실과 같은 분위기를 풍긴다. 또 유리로 된 천창이 있어서 교실 문이 닫혀있을 때도 발코니에서 홀이 아주 잘 보인다. 가장 높은 영역으로 올라가는 계단을 최대한 투명하게 설계했는데, 계단이 시각적 접촉을 차단하지 않도록 하고 천창을 통해 들어온 햇빛이 홀의 구석까지 닿도록 하기 위해서였다.

건축가가 어떤 것을 미완성으로 남겨두는 행위는 모두 공간의 열림과 닫힘에 관여하는 일이므로 건축가 본인의 의도와 상관없이 언제나 가장 기본적인 사회적 관계에 영향을 미친다. 설사 환경적인 요인이 사회적 관계에 미치는 영향이 제한적일지라도, 모든 사람이 평등한 토대 위에서 만나는 공간을 조직하기 위해 노력해야 한다.

건축의 잠재력을 무시하면 주민들의 자유를 박탈하는 결과를 낳는다. 하지만 수많은 건축가들이 사회학적 접근이나 심리학적 접근을 두려워하는 것은 이해할 수 있다. 지금 우리 건축가들은 지난 시기의 실패를 짊어지고 있기 때문이다. 사람들의 행동을 예측할 수 있다는 순진한 믿음을 가졌던 건축가들은 '사회적 접촉을 위한 공간'과 같은 낭만적이고 쓸모없는 개념을 만들었다가 실패하고 말았다.

건축가들은 대부분 극적인 단순화를 좋아한다. 그러나 불가피한 심리적·사회적 요인에 맞게 공간을 조절하는 일이 건축의 주된 관심사가 되어서는 안 된다. 이제 우리는 신중하게 계산된 규모, 정확한 분절, 적절하게 배분된 열림과 닫힘 등을 출발점으로 삼아 '양질의 사이 공간'에 관심을 가져야 한다. 사회적인 건축이 존재하지 않는다고 해서 우리가 사람들이 서로 관계를 맺는 방식과 다양한 상황에서 나타내는 반응을 무시할 수는 없지 않겠는가.

단순히 문이 바깥쪽으로 열리게 하느냐 안쪽으로 열리게 하느냐를 선택할 때에도 책임이 따른다. 문이 열리는 방향에 따라 방에 들어오는 사람이 방 안에서 일어나는 일을 한눈에 볼 수 있느냐, 아니면 방 안에 있는 사람이 누군가 들어오기 전에 마음의 준비를 할 시간을 가지느냐가 결정되기 때문이다.

어떤 건물에나 무수히 많은 세부가 있고 그것을 모두 합치면 전체 건축물의 거대한 몸짓만큼이나 중요해진다. 마치 발레리나의 몸에 있는 수천 개의 근육이 단일한 전체를 형성하듯, 건축가에게 건물은 무수히 많은 세부 사항의 합이다. 작은 결정 하나하나에 관심과 정성을 기울이고 이것들을 유기적으로 모으면 진정으로 사람을 환영하는 건축이 될 것이다.

125 126
127

형태는 초대한다

4   외부 세계를 내부로

건축의 기원을 논할 때 예전부터 강조되는 것이 비바람을 막아주는 '피신처shelter' 개념이다. 인류 역사가 시작되고 도시를 건설하면서 피신처는 서서히 분절된 형식을 획득하며 오두막에서 주택으로 발달했다. 하지만 '시야의 역사'도 '피신처의 역사' 못지않게 중요하다. 여기서 이야기하는 시야는 다른 사람을 바라보는 것과 외부 세계를 바라보는 것이 모두 포함된다. 공간적 관계는 인간관계에 영향을 미칠 뿐 아니라 인간과 환경의 관계에도 영향을 미친다. 하지만 실내와 실외는 근본적으로 대립하는 개념이 아니라 우리가 어디에 서서 어느 방향을 보느냐에 따라 달라지는 상대적인 개념이다.

과거 어느 때보다 현대 건축에 열린 공간이 많다는 사실은 결코 우연이 아니다. 오늘날 우리는 열린 공간을 만드는 수단을 확보했을 뿐 아니라 개방성에 대한 욕구도 높아졌다. 우리는 모든 창문을 활짝 열어 외부 세계를 안으로 들어오게 했다. 네덜란드 건축이 근대건축에 크게 기여했다는 평가가 가능하다면, 그것은 예나 지금이나 개방성이 네덜란드 사회의 중요한 특징이라는 사실과 무관하지 않을 듯하다.

네덜란드를 찾는 관광객들은 안에서 벌어지는 일에 참여하고 있다는 느낌이 들 정도로 훤히 들여다보이는 주택의 거실에 깜짝 놀란다. 이것은 네덜란드가 다른 나라보다 외부에서 느끼는 위협이 적다는 사실을 보여준다. 다른 나라는 대개 사유지와 주택이 외부와 차단되어있다. 네덜란드 건물의 유리창 면적이 예외적으로 넓은 것은 온화한 기후와 사람들이 느끼는 상호의존적인 생각 덕분이지만, 한편으로는 다른 사람의 의견에 마음을 열어놓는 외향적인 자세가 반영된 결과라 할 수 있다.

규모가 작고 개방적인 네덜란드 건축은 네덜란드 사람들이 서로 관계를 맺는 방식 그리고 안과 밖, 전체와 부분 모두에서 합리적이고 조화로운 사회적 환경을 유지해온 방식이 공간으로 표현된 것이다. ⑦

128

반 넬레 공장 128-134

'로테르담에 위치한 반 넬레 공장은 '신건축Nieuwe Bouwen(네덜란드의 근대건축 운동)'의 특징을 가장 명확하게 보여주는 건물이다. 공장 건물은 거대하지만 위압감을 주지는 않으며, 밖에서 건물 내부를 들여다볼 수 있고 안에서 일하는 사람도 최대한 넓은 시야를 가지고 동료들의 모습과 외부 풍경을 바라볼 수 있게 설계되었다. 사무실이 위치한 부분의 외관을 곡면으로 처리한 독특한 공법은 단순히 인접한 도로나 건물 볼륨을 위한 배치가 아니다. 반 데르 플뤼트Leendert C. van der Vlugt(1894~1936)가 동료 마르트 슈탐의 기조에 반기를 들면서까지 대범한 곡선을 채택한 이유는 논리적으로 설명하기 어렵다*. 하지만 반 데르 플뤼트는 이 곡선을 통해 사무실과 공장을 서로의 시야 안에 고정시켰다. 우리가 주목해야 할 부분도 바로 이것이다.

이러한 아이디어는 계단에서도 되풀이된다. 돌출된 계단은 건물에서 멀리 떨어진 곳까지 뻗어있어 어느 계단참에서나 파사드 전체를 볼 수 있다. 사무실동 입구 오른쪽에 있는 계단이 매우 독특하다. 마치 건물이 능력이 부족해서 계단을 포괄하지 못했다고 말하기라도 하듯 파사드를 자르며 튀어나와있다. 이 계단을 따라 건물 밖으로 나가면 파사드가 잘 보이고 뒤쪽으로 운동장이 보이며 멀리 열린 간척지였던 곳이 눈에 들어온다. 가장 넓게 펼쳐지는 파노라마를 볼 수 있는 곳은 선박 갑판에 있는 지휘소를 연상시키는 옥상의 원형 구조물이다. 하지만 높은 곳에 위치해서 수평선 너머로 근사한 항구가 보이는 이 구조물은 경영진이

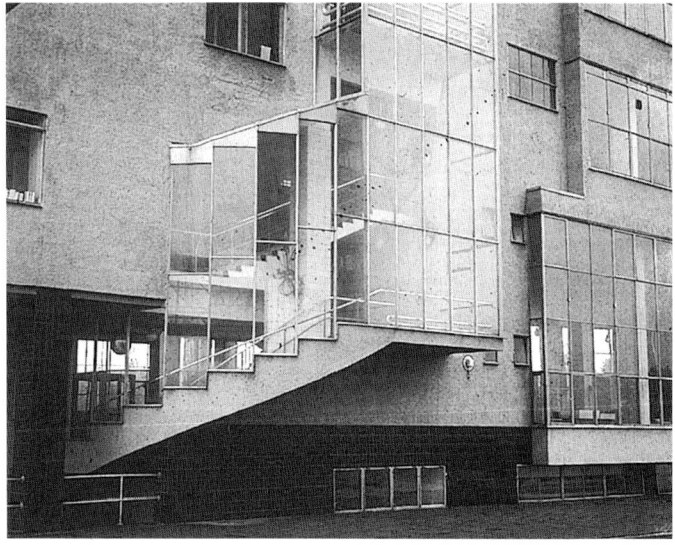

아니라 모든 공장 노동자를 위한 공간이다. 전체적으로 공장 건물은 논리적이면서도 광범위한 접근법을 통해 도출된 결과로서, 과거와 단호하게 결별을 선언하고 더 나은 인간관계가 실현되는 신세계로 나아가고 있다. 이 건물이 걸작인 이유는 외관이 거대하고 투명한 기계와 유사하다는 점 외에도 논리적인 건축의 공간 조직에 위계가 없는 인간관계라는 원칙을 도입했다는 데 있다. ⑦

* '공장 옥상의 초콜릿 상자 같은 공간은 내가 고안하고 설계한 것이지만, 정작 내 바람과는 거리가 멀었다네. 사무실동의 오목한 곡면 벽도 마음에 들지는 않았지. 하지만 책임자는 반 데르 플뤼트였어.'
(1964년 6월 10일 바케마에게 보낸 편지에서, 출처: J. B. Bakema, L. C. Vander VLugt, Amsterdam, 1968).

129 130

131 132

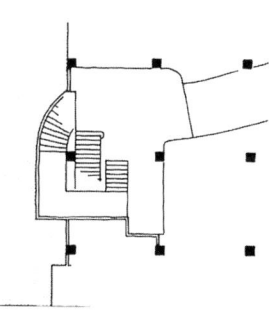

형태는 초대한다 57

다음은 1932년 이곳을 방문했던 르코르뷔지에가 공장 건물을 묘사한 글이다. 이런 꿈이 실현될 수 있는 곳은 네덜란드밖에 없다.

"현대적인 생활의 근사한 풍경"

로테르담의 반 넬레 담배공장은 '프롤레타리아'라는 말에 함축된 모든 절망감을 없애버린 창조물이다. 집단의 욕구를 충족시키는 방향으로 이기적인 사적 소유의 본능을 전환한 결과, 기업 활동의 모든 과정에 개인이 참여하는 가장 행복한 결론에 이르렀다. 노동은 궁극적인 물질성을 유지하는 동시에 정신의 힘으로 교화된다. 다시 말해 모든 것은 '사랑의 증거'라는 짧은 구절에 들어있다.

… 유리는 보도와 잔디밭이 있는 높이에서 시작해서 하늘과 만나는 반듯한 경계선에 닿을 때까지 끊이지 않고 이어진다. 이곳에는 완전한 고요가 깃들어있다. 모든 것이 바깥을 향해 열려있다는 사실은 8층 건물 내부에서 일하는 모든 사람에게 매우 중요하다. 건물 내부에서 빛으로 쓴 시를 발견할 수 있기 때문이다. 깨끗한 서정성, 황홀한 질서, 더

할 나위 없이 정직한 분위기, 모든 것이 투명하다. 일하는 동안 서로의 모습을 볼 수 있다.

… 공장 관리자는 유리로 된 사무실을 쓴다. 사무실에서 물들어가는 석양과 항구를 내려다 볼 수 있다. 거대한 휴게실이 관리자의 사무실과 같은 패턴으로 연결되어 최고 경영자나 말단 직원, 남성이나 여성 모두가 끝도 없이 펼쳐진 풀밭이 내려다보이는 이 거대한 방에서 함께 밥을 먹는다.

… 나는 이곳에서 일하는 노동자의 얼굴을 보는 것이 즐거웠다. 모든 노동자의 얼굴에는 공장 생활의 기쁨과 슬픔, 열정, 어려움 등의 감정이 고스란히 드러나있다. 하지만 이곳에 프롤레타리아는 한 명도 없었다. 단지 점진적인 위계가 확립되어있고 누구나 그 위계를 존중할 뿐이다. 원활하게 운영되는 분주한 벌집과 같은 이곳의 분위기는 질서, 규칙성, 시간 엄수, 정의, 친절에 대한 보편적이고 자발적인 존중을 통해 형성된다.

… 일상적인 상호관계의 예는 다음과 같다. '내가 일하는 장소를 내가 관리한다. 내가 하는 일이 흥미롭다. 그러므로 나의 수고는 기쁨이다.' 이것은 하나의 선순환이다. 모든 것이 빈틈없는 유대 관계로 결합된다. 크고 작은 책임을 모두가 함께 나눈다.

참여. 그것은 반 넬레 공장이 만들어진 방식이기도 하다. 예비 계획안을 작성하는 데 무려 1년이나 걸렸다. 그리고 계획안을 완성하는 데 5년이 더 걸렸다. 5년 동안의 공동 작업이었다. 문제가 있을 때마다 회의를 열어 토론했다. 회의에는 건축가와 경영자 관리자뿐만 아니라 각 부서의 책임자와 모든 공정을 대표하는 숙련된 노동자가 함께 참석했다. 아이디어는 어디에서나 나올 수 있기 때문이다. 대량생산과정에서 사소한 결함이 얼마나 큰 문제를 일으킬 수 있는지는 잘 알려져있다. 사소한 문제는 없으며, 정확하게 설계된 공간만이 제 기능을 한다.

반 넬레 공장의 방문은 내 인생의 가장 아름다운 경험이었다.

(르코르뷔지에, 《빛나는 도시 La Ville Radieuse》, 파리, 1933)

리트펠트의 슈뢰더 하우스[135-138]

리트펠트의 슈뢰더 하우스는 네덜란드에서 벌어진 '신건축' 운동의 중심에 있는 작품이다. 이 집은 오늘날의 일반적인 공공주택의 단위주거보다 크지는 않지만 마치 하나의 가구처럼 여러 가지 요소로 분절되어있다.

흔히 슈뢰더 하우스를 두고 몬드리안의 회화를 3차원으로 옮긴 건축이라고 해석한다. 하지만 몬드리안의 회화가 2차원의 평면을 넘어서려는 의도가 전혀 없다는 사실은 그렇다 치더라도, 두 작품을 동일선상에 놓는 것은 몬드리안의 견해에도 어긋나고 리트펠트의 의도에도 부합하지 않는다.

작곡가 쇤베르그가 색채를 음악으로 표현하려 했듯이 몬드리안은 서로 다른 중량을 가진 색채를 조화시키려고 노력했으며, 궁극적으로는 진정한 민주주의의 원형을 그림으로 표현하려 했다. 반면 리트펠트는 물리적인 중량을 가진 건축자재를 이용해 새로운 상호관계를 정립하고 새로운 목표를 달성하고자 노력했다. 외부에서 볼 때 리트펠트의 목표는 추상적이고 선과 평면으로 객관적인 구성을 만들려는 것처럼 보인다. 실제로 슈뢰더 하우스를 다룬 대부분의

135 136
137 138

책은 이 부분을 가장 비중 있게 다룬다. 하지만 내부에서 보면 슈뢰더 하우스의 모든 구성 요소는 개별적으로나 다른 요소와의 관계에서 일상적인 움직임의 범위 내에 있다.

슈뢰더 하우스의 공간은 매우 효과적으로 활용된다. 내부공간은 물론 외부와의 경계를 이루는 모든 영역은 예상되는 목표를 수행하기에 알맞게 조정되어있다. 모든 모서리와 창문, 문에는 벤치, 찬장, 벽감, 선반 등이 설치되어있어서 자연스럽게 가구와 하나가 된다. 집은 규모가 작은 편이고 1층의 경우 필요할 때 분할해서 쓸 수 있는 하나의 방으로 이루어져있다. 하지만 무한한 분절이 가능하기 때문에 공간은 용도에 따라 커지기도 하고 작아지기도 한다.

이 모든 특징이 하나로 어우러져 매우 편리하고 살기

좋은 공간을 창조한다. 슈뢰더 하우스는 자기 손으로 집을 지을 수 있다면 누구나 짓고 싶을 만한 아늑한 보금자리의 본보기뿐만 아니라 차단과 개방의 균형을 보여준다.

슈뢰더 하우스를 설계할 때 집의 주인이자 공동설계자인 슈뢰더 부인의 영향을 많이 받은 듯하다. 그가 슈뢰더 부인의 말에 귀를 기울였다는 사실은 그의 성실한 성격과 건축을 향한 진지하고 올바른 태도를 입증한다.

이 집 설계의 바탕이 된 아이디어는 유리로 둘러싸인 거실이 있는 층에서 가장 잘 나타난다. 넓은 창문이 열려있을 때 그 모서리는 '세상과 소통하는 창'이 된다. 두 벽이 직각을 이루는 모서리가 구조재로 막혀있지 않기 때문에 바깥을 향해 확장되는 독특한 공간을 경험하게 된다. 그것은 실내와 실외에 있는 기분을 동시에 느끼는 놀라운 경험이다. 실내와 실외가 이보다 훌륭히 연출된 사례가 있을까. 이 모서리는 과거의 모든 건축과 극단적으로 결별했다는 표현이자 신기술이 열어준 가능성을 상징한다.

역설적인 이야기로 들릴 수도 있겠지만, 이 창문은 목수 한 사람이 기량을 발휘한 결과물에 지나지 않는다. 리트펠트는 특별히 긴 창문 잠금 장치를 주문하기 위해 직접 세공 기술자를 찾아다녔다. 사실 기술적인 측면에서만 보면 슈뢰더 하우스는 한 세기 전의 기술로도 능히 지을 수 있는 집이었다. 신기술에서 영감을 얻었던 도이커와 반 데르 플뤼트와는 달리 리트펠트는 '다른 세상을 꿈꾸는 목수'의 힘을 빌려 유행을 타지 않는 소박한 건물을 설계했다.

리트펠트의 서재 창문 밖에는 슈뢰더 부인을 위해 만든 작은 벤치가 놓여있다. 벤치 위에는 발코니가, 오른쪽에는 현관문이 있다. 슈뢰더 부인이 이곳에 앉아 있으면 서재에서 일하는 리트펠트와도 접촉할 수 있다. 이 집의 모든 돌출부와 발코니와 벽은 차단과 접촉의 적절한 결합을 통해 살기 좋은 실내공간과 정원을 형성한다. 이것은 사실 고전주의적인 방식이다. 이 집에서 새로운 것은 형태뿐이다. ⑦

리트펠트의 슈뢰더 하우스에 있는 열린 모서리는 집 안에 있는 사람이 외부 세계와 단절되지 않고 그 한가운데 있는 듯한 느낌을 준다. 반 넬레 공장 옥상에 위치한 유리벽으로 둘러싸인 원형공간 역시 내부 세계를 바깥으로 내보내고 수평선을 내부로 끌어들인다. 두 건축물에 적용된 해법은 '신건축' 운동에 자주 쓰였던 방법으로서 건물 외벽에 하중을 받는 구조재가 없다는 데 바탕을 두고 있다. 철근 콘크리트의 도입으로 캔틸레버cantilever를 활용할 수 있게 된 덕분에 일찍이 경험하지 못한 새로운 공간이 탄생했다.

물론 건물을 가벼운 느낌이 나도록 짓거나, 파사드에 움푹 들어간 부분을 만들어 내부와 외부의 대립을 완화할 수도 있다. 하지만 이렇게 투명하고 가벼운 느낌을 주는 공간은 오직 모서리에 구조재로 쓰이는 기둥이 없으며 파사드가 자기 무게만 지탱할 정도로 아주 얇게 만들어질 때만 가능하다. 그 가운데서도 가장 일관성 있고 아름다운 공간은 도이커가 설계한 건물의 열린 모서리일 것이다. 도이커는 스헤베닝겐의 기술학교와 존네스트랄 요양원, 암스테르담의 개방 학교 같은 건물을 설계하면서 하중을 받는 구조재와 얇은 유리 외벽을 매우 독특한 방식으로 결합했다. 오늘날 우리는 도이커의 건물이 미친 영향을 세계 각지에서 찾아볼 수 있다.

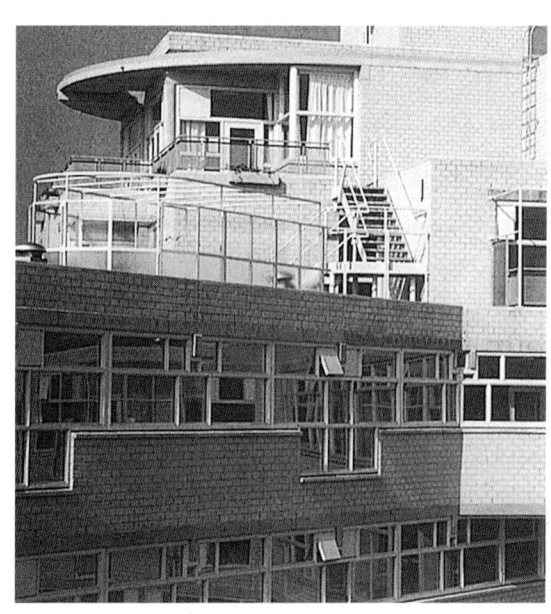

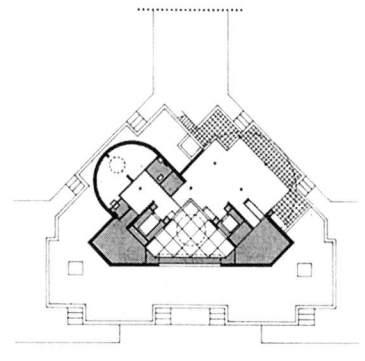
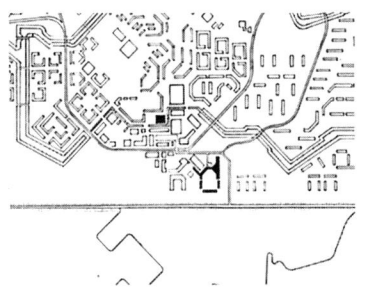

오버로프 요양원[139-143]

자기완결적인 단위요소로 이루어진 노인주택은 불가피하게 요새처럼 폐쇄적 성격을 띠게 마련이다. 오버로프 요양원은 건물 부지가 주거지역의 한복판이 아니라 호숫가에 위치한 도시 변두리 지역이라 고립된 느낌이 더 강했다.

그래서 실내를 주민에게 최대한 개방된 공간을 만든다는 목표로 설계하고, 외부 설계는 적어도 요양원이 필요 이상으로 뒤로 묻혀난 것처럼 보이지 않도록 노력했다.

지나가는 사람들도 요양원 생활의 단면을 엿볼 수 있어야 하지만, 무엇보다도 요양원에 머무는 노인들이 외부 세계와 최소한의 시각적 접촉을 유지할 기회를 가져야 했다. 이러한 아이디어를 가능한 한 분명하게 표현하기 위해 호수의 수평선 너머로 가장 아름다운 풍경이 보이는 위치에 손님 접대와 연회용으로 쓰이는 공용공간을 배치했다.

요양원 건물은 삼면에 커다란 창문이 나 있고 반원형으로 돌출된 지붕이 둥근 형태라는 느낌을 주어 탑이라기보다는 배에 있는 선교船橋와 더 비슷해 보인다. 그래서 '신건축' 운동의 일환으로 등장했던 선박과 비슷한 건물을 연상시키기도 한다.

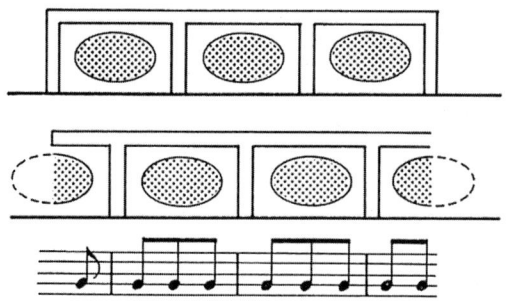

열린 모서리를 만들면 시야가 넓어진다는 이점 외에도 여러 가지 긍정적인 효과를 얻을 수 있다. 파사드에 덧붙인 퇴창이나 돌출된 창은 안에 있는 사람이 밖으로 한 발짝 나가서 위쪽을 보거나 아래쪽의 거리를 바라보도록 한다.

열린 모서리를 추가한 것이 아니라 실제로 건물 모서리가 열려있을 경우에는 일반적으로 육중해 보이리라고 예상되는 지점에서 건물이 가볍고 날렵해 보이는 효과가 있다. 이렇게 평형 상태가 변화하면 강조되는 부분도 바뀌어 건물의 리듬이 변화한다. 건물의 시작과 끝이 열리므로 음악으로 치면 여린박이된다.

델프트에 있는 몬테소리 학교(145, 146, 149), 라렌의 주택(148), 낮은 난간이 있는 암스테르담의 학생 기숙사(147)에서처럼 벽과 천장이 만나는 모서리를 열린 공간으로 처리하면 시야가 넓어진다. 물론 문자 그대로 사람의 시야가 넓어지지는 않을지라도, 주의가 집중되는 지점이 변화하므로 위, 아래, 바깥으로 눈길이 가게 된다. 그리고 창문을 통

144 145

146

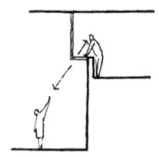

해 들어오는 빛의 성격도 달라진다. 반사되지 않은 빛이 위쪽에서 쏟아지면 외부 세계의 분위기도 함께 유입된다. 예컨대 학교의 공용 홀처럼 교실 내부보다 외부와 직접적인 관계를 맺을 필요가 있는 장소에서는 빛의 성격이 매우 중요하다.

147
148 149

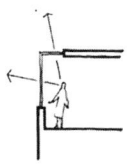

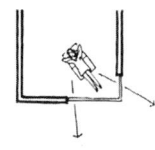

형태는 초대한다 63

드 에베나르 학교[150-153]

곡면 파사드 뒤쪽에 교실 두 개를 나란히 배치해 일종의 '공동 구역communal bay'을 만들었다. 두 교실의 경계에 해당하는 벽은 파사드와 만나는 한쪽 끝에서 미닫이문으로 변한다. 미닫이문이 닫혀있을 때 두 교실은 완전히 분리된 공간이지만, 미닫이문이 열리면 두 교실은 '공동 구역'에 의해 하나의 공간으로 합쳐진다. 파티션이 열리면 교실에서 외부 세계를 바라보는 시야도 훨씬 넓어진다.

벽과 천장 사이의 모서리를 없애면 두 벽 사이의 열린 모서리도 한결 큰 효과를 발휘한다. 이러한 효과는 골조(벽과 천장 또는 벽과 바닥이 만나는 곳)를 통해 두드러지게 표현되기 때문에 공간에 관한 과거의 생각을 혁명적으로 변화시킨다. 이제 '창문'은 단순히 벽이나 천장에 난 구멍이라든가 틀에 둘러싸인 것이 아니라,

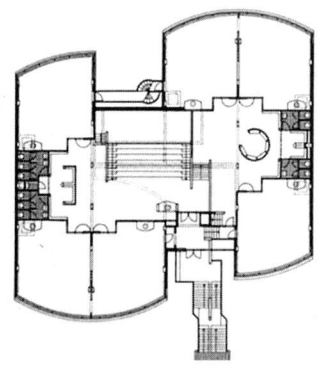
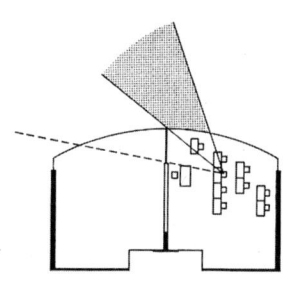
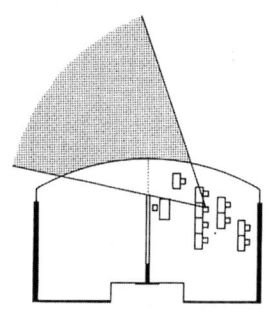

수평면 사이를 연결하는 열린 공간이다. 창문은 건축물의 전체적인 이미지에서 중압감을 덜고 '안정성'을 강화해 결과적으로 주변 환경과 분리된 느낌을 줄여준다.

네덜란드 '신건축' 운동은 외부 세계를 익숙한 환경 속으로 끌어들이고, 익숙한 환경을 투명하게 표현함으로써 건축 공간을 확장했다. 신건축 운동의 결과물이 때때로 항해하는 배와 비슷해 보이거나 하늘을 나는 새와 비슷해 보이는 이유는 누구나 칭송해 마지않는 근대 조선술에서 영감을 얻은 구조주의적 문법 때문이기도 하지만, 무한히 넓은 공간이 시야에 펼쳐짐으로써 자유로운 느낌을 주기 때문이다. 물론 취약성을 인식하게 만드는 의도적인 암시이기도 하다.

개방 학교 (암스테르담, 1927~30), J. 도이커 & B. 베이부트.

154
155

존네스트랄 요양원 (힐베르쉼, 1926-31), J. 도이커 & B. 베이부트 & J. G. 비벵아

5 세상과 소통하는 창

'신건축' 운동으로 인한 건축공간의 확장은 20세기에 일어난 거대한 변화의 일부에 불과하다. 건축은 '상대성'이라는 개념의 발달을 통해 자신의 영역을 확장시켰다. 이제 유일한 '진리'란 존재하지 않는다. 우리는 각자의 견해와 목표에 따라 각기 다른 현실을 경험한다. 따라서 건축은 더 많은 것을 '드러내고' 다양한 경험을 '투명하게' 만들어 경험의 상호연관성에 대한 이해를 도울 의무가 있다.

공간의 경험에 어떤 의미를 결부시키든지, 20세기부터

'공간'이라는 말은 순수한 시각적 인식 이상의 것을 의미하게 되었다. 20세기 들어 예술과 과학에 의해 전에는 생각지도 못한 의미가 드러나면서 우리가 사물을 보는 방식, 감정을 느끼는 방식이 달라졌다. 세상이 달라진 이유는 우리가 전과는 다른 방식 혹은 전에는 미처 깨닫지 못했던 방식으로 세상을 바라보기 때문이다. 오늘날에는 볼거리가 너무 많기 때문에 단순히 보기 좋은 외관과 장식만 갖춘 건축은 우리를 만족시키지 못한다. 건축의 공간은 우리 의식 안에 있는 여러 현상과 의미의 충돌에 대한 대답이어야 한다.

파리 만국박람회 전시관[156]

건물들은 대체로 밝은 햇빛 아래 묘사되지만 여기서는 정반대다. 낮과 밤이 뒤바뀐 데 그치지 않고 실내와 실외의 역할도 바뀐 듯하다. 둥근 구조물은 거대한 램프처럼 주변을 환히 밝히며 서있다. 환영하듯 돌출된 유리지붕에 일정한 간격으로 매달린 조명이 입구를 통과하기도 전에 건물 안에 들어온 느낌을 준다. 전체적으로 투명하게 표현된 건물은 마치 빛나는 행성과 같은 모습으로, 새로운 소비자층을 위해 광범위한 상품이 전시된 근대의 궁전으로 어서 들어오라고 유혹한다.

시네악 시네마[157]

신세계의 전망을 환기시키는 느낌은 도이커와 베이부트가 공동으로 설계한 뉴스영화 상영관인 시네악 시네마에서도 강하게 나타난다. 텔레비전이 없던 시절에 이 건물은 상점을 돌아다니다가 즉흥적으로 들어가서 세상이 어떻게 돌아가는지에 관한 정보를 얻을 수 있는 곳이었다. 그래서 모든 세부 사항이 '세상과 소통하는 창'이라는 기능에 맞게 조율된 완전히 새로운 건축이다. 높다랗게 만든 빛나는 간판(이 간판은 하나의 완결된 구조물이다), 거리와 영화관 사이의 매끄러운 전환(귀중한 건물 모서리 공간을 거리에 반환하고 유리 차양을 만든 덕분에 얻은 효과다)과 더불어 입구 위쪽의 곡면으로 된 유리 파사드가 특히 눈길을 끈다.

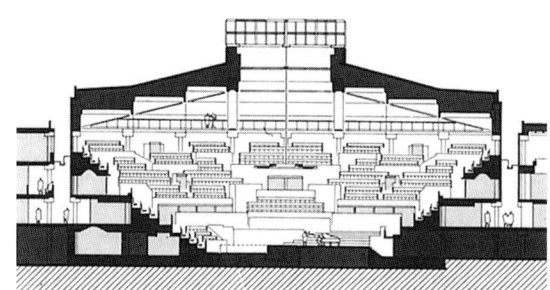 

2층 모서리를 감싼 유리 파사드는 거리에서 영사기가 돌아가는 방이 보이고 안에서도 거리가 보이게 한다. 여기서 도이커의 최우선 관심사는 영사 기술을 보여주는 데 있었겠지만, 결과적으로 극장 근무자들이 숨는 대신 일상생활 속에서 주목받는 위치에서 모든 것을 바라볼 수 있게 되었다. 건축가가 건물의 필수적인 요구 사항을 세심하게 배려했기 때문에 버려졌던 좁고 불편한 땅에 일반적인 건물과 공간 조직이 판이하게 다른 극장이 들어설 수 있었다. ⑦

건물 옥상 위에 있던 빛나는 간판은 1980년에 없어지고 유리로 된 포치는 나무로 덮였다. 유리로 된 곡면 벽은 그대로 보존되었지만 원래 있던 창문의 중간 문설주를 더 굵은 것으로 교체했다. 결국 도이커가 남긴 마지막 걸작이 훼손되고 말았다. 이 무렵에 지어진 수많은 건물 가운데 비교적 온전한 상태로 남아있는 건물이 급격히 줄어드는 추세다.

시네악 시네마 같은 훌륭한 건물은 오래된 자동차, 기차나 배처럼 박물관에 소장할 수도 없고, 대단히 오래된 건물도 아니기 때문에 문화유산으로 보호받을 여건도 못 된다. 그래서 안타깝게도 이러한 건물에서 풍기는 놀랍도록 우아한 느낌은 고작해야 몇 장의 사진으로만 남을 뿐이다. 이제 수십 년이 지나면 이런 건물들이 어떤 분위기를 풍겼고 어떤 감정을 자아냈는가를 설명할 수 있는 사람도 없어지지 않을까. ⑧

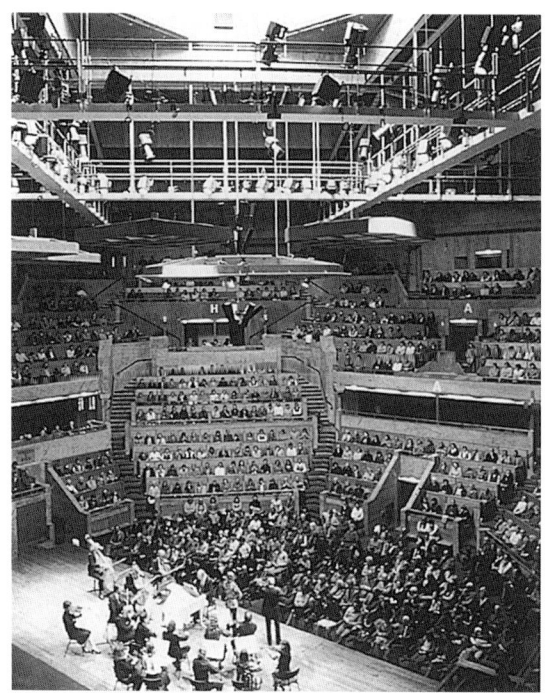 

형태는 초대한다

브레던뷔르흐 음악당 158-165

브레던뷔르흐 음악당은 옥상에 있는 커다란 상자 모양 채광창으로 볕이 들기 때문에 낮에는 조명 없이도 공연이 가능하다. 물론 맑은 날에 국한된 이야기다. 하지만 조명이 추가로 필요할 때도 바깥 날씨가 어떠하며 시간이 얼마나 됐는지를 쉽게 파악할 수 있다. 적어도 바깥에 햇살이 비치는지 아닌지는 항상 알 수 있으며, 음악가들이 뜨거운 조명 아래서 연습할 필요가 없다. 낮에 공연할 수 있으니 조명 시설의 선택 범위를 넓혀준다. 게다가 채광창은 음악당이 제공하는 활동을 외부에 알리는 망루 역할을 한다. ⑤

브레던뷔르흐 음악당에서 가장 중요한 부분은 1700명을 수용할 수 있는 대강당이다. 원형극장과 비슷한 모양이라 한가운데 놓인 무대가 손에 잡힐 듯 보인다. 강당은 대칭 형태로 설계되었다. 공연장은 음향도 훌륭해야 하지만 전망도 좋아야 한다. 음악가들이 연주하는 모습을 직접 보면서 음악을 들으면 전문적인 훈련이 부족한 관람객도 음색의 미묘한 차이를 구분하기 쉬워진다. 아울러 청중들이 서로의 모습을 보면서 음악을 듣는다면 다 같이 공연에 참여하고 있다고 느낄뿐더러 연주자를 고무하는 효과도 거둘 수 있다. 요즘에는 녹음 기술이 좋아져 거실에서 실황 공연

에 버금가는 연주를 들을 수 있지만, 연주회 관람이 여전히 특별한 이유는 다른 사람들과 함께한다는 점 때문이다. 게다가 연주회장에서는 음반 표지에 실린 남녀 주인공이 연주하는 모습을 직접 볼 수 있지 않은가.

전통적인 콘서트홀보다는 원형극장에 가깝게 설계된 브레던뷔르흐 음악당 대강당은 이른바 고전 음악보다는 실제 공연에 비중을 두는 유형의 음악을 공연하기에 적합한 공간이다. 게다가 가장 낮은 공간에 있는 좌석을 치우면 무대를 넓힐 수도 있어서 사방에서 관람하는 공연도 충분히 가능하다. 강당에는 갖가지 조명 기구가 갖추어져있고 조명을 조절하는 장치는 관람객이 볼 수 있도록 천장에 매달린 막대에 설치되었다. 이론적으로 연주회장은 다양한 음악 공연에 적합해야 하며 분위기를 돋우고 연주하기에 좋은 조건을 만들어 실제로 공연의 질을 높이는 데 기여해야 한다.

좋은 공연장은 무대의 크기와 위치, 좌석 배치와 수용 가능한 관객 수를 조절할 수 있어야 한다. 즉, 기술적인 유연성과 공간 조직의 유연성이 필요하며 공연의 성격에 따라 열리고 닫힌 정도가 다른 공간으로 쉽게 변신할 수 있어야 한다. 결국 '관객과 연주자가 함께 참여하는 경험에 어떤 도움을 주는가' 가 열쇠다.

브레던뷔르흐 음악당의 대강당은 원형극장과 같은 형태로 되어있어서 모든 관람객이 연주자뿐 아니라 다른 관람객의 얼굴도 볼 수 있다. 게다가 좌석의 적절한 간격과 공간의 분절이 결합되어 통일성 내지는 긴밀한 교감이 느껴진다. 좌석이 교실처럼 모두 한 방향을 보고 배치된 전통적인 형식의 공연장에서는 상상하기 어려운 일이다. 브레던뷔르흐 음악당 대강당은 다원성을 가진 적응 가능한(건축가들은 '유연한' 이라고 잘못 표현하기도 한다) 공간이 됨으로써 그곳에서 벌어지는 일의 구체적인 성격에 맞는 모습으로 변화한다. 고전적인 오케스트라 협주곡과 실내악, 재즈, 버라이어티 쇼와 살아있는 사자가 나오는 서커스, 오케스트라의 각 파트를 객석 중간중간에 멀찌감치 떨어뜨려놓는 실험적인 연주에 이르기까지 각종 공연이 가능한 환경을 제공할 뿐 아니라 대강당 자체가 다양한 공연을 위한 도구가 되는 것이다. ⑤

■ 건축가는 해석되고 사용되는 방식에 영향을 미치는 모든 상황을 수용할 수 있는 건물을 만들어야 한다. 건물은 날씨와 계절, 낮과 밤의 변화에 따라 달라지는 사용법에 적응할 수 있어야 하고, 설계 단계에서부터 이 모든 현상에 반응할 수 있도록 세심한 배려가 필요하다.

건축가는 여러 가지 사용법과 더불어 연령이 다양하고 기대하는 바와 가능성과 한계도 제각각인 다양한 사람들의 감정과 희망을 고려해야 한다. 최종 설계안은 건축가가 상상할 수 있는 지적이고 감정적인 모든 자료와 일치해야 하며, 공간 지각의 모든 감각적 측면을 염두에 둔 것이어야 한다. 공간 지각은 시각뿐만 아니라 청각, 촉각, 후각으로도 이루어지고 그 공간이 불러일으키는 연상과도 연결되어야 한다.

따라서 건축은 실제로 눈에 보이지 않는 것을 보여주고 전에는 인식하지 못했던 연상들을 이끌어내야 한다. 의식의 여러 층위에 묻혀있는 다양한 현실을 설계안에 반영하는 데 성공한다면, 우리가 만든 건축적 환경은 현실을 '가시화'하여 사용자에게 '세상에 관한' 이야기를 들려줄 것이다.

빌라 사보아 166-172

르코르뷔지에가 설계한 널찍하고 아늑한 빌라 사보아의 '야외 거실'은 실제 건설된 건물의 실외공간 가운데 가장 멋진 공간임이 틀림없다. 실내공간이 마치 풍경interior landscape처럼 사방에 펼쳐진데다 인접한 실내공간과 똑같이 창문이 수평으로 배열되어있기 때문에 이곳은 실내와 실외의 풍경을 함께 보여주는 공간이 된다. 르코르뷔지에가 설계한 모든 옥상 테라스는 정원도 아니고 실내공간도

아닌 매우 특별하고 새로운 성격을 지닌 공간이다.

상자 모양의 작은 화단은 정원과 유사한 분위기를 형성한다. 화분이라고 부르기에는 너무 크고 일반적인 정원에 있는 화단과도 다르다.

르코르뷔지에의 스케치에는 일반 건축가들보다 훨씬 다채로운 식물이 그려져있다. 다른 건축가들은 대부분 상자 모양의 화단이 드로잉의 빈 공간을 메우고 실제 건물에서도 빈 공간을 메우게 될 사소한 장치라고 생각한다. 그러나 르코르뷔지에는 생각이 달랐던 모양이다. 상자 모양의 화단에 유리를 씌우면 온상溫床 속의 모판과 비슷하게 이용할 수 있다. 원예를 좋아하는 주민들은 실제로 그렇게 사용한다. 이러한 연상은 상자형 화단에 삽입된 채광창에 의해 더욱 강화된다. 이 설계안이 탁월한 이유는 이처럼 서로 무관해 보이는 두 가지 요소를 결합시켰다는 데 있다.

이런 식으로 테라스 바닥에 채광창을 만들면 천창의 취약성을 보완하면서 시야를 가리지 않게 배치할 수 있다. 아래에서 올려다보는 사람은 화초가 가지를 드리운 모습을 보고 공중정원을 떠올릴지도 모른다. 단조로운 직사각형 모양의 하늘만 보여주던 전통적인 천창과 달리 가장자리가 식물로 둘러싸인 르코르뷔지에의 천창은 추상화되지 않은 외부 세계의 풍경을 보여주고, 때로는 테라스에서 아래를 내려다보거나 화초를 가꾸는 사람의 모습을 보여준다. 여기서 르코르뷔지에는 비록 작은 디테일에 불과하지만 그가 남긴 뛰어난 다른 작품과 마찬가지로 지극히 평범한 두 가지 구성 요소를 결합시켜서 서로에게 공간을 제공하고 보

완하도록 하는 데 성공했다.

이렇게 르코르뷔지에는 구성 요소들을 효과적으로 조직하여 완전히 추상화된 '빛의 사각형'을 훌륭한 풍경으로 만들었다. 그에게 공식적인 질서와 비공식적인 응용 사이에는 아무런 장벽이 없었다. 그래서 웅장한 분위기를 풍기는 구성과 일상생활의 조직에 똑같이 관심을 기울였다. 르코르뷔지에의 건축에서 수만 가지의 작은 요소가 상호작용하는 모습은 마치 복잡한 기계를 구성하는 수많은 부품과 같아서 시적 감흥을 불러일으킬 정도다. 문제는 오늘날 이것을 아는 건축가가 너무 적다는 점이다. 혹은 이것을 만들 수 없는 건축가들이 너무 많거나.

168 169

170 171 172

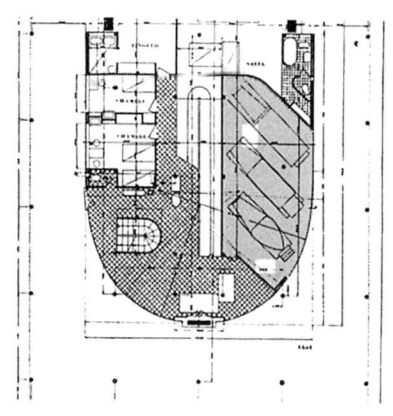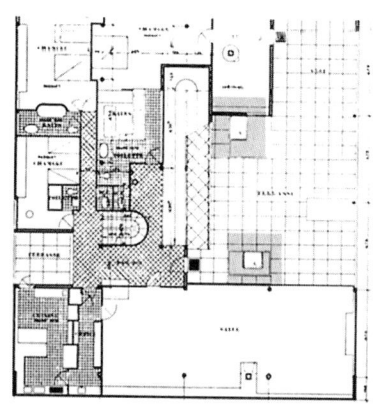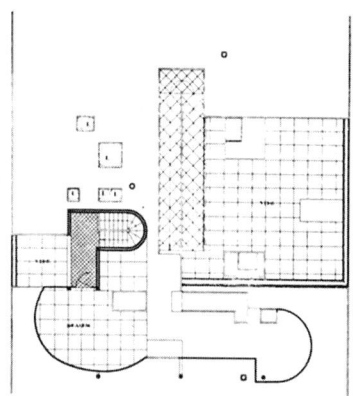

지하도[173-177]

제네바 근처에 있는 랑시에서 조르주 데콩브는 도로를 사이에 두고 둘로 나뉜 공원의 두 구역을 연결하는 지하 보도를 설계했다. 터널의 양쪽 끝에는 건축자재로 쓰인 주름 잡힌 철판이 노출되어있다. 하지만 터널 안에는 강철로 만든 날렵한 인도교가 있고, 그 밑으로는 공원의 한 구역에서 다른 구역으로 하천이 흐른다. 터널보다 훨씬 길게 만들어진 인도교의 양쪽 끝은 도로의 경사면과 약간 떨어진 공원 내부와 연결된다.

따라서 전체적으로는 나무가 우거진 공원의 두 구역을 잇는 보행로 가운데 지하통로의 비중이 줄어들고, 실제 터널을 통과하는 부분은 긴 보행로의 한 구간에 불과하게 된다. 주름 잡힌 철판으로 만든 구불구불한 통로를 따라 잠깐 걷는 동안 나무판자 길 위에서 희미하게 울리는 발자국 소리는 비밀스러운 분위기를 풍긴다. 터널 중간쯤 이르면 도로 한가운데에 천장이 뚫린 부분이 나온다. 더 많은 지하통행로에 이런 장치가 있어야 한다. 그리고 항상 그렇듯 두 지점을 잇는 최단 경로가 되는 길에서 가장 많은 일이 일어난다.

173
174 175 176
177

롱샹 성당[178-179]

롱샹에 있는 노트르 담 뒤 오 성당The chapelle of Notre Dame du Haut은 표현주의 건축의 대가 르코르뷔지에가 설계한 표현주의적 건축으로 자주 인용된다. 지붕은 커다란 접시처럼 생겼다. 소나기가 언덕을 휩쓸고 지나가면 빗물이 고인다. 지붕 위에 있는 물은 여느 성당에 흔히 있는 것과 비슷하면서도 더 유기적인 형태를 가진 홈통으로 흘러나와 아래로 떨어지고, 그 밑에 놓인 피라미드 모양의 조형물에 부딪혀 부서진다.

다음은 1965년 8월 27일, 작고한 르코르뷔지에를 추모하는 글에서 발췌한 것이다.

'예술가가 손을 대는 모든 것은 변화하게 마련이다. 르코르뷔지에는 형태를 바꾸는 데 그치지 않고 언제나 사물의 메커니즘에 관여했다. 예컨대 냇물의 바닥에 변화를 가해서 물이 흐르는 방향을 변화시켰다. 물은 더 선명해지고 그 본성에 충실해졌다. 그러므로 이 건물은 우리에게 지붕 위로 흐르는 물에 관한 이야기를 들려주고, 물은 우리에게 건물에 관한 이야기를 들려준다. 물과 물로 덮인 표면은 이런 식으로 우리에게 서로에 대해, 그리고 자기 자신에 대해 이야기하면서 서로의 형태를 결정한다.' ②

알함브라 궁전[180-182]

스페인 그라나다의 알함브라 궁전에는 어디에도 없는 독특한 돌계단이 있다. 돌계단 위로 물을 흘려보내 작은 물줄기들이 수로를 통해 하나의 단에서 다음 단으로 흘러내리도록 한 것이다. 수로의 표면에 반사된 빛과 물이 흐르는 소리는 단으로 이루어진 내리막길의 이미지를 강조한다. 빛과 소리가 없었다면, 보행을 위한 하나의 수단에 불과한 계단이 이토록 특별한 느낌으로 다가오지는 않았을 것이다. 환상적인 배합 덕분에 이곳을 지나는 사람은 계단과 관련된 여러 가지 현상에 민감해진다. 그리고 물과 관련된 현상도 한층 강하게 반응한다. 평소에는 당연하게 여겼던 물도 이렇게 뚜렷한 형태로 눈앞에 나타나면 우리의 주의를 끌게 된다.

형태는 초대한다 73

181 182
183

매끄러운 대리석을 깎아 만든 작은 분수가 있는 둥근 연못은 포장된 표면이면 어디나 생기는 구멍과 비슷한 인공 물웅덩이다. 하지만 이곳의 연못은 공식적으로 존재하며 최소한의 건축적 개입에 의해 영구적인 성격을 띠게 되었다. 말하자면 '물이 있는 건축'의 원시적 형태인 셈이다. 따뜻한 안달루시아의 정원에서 물이야말로 대리석 다음으로 풍부하고 시원한 느낌을 주는 건축자재가 아닌가.

모스크[183-184]

스페인의 코르도바에 있는 모스크 안뜰에는 오렌지 나무 그늘이 드리워져있는데 나무는 바닥에 원형으로 움푹 팬 곳에서 자란다. 원들을 서로 연결하는 수로는 나무를 위한 효율적인 관개灌漑 시스템이 된다. 비교적 넓게 만들어진 원은 토양이 물을 흡수하기에 좋은 조건을 형성하고, 좁은 수로는 나무들 사이로 물이 쉽게 이동하도록 해준다. 이러한 설계의 아름다움은 형태의 단순함에서 나오는 것이 아니라 형태가 기능을 확실하게 표현한다는 데서 나온다.

실제로 형태가 곧 기능이다. 원 모양은 나무의 형태와 아름답게 어우러져 시각적인 흥미를 유발하고, 물이 소용돌이치며 흐르는 모양과도 잘 어울린다. 사각형으로 만들었다면 이렇게 잘 어울리지 못했을 것이다.

건축은 시간이나 물 같은 현상에 대해 이야기할 수 있고, 그 반대도 마찬가지다. 건축과 자연현상은 서로 해석하는 데 도움이 된다. 우리를 둘러싼 세계를 읽고 해석하기 위해서는 사물이 움직이는 방식을 겉으로 보여줘야 한다. 따라서 건축은 세계를 겉으로 드러내 설명하는 역할을 해야 한다.

본질적으로 이는 단순화와 그에 수반되는 소외에 대한 전쟁으로 귀결된다. 소외는 사방에서 우리를 잠식하고 있으며, 점점 의미가 없어지고 제어할 수 있는 여지가 없는 환경에 우리를 종속시킨다. 읽기 쉽고, 가장 표현력이 뛰어난 형태를 목표로 해야 한다.

겉으로 드러나지 않는 관으로 운반되는 빗물은 그것이 어디로 가는지를 우리에게 알려주지 않는다. 겉으로 드러나지 않는 관은 기껏해야 시끄럽지 않게 기능을 수행하리라고 예상되는 추상적인 시스템에 불과하다. 마찬가지로 우리가 강 밑에 있는 터널에 들어설 때는 언젠가 반대쪽 끝으로 나가게 되리라는 생각밖에 들지 않는다. 우리가 하는 행동이 보이지 않기 때문이다. 반면 다리를 건너는 일은 언제나 눈으로 확인 가능한 경험이다. 우리가 건너가는 동안 배들이 지나다니는 모습을 보면 다리가 동시에 두 가지 기능을 수행하고 있음을 확인하게 된다. 대개는 형태가 추상적일수록 사물의 작동 방식에 관한 정보도 줄어든다.

닫힌 승강기 안에서도 비슷한 현상이 일어난다. 승강기 안에서는 숫자에만 의존해서 현재의 위치를 짐작하는데, 숫자 표시조차도 나라마다 다르다. 지상층을 1층이라고 부르는 나라가 있는가 하면 그렇지 않은 나라도 있고, 층수를 가리키는 약자도 혼동을 일으키기 쉽다. 모든 체계가 기호에 의존하기 때문에 사용자가 할 수 있는 일이라고는 가만히 서서 자기가 가려는 곳에 도착하는지 지켜보는 수밖에 없다.

형태를 추상화해서 단순한 건축에 도달하려 하면 표현력이 줄어들 우려가 있다. 시각적으로 아름다운 이미지에서 얻는 피상적 기쁨을 위해 지나치게 큰 대가를 지불하는 셈이다. '적을수록 좋다less is more'의 유혹에 넘어가면, 비싼 비용을 치르고 지나치게 적은 것을 손에 쥘 가능성이 높아진다. 무엇이 피상적이고 무엇이 본질적인가에 대한 의견은 사람마다 다를 수 있지만, 무조건 생략한다고 단순미가 생겨나지는 않는다. 나폴레옹의 말처럼 "숭고함과 우스꽝스러움은 종이 한 장 차이du sublime au ridicule il n'y a qu'un pas"다.

결과가 단순하든 복잡하든 간에 우리는 언제나 가장 풍부한 분절을 지닌 형태를 추구해야 한다. 그렇게 해서 가능성과 경험의 범위를 최대한 넓혀야 한다. 20세기에 일어난 건축적 공간의 확장은 우리가 사용하는 건축자재와 그 자재들을 조직하는 방식을 통해 실제로 보는 것보다 더 많은 것을 드러냈다.

여러 가지 현실을 동시에 보여주고 그 모든 현실들을 각기 다른 '양상'으로 하나의 평면에 수용해야 한다는 점에서 건축가의 임무는 복합적인 성격을 지닌다. 이 현실들은 설계 개요에 명시된 구체적이고 직설적인 요구사항이 포함된 풍부하고 다채로운 내용을 거쳐 복잡한 대규모 프로그램으로 발전한다.

설계할 때는 경험의 층위, 즉 다양한 '양상'을 많이 고려할수록 더 많은 연상이 생겨나며, 다른 사람에게 제공할 수 있는 경험의 범위도 더 넓어진다.

형태는 초대한다

개인 주택 185-189

오르타 자신이 살기 위해 설계한 집(지금은 오르타 박물관으로 쓰인다)은 그가 설계한 모든 대규모 개인 저택과 마찬가지로 중앙 계단이 있고 그 주위로 수직적인 구조가 형성되어있다. 2층에 위치한 주요 생활공간은 앞쪽과 뒤쪽의 높이가 다르며 계단과 분리되지 않는다. 복도를 통해 각 방으로 들어가는 대신 계단을 따라 집안 곳곳에 도달할 수 있는 구조다.

1층 계단의 폭은 매우 넓지만 위로 올라갈수록 좁아진다. 위층은 사적인 영역이 더 많기 때문에 아래층처럼 폭이 넓은 계단이 필요하지 않다는 생각은 상당히 합리적

185
186

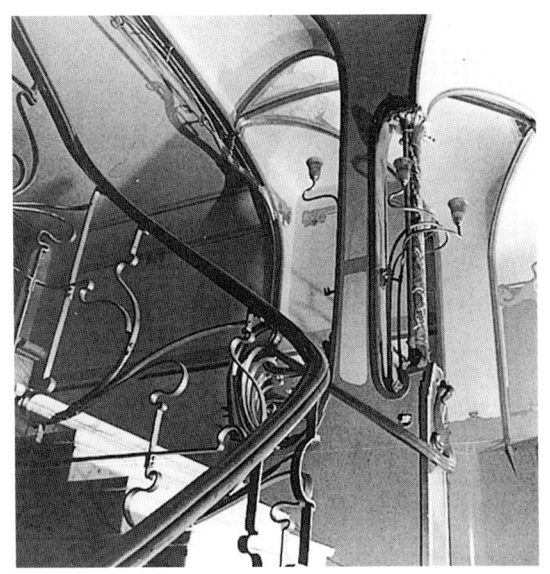 

이다. 계단 위 유리 천창을 통해 들어오는 빛이 건물 안으로 더 깊이 침투할 수 있다. 또 어느 층에 있을 때나 계단의 비례를 보고 건물 높이를 짐작할 수 있으므로 건물 전체에 공간적 일관성과 통일성을 부여하는 효과도 있다. ⑨

우리는 각 방마다 벽 속에 감춰진 전선을 통해 전기를 사용하는 데 익숙해졌다. 눈에 보이지 않는다는 사실이 전기의 의미를 축소시킨다. 당연하게 여기기 때문에 전기의 고마움을 잊고 산다. 난방에 이상이 있을 때만 난방의 소중함을 깨닫는 것과 마찬가지다.

오르타가 홀에 설계한 전등을 보면 먼저 꽃 모양이 눈에 띈다. 하지만 그에게 식물과 유사한 전등의 형태는 단순한 장식이 아니라 건물에 필요한 에너지를 기능적인 방식으로 조직했다는 의미다. 그는 조명과 난방을 담당하는 배관 체계를 겉으로 드러내고 건물의 하중을 받는 요소와 결합시켰다. 이렇게 하나가 된 시스템 안에서 모든 요소가 독립적으로 기능을 수행하면서도 전체 안에서 각자의 역할을 수행한다.

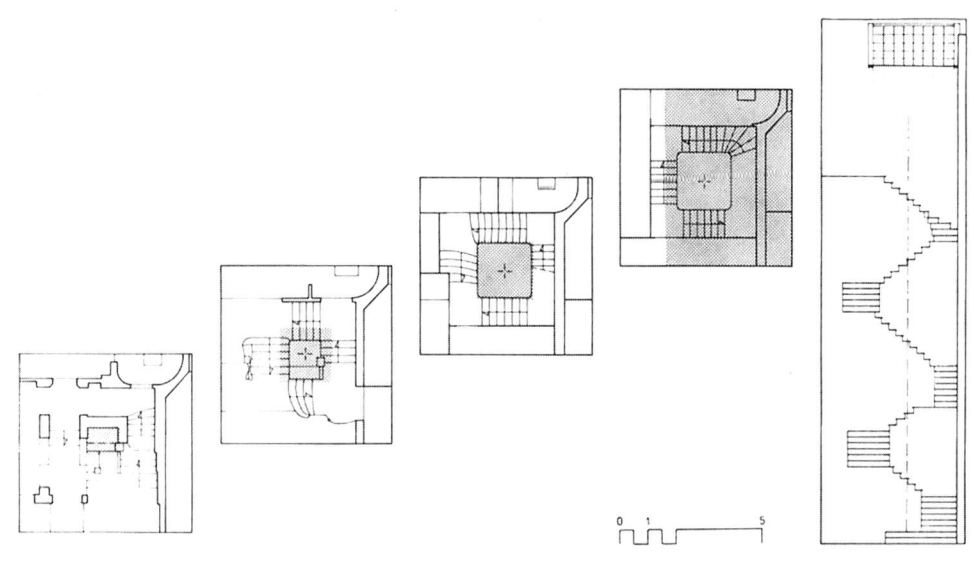

형태는 초대한다　77

1. 표면을 금속으로 가공한 미닫이식 스크린
2. 철제 프레임을 두른 유리 미닫이문
3. 목제 밑홈대 guide track

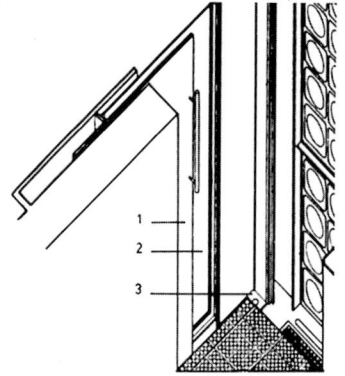

메종 드 베르(유리의 집)190-198

이 집에서 가장 놀라운 부분은 외관이 아니다. 뜰 안에 숨어 있는 집을 처음 보면, '유리의 집'이라고 했을 때 예상하는 모습과 상당히 다르게 느껴진다. 게다가 집 밖에서는 내부가 전혀 보이지 않는다. 유리블록으로 만들어진 거대한 파사드가 마치 창문도 없는 성벽처럼 오래된 건물들 사이에 버티고 서있다. 건물이 주변 환경에 스스로를 적응시킨 듯한 모습이다. 외관에 특별히 신경을 쓴 흔적이 없는 이 집이 주변의 건물들과 차별되는 유일한 점은 재료다. 유리 파사드가 양옆과 위쪽으로 보이는 거대한 석조 벽과 극적인 대조를 이룬다.

그리고 집에 들어서면 그 단조로운 유리벽 뒤쪽에 펼쳐지는 열린 공간을 보고 깜짝 놀라지 않을 수 없다. 이 집을 방문했던 일은 나에게도 새로운 경험이었다. 집 전체가 한 공간이나 다름없다. 그러나 확실한 경계가 되는 벽 없이도 분절이 이루어졌다. 높이가 서로 다른 공간이 합쳐지는가 하면 겹쳐지기도 했다. 다른 세상으로 가는 우주선에 발을 들여놓은 기분이었다. 경이로운 금속제 곡면 패널들이 손가락만 갖다 대면 회전하거나 옆으로 미끄러지면서 방금 전까지 보이지 않던 공간을 신비롭게 열어보였다. 방마다 석조 벽에 무거운 나무 문짝을 경첩으로 고정시켜 시야를 차단하는 일반적인 실내공간과는 전혀 달랐다.

이 집에는 한 쌍의 평행한 미닫이문이 있다. 하나는 불투명하고 다른 하나는 투명한 미닫이문을 각각 따로 움직일 수 있어서 사용자가 구체적인 상황에 따라 자기가 원하는 시각적·청각적 접촉 정도를 정밀하게 조절할 수 있다. 소리를 차단하는 장치가 없기 때문에 멀리 떨어진 모서리에서도 서로 소리를 들을 수 있고, 유리블록을 통과하며 독특한 성격을 획득한 빛은 간접 조명처럼 은은하게 퍼져나간다. 그러면서 밝고 평화로운 분위기를 형성한다. 그것은 내가 상상했던 미래의 모습이었다. 피카소, 브라크, 레제, 들로네, 뒤샹이 나에게 일깨워준 공간 감각이 실제 건축에서 구현된 모습이었다.

새로운 시대에 온 듯한 환각은 기계적이거나 문자 그대로 기계와 같은 성격을 지닌 여러 가지 구성 요소에 의해 한층 강화되었다. 이 집의 구성 요소는 자동차와 비행기 부품처럼 공장에서 생산하고 조립하는 산업화된 세계를 연상시킨다.

건물은 왜 자동차나 비행기처럼 미리 완성된 부품을 조립해서 만들 수 없는지 항상 궁금했는데, 이 집에서는 그런

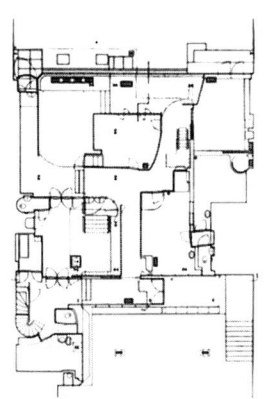 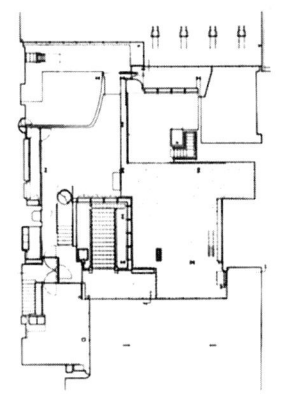 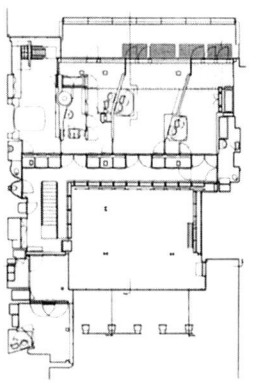

1층 평면도
2층 평면도
3층 평면도

193 194 195
196 197

일이 실제로 일어났다. 기차에 있는 창처럼 아래위로 밀어서 여는 미닫이식 창문, 비행기에서 볼 수 있는 가벼운 계단, 창문이 열리고 닫히는 원리가 눈에 보이도록 노출된 톱니와 바퀴, 어디에서나 아주 작은 디테일까지 주의를 쏟은 흔적들. 모든 면에서 완전히 새로운 원칙에 따라 이 집은 설계되고 만들어졌다. 우리가 상상했던 '미리 조립된 부품으로 제작한 건축'이다. 누구나 손쉽게 만들 수 있는 건축의 꿈이 마침내 실현된 듯했다.

이 집의 모든 디테일을 정성들여 설계하고 제작하는 데 적용된 기술은 롤스로이스를 떠올리게 한다. 50년이 지나도 모든 부품이 원활하게 작동하는 롤스로이스에 열광하는 것은 당연하다. 롤스로이스에 열광하는 또 다른 까닭은 부품 하나하나의 아름다움과 더불어 그 부품을 반복해서 사용할 수 있다는 암시에서 오는 기쁨 때문이다. 그러므로 이 것은 '기술에 의한 형태'라기보다는 '형태에 의거한 기술'에 가까워 보인다. 그리고 현대의 발달한 기술을 이용하면, 각 요소가 어떤 역할을 하며 왜 그런 형태로 만들어졌는가가 전체 구성 속에서 표현되는 건축을 만들 수 있겠다는 생각도 든다. 그런데 지금까지 공업적 생산이 이러한 기술의 가능성에 주목하지 않았던 이유는 무엇일까?

형식적인 차원에서 공업을 암시함으로써 우리의 꿈을 영속시켜주는 건물은 많지만, 진짜 공업적 방법으로 생산된 건축 요소는 전혀 다른 모습이다. 물론 그런 건축에서는 피에르 샤로Pierre Chareau(1883~1950), 찰스 임스Charles O. Eames(1907~1978), 렌조 피아노Renzo Piano(1937~) 같은 훌륭한 건축가의 감각이 발견되지 않는다.

형태는 초대한다 79

건설업계가 어디에 관심을 가지느냐와 실제로 어떤 경로를 밟느냐가 반드시 일치한다고 말할 수는 없다. 건설업계는 기성품처럼 제작된 진부한 부품을 가지고 쓰레기를 양산하거나, 완성된 콘크리트 부재에 고전주의적인 분위기를 살짝 풍기는 우스꽝스러운 몰딩 가면을 씌우는 속임수를 쓸 가능성이 농후하다. 건축가 역시 그런 건물을 설계하면서 타락한다.

그럼에도 '유리의 집'은 꿈으로 남아있다. 고도로 산업화가 진행되었지만, 아직 전자제품의 부품처럼 완벽한 수준으로 건축자재를 생산하는 경지에는 이르지 못했다. 공업이 발달했다고 해서 산업적 생산이라는 아이디어가 자동으로 정당화되지 않는다는 역설은 이 집을 보고 오해하기 쉬운 점이다. 모든 사물이 언제라도 다시 만들 수 있을 것처럼 보이지만 실제로는 그렇지 않다. 그래서 건축은 아이디어와 현실적인 예술의 간극을 메우기에는 역부족인 듯하다.

건축이 운명으로부터 탈출하는 경우는 극히 드물다. 유행하는 경향 가운데 하나에 편승해서 정체성을 찾으려는 것은 피할 수 없는 건축의 운명인 듯하다. 유행의 피상적인 성격을 폭로하고 그것을 진정한 현실로 대체하는 건축은 좀체 찾아보기 힘들다. 그리고 건축은 이상적이기보다는 물질적인 성격이 지나치게 강해서 현실을 공격하기는커녕 기존의 현실을 확고하게 하는 데 이바지하는 경향이 있다. 어떤 것이 예술이라 불리려면 완전히 새로운 메커니즘을 생성하고 우리에게 익숙한 사고 체계를 대체할 수 있어야 한다.

'유리의 집'이 예술적으로 가치 있는 이유는 주변의 세

상을 다른 눈으로 바라보게 만들기 때문이다. 이 집은 우리의 시각을 변화시킴으로써 세상을 변화시킨다. 한편 '유리의 집'은 독립적인 요소들이 모여서 이루어진 건축으로, 수백 년에 단 한 번만 나타날 수 있는 아이디어들을 미세하게 조절한 작품에 해당한다. 달리 말하면 각각의 요소보다는 그 요소들을 연결하는 데 중점을 둔 수공예품이므로 현대 산업사회의 사고방식보다는 아르누보Art Nouveau(19세기 말부터 20세기 초까지 유럽과 미국에서 유행했던 장식예술 양식. 길고 구불구불하며 유기적인 선을 사용한 것이 특징이다)에 더 가깝다.

예컨대 전기 설비가 삽입된 수직 파이프와 기둥이 따로 서있고 그 위에 스위치가 장착되어있어서, 파이프와 기둥이 벽에서 아무렇게나 튀어나왔다는 느낌이 들지 않고 자체의 논리를 따르는 독자적인 체계로 해석된다면 어떻겠는가? 바로 이것이 오르타의 정신이다. 여기서 우리는 아르누보 양식의 진정한 기능주의적 성격을 발견한다.

하지만 오르타가 설계한 대규모 주택에 들어가본 사람은 이 집의 공간적 특성이 생소하지 않을 것이다. 오르타가 설계한 주택에서 드러나는 '분절이 이루어지되 하나로 이어진 공간'이라는 개념 때문이다. 오르타의 주택에서는 조절 가능한 요소들을 이용해서 사용자가 원하는 대로 공간을 늘리거나 줄일 수 있다. 또한 전통적인 의미의 복도, 홀, 계단이 더 이상 존재하지 않기 때문에 중심공간과 부속공간의 위계가 희미해지고 모든 영역이 생활공간의 위상을 지닌다.

달자스 가족이 살던 당시의 '유리의 집'은 실제로 하나의 커다란 생활공간이었다. 집주인이자 이 집의 탄생에 공헌한 인물인 애니 달자스Annie Dalsace는 정성어린 손길과 건축에 대한 애정으로 집안 구석구석을 돌보았다. 그래서인지 이 집은 온통 금속 구조물로 이루어졌음에도 불구하고 특별한 온기가 느껴졌다. 아마도 이 집에서 가장 놀라운 점은 집안에서 풍기는 분위기가 일반적인 부유층의 주택에서 느껴지는 화려하고 배타적인 분위기와는 거리가 멀다는

것이다. 이 집의 모든 공간에는 완전한 평등의 원리가 적용되었다. 언제나 좋은 환경에서 생활하는 우아하고 상상력 풍부한 사람들이 값비싼 미술 작품과 평범하기 이를 데 없는 일상적인 물건에 똑같은 정성을 쏟았다. 그리하여 더 가볍고 더 투명한 새로운 세상을 향한 꿈이 실현되었다. ⑪

사용자들은 건물이 구성된 방식, 즉 건물이 기능을 수행하는 방식을 '읽'을 수 있어야 한다. 가령 치장벽토stucco로 모든 것을 덮기보다 벽돌, 보, 강철 또는 콘크리트 기둥, 인방引枋 등을 노출하는 편이 낫다. 혹은 주거공간을 창조하는 데 들어가는 정성을 보여주기 위해 '내장'을 노출시키는 것도 좋다. 사실 우리가 일상적으로 사용하는 실용적인 물건은 지금보다 더 직접적이고 가벼운 디자인으로 만들어도 된다. 기술이 공예 전통에 확고하게 뿌리를 두고 있던 19세기만 해도 이 문제는 중요하지 않았지만 환경과 건축으로부터 인간이 소외되는 현상이 심각해진 오늘날에는 다르다. 세상에 있는 모든 물건이 사용자의 이익에 가장 적합한 방식으로 만들어졌으리라는 믿음이 틀렸다는 사실이 입증될 때가 많다. 따라서 우리는 사물의 기능을 파악할 줄 알아야 한다.

반 에트벨데 저택 200-201

오르타의 독창적인 난간은 반 에트벨데 저택(지금은 사무실로 쓰인다)에서도 볼 수 있다. 이 철제 난간을 보면 처음에는 길고 구불구불한 덩굴식물이 떠오르지만 더 자세히 관찰해 보면 그것이 길게 이어지는 하나의 부재가 아니라는 사실을 알게 된다. 실제로는 수직 구조재에 따로따로 고정된 여러 개의 작은 부재가 한데 모여 완벽한 곡선을 이루고 있다.

모든 금속 스트립strip에는 다른 부재와의 결합을 위해 구멍이 뚫려있는데 각각 리벳rivet에 정확한 공간이 할당된 까닭에 리벳까지도 난간의 필수적인 구성 요소가 된다. 이 철제 난간은 보는 시각에 따라 식물의 성장을 묘사한 유기적인 형태로 보이기도 하고 섬세하게 제작된 수많은 부품을 조립한 체계적인 구조물로 보이기도 한다.

카스텔 베랑제 Castel Beranger [199]

파리 지하철역 입구를 장식한 우아한 식물 모양 금속 조각으로 유명한 헥터 기마르Hector Guimard는, L형과 T형의 표준화된 금속 막대를 활용한 작업에도 능했다. 대부분의 사람들이 톱을 이용해 금속 막대를 원하는 길이로 잘라내는 게 고작이었지만, 그는 막대의 끝부분에 세심한 주의를 기울였다. L형과 T형의 금속 막대는 일정한 표준을 따라 대량생산된 자재였으므로 당연히 두께가 일정했지만, 기마르는 세공 기술자를 찾아가서 막대의 끝부분을 손질해 달라

고 부탁했다. 그 결과 금속 막대의 단면은 수공예적 요소가 되었다. 하지만 용도에 맞게 활용하기 위해 아무리 변형을 가하더라도 대량생산된 금속 막대의 기본적인 형태는 그대로 유지되므로 역설적으로 끝부분의 다양한 모양이 금속의 기본적인 특성을 강조하게 된다. 양쪽 끝에 우아한 장식이 들어감으로써 금속 막대는 각각 고유한 특징을 가진 요소이자 전체를 구성하는 하나가 된다.

아폴로 학교 202-203

아폴로 학교는 긴 금속관이나 금속 막대를 용접해서 매끄럽게 이어지는 곡선 모양을 만드는 대신 분리된 여러 가지 요소를 이용해 난간을 만들려 노력했다. 각각의 구성 요소는 물론 구성 요소 사이의 공간도 똑같이 강조하려는 의도였다. 서로 다른 구성 요소가 만나고 각각의 요소에 적절한 공간이 할당되는 지점에서는 으레 가장자리에 시선이 간다.

건물의 한 부분을 통해 하나의 건물을 설명하려면, 무슨 기능을 어떻게 수행하는지를 보여주어야 한다. 각각의 구성 요소는 독립적으로 혹은 다른 요소들과의 관계에서 명확해야 하며, 더 큰 구조물의 일부인 동시에 자기완결적 존재가 되어야 한다.

따라서 디테일이 중요한 지점에서는 디테일을 최우선으로 고려할 수도 있다. 이러한 관점에서 볼 때 디테일에 대한 접근과 건물 전체에 대한 접근은 별 차이가 없다. 전체와 부분은 서로를 정의해주면서 동등한 관심을 획득한다. 디테일이 매우 중요한 경우라면 도시계획에도 같은 원리가 적용된다. 물론 구체적인 적용 기준은 달라질 수 있겠지만 도시의 세부를 설계할 때도 기본적인 사고 과정은 동일하다. 예를 들어, 난간을 설계하는 일이 여기에 포함된다. ⑩

우리는 사물이 기능을 수행하는 방식을 보여주고 모든 구성 요소가 전체 안에서 자기의 역할을 스스로 설명하게 해야 한다. 그래야 건물을 설계하는 작업이 우리 주변에 있는 다양한 현상에 대한 우리의 지각을 강화하는 데 이바지할 수 있다.

어떤 사물이 기능하는 방식을 명확하게 드러낸다면

IBM 순회전시 파빌리온, (파리, 1982~84) 아틀리에 피아노.

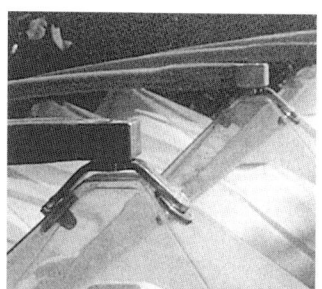
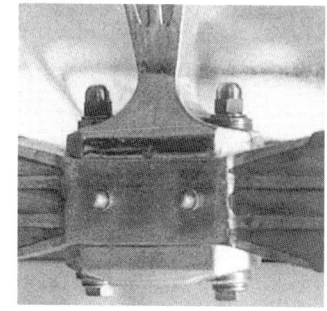

그것은 분해할 수 있을 것처럼 보이기 때문이다. 오르타의 아르누보 식 설계라든가, 샤로와 베이부트, 달베가 공동 설계한 '유리의 집'과 같은 걸작, 이러한 유명 건축가의 영향을 받은 렌조 피아노, 리처드 로저스Richard Rogers(1933~), 노먼 포스터Norman Foster(1935~) 등 현대 구성주의 건축가의 작품은 구조가 이해되고 분해도 가능해 보인다. 르코르뷔지에가 설계한 취리히의 하이디 베버 파빌리온(204, 211, 212)도 마찬가지다.

 모든 구성 요소에 독립성을 부여하면 전체 안에서 각 구성 요소가 수행하는 구체적인 기능이 표현되므로 개별 구성 요소의 정체성이 더욱 확고해지고 구성 요소의 만남과 결합에 주의가 집중된다. 사물 자체보다 구성 요소끼리 어떤 관계를 맺고 어떻게 연결되느냐가 강조되는 것이다.

 샤로와 오르타를 비롯한 훌륭한 건축가들은 모든 구성 요소가 전체 안에서 수행하는 역할에 맞는 중요성을 부여했고 궁극적으로 공간에 관여했다. 그들은 모두 자기 나름의 방식으로 혁신적이고 격조 높은 공간 메커니즘을 개발하는 데 성공했다. 그러나 오늘날 명성을 떨치는 건축가와 그들을 추종하는 사람들에 대해서도 같은 평가를 내릴 수 있을까? 앙리 라브루스트Henri Labrouste(1801~1875)가 제시한 원리에 따르면, 그들은 안타깝게도 한 세기 전에 만들어진 건축의 개성도 따라잡지 못하고 있다.

205 206 207
208 209 210
211 212

하이디 베버 파빌리온 Heidi Weber pavilion, (스위스 취리히, 1963-67) 르코르뷔지에.

형태는 초대한다

생트 주느비에브 도서관 213-218

앙리 라브루스트는 철제 스팬 구조를 최초로 고안한 건축가이자 기술자였다. 철제 스팬 구조에서 골조는 건축적 표현 기능만을 수행한다. 생트 주느비에브 도서관 이전에도 금속제 스팬은 쇼핑 아케이드, 온실, 1808년 파리국제박람회관 등에 활용된 적이 있었다. 금속제 스팬은 천창을 만들기 위해 처음 도입되어, 초기에는 기술적 측면에서 새로운 공간을 설계하기 위한 수단으로 적극 활용되기보다는 그럭저럭 괜찮은 방법으로 여겨지는 정도였다.

생트 주느비에브 도서관의 길쭉한 열람실은 네오 르네상스 양식의 거대한 벽으로 둘러싸여 있지만 천장의 스팬은 무척 취약해 보인다. 스팬은 원통형 볼트barrel vault처럼 생긴 평행한 막구조shell 두 개로 이루어져있다. 섬세한 철 세공은 육중한 과거의 유산에 현대적인 장식을 덧붙인 느낌이다. 늘씬한 기둥은 고전주의적인 분위기를 풍기지만 그것은 겉으로 보이는 장식에 지나지 않는다. 곡면으로 이루어진 천장의 스팬에는 식물 문양의 트레이서리tracery(고딕 양식의 창에 나뭇가지나 곡선으로 된 격자 장식)가 있지만 철제 골조가 구조적인 기능만을 수행한다는 사실은 숨기지 못한다. 라브루스트가 여기에 적용한 해법은 사실 앞서가는 아르누보에 속하는 예다. 천장이 두 개의 평행한 스팬으로 구성되고 양 끝에 우아한 원통형 볼트가 있지만 공간이 반으로 나뉘는 느낌이 들지는 않는다. 중앙에 있는 기둥열이 적당한 위치에서 멈추기 때문에 양쪽 끝부분이 어지럽

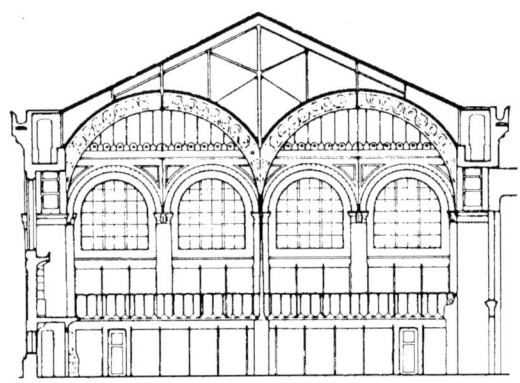

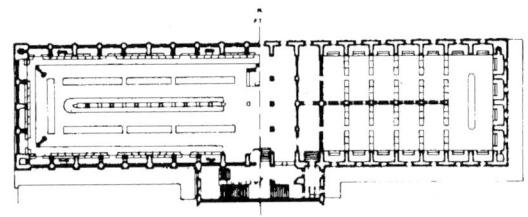

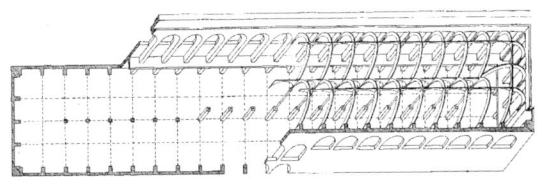

지 않다는 점도 공간의 통일성을 유지하는 데 기여한다.

도서관은 폭에 비해 길이가 매우 길지만 긴 파사드와 짧은 파사드를 처리한 방식에는 차이가 없다. 똑같은 방식으로 파사드를 분절하고 창문도 똑같이 만들었으며 모서리마다 사선으로 계단을 배치해 사방에 똑같은 서가가 위치하도록 해서 어느 면도 이 공간에 방향의 위계를 설정하지 못하도록 했다. 짧은 벽면과 긴 벽면을 똑같이 취급한 덕분에 도서관은 공간적 측면에서 매우 독특한 성격을 획득한다. 천장이 두 개의 평행한 볼트로 이루어졌는데도 공간이 둘로 나뉘지 않고 온전한 하나로 남아있다는 사실은 정말 놀랍다.

그렇다면 라브루스트가 어떻게 이런 성과를 얻었는지 알아보자. 스팬이 진짜로 반원형이었다면(겉으로는 반원형으로 보이지만) 모서리를 원만하게 처리할 방법이 없기 때문에 이렇게 근사한 공간을 만들지 못했을 것이다. 하지만 라브루스트는 '사분원'을 사용해 물 흐르듯 자연스러운 전환을 가능하게 만들었다. 필요한 곳에서는 사분원을 확장해 반원으로 만들고 모서리에서는 스팬의 구성 요소에 사분원 부재를 직각으로 연결하는 방법을 썼던 것이다. 의도든 아니었든 라브루스트는 두 가지 기본적인 요소를 매우 독창적인 방식으로 결합시켜 획기적인 발전을 이룩했다. 똑같은 구성 요소를 자유롭게 활용한 그의 기법은 다음 세기에 실현될 업적을 예고한 것이나 마찬가지였다.

또한 라브루스트는 여러 가지 요소를 조립해서 어디에도 없는 통일성 있는 공간을 창조했다. 그에게 '만드는 예술art of making'과 '예술을 만드는 것making of art'은 하나

였다. 그가 고안해낸 해법은 단순히 가능한 것을 실행에 옮긴 결과가 아니었다. 그는 상상한 공간을 현실로 만들 능력이 있었다는 사실이 더 중요하다. ⑫

217

216 218

형태는 초대한다 85

6 건축의 정치적 함의

어떤 상황에서는 부차적이었던 특징이 다른 상황에서는 중요한 특징이 될 수 있다. 다시 말해서 주된 특징과 부차적인 특징은 상황에 따라 달라진다. 그렇다면 구성 요소 사이에 중요성의 위계가 없는 가치 체계가 있다는 뜻이다. 예컨대 어떤 건축적 질서 안에 있는 구성 요소 또는 구성 요소가 모인 조직체가 어떤 상황에 있느냐에 따라 다른 기능을 수행한다면 그 가치는 더 이상 고정된 것이 아니다.

어떤 구성 요소든 삽입되는 방식에 따라 중추적인 기능을 수행하는 시스템의 중심이 될 경우 우리는 등가성이 성립한다고 이야기한다. 반대로 어떤 건축적 질서 안에서 1차 요소와 2차 요소가 구별된다면 그 질서는 당연히 고정불변의 가치에 따른 위계를 나타낸다. 이러한 가치 체계는 등가성이 없으므로 하나 이상의 해석을 불가능하게 만든다. 정확히 대칭을 이루는 구성에서는 오른쪽과 왼쪽이 똑같다는 것 이상의 시각적 표현은 불가능하다.

하지만 모든 요소가 다른 요소보다 크지도 작지도 않은 고유한 가치를 가진다는 원칙, 즉 모든 요소가 동등하다는 원칙에서 출발한다면 공간에 근본적인 변화가 일어날 것이다. 결국, 모든 요소의 정확한 균형을 창출하여 각 요소가 독립적으로 혹은 다른 요소와의 관계 속에서 가장 훌륭히 기능을 수행하도록 할 수 있느냐가 관건이다.

개방 학교, 암스테르담[219-223]

도이커가 개방 학교 부지를 물색하고 있을 때 그 지역은 주변의 부유층 거주 구역과 가급적 충돌하지 않도록 하려고 일부러 다른 건물에서 잘 보이지 않는 장소에만 허가를 내준다는 소문이 있었다.

사방이 막힌 학교 부지를 보고 도이커가 어떤 인상을 받았는지는 알 수 없다. 하지만 (당시에는 자동차 소음이 심각한 문제가 아니었음에도) 유리로 된 개방 학교 건물이 사방이 트인 곳에 지어졌더라면 오히려 위험에 취약했을 것이다. 건물을 보호하듯 둘러싸고 있는 거대한 블록은 건물의 개방성을 손상시키기보다 더욱 강조한다. 그리고 학교가 작은 정원과 발코니가 있는 주택들의 어수선한 후면에 인접해있는데다 건물 자체의 분위기가 작은 유리 궁전처럼 개방적이기 때문에 지역 공동체와 함께 살아간다는 느낌이 난다. 경계선을 기준으로 블록을 배치하는 '도시계획 perimeter block-sitting'에 따라 가로변과 안뜰을 차별화한 결과 전면은 개방적인 성격을 띠는 반면 후면은 폐쇄적인

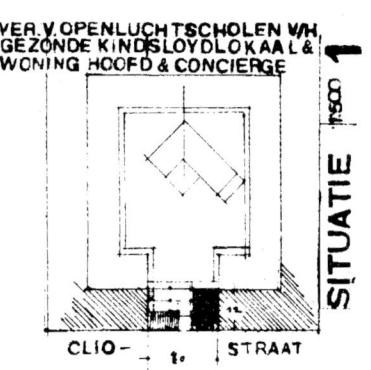

성격을 갖게 되었다.

개방 학교는 안과 밖이 역전된 곳이다. 건물 전면이 닫힌 공간을 향하면서 자연스럽게 운동장과 교문이 생겨났다. 이렇게 해서 사방이 둘러싸인 공간의 폐쇄적 성격을 무시하고 사실상 열린 대지와 비슷한 조건에서 설계를 진행했다. 개방 학교에 처음 들어선 사람은 전체적으로 좌우 대칭을 이룬 평면과 어울리지 않게 오른쪽으로 길게 들어선 체육관을 보고 놀란다. 큰 크리트 골조에 의해 일관되게 정의되는 명료한 건물 구조에 비춰보면 체육관의 배치는 더욱 놀랍다.

도이커와 같은 건축가가 고안한 해결책에 어떤 아이디어가 들어있는가를 살펴보는 일은 매우 흥미롭다. 이제부터 도이커의 사고 과정을 추론해보자.

평면도에는 교실 일곱 칸이 포함되어있다. 7이라는 숫자는 교실을 둘씩 정렬하건, 셋씩 정렬하건 남은 하나를 따로 배치해야 함을 의미하므로 전체 설계안의 대칭은 어차피 훼손될 수밖에 없다. 도이커는 각 층에 계단을 중심으로 교실 두 개와 공동으로 쓰는 야외 교실 하나를 배치했다. 남은 교실 하나는 다른 교실과 같은 방식으로 1층에 배치하되 맞은편 공간은 체육관으로 쓰도록 했다.

1층 교실의 바닥을 약간 높인 데는 몇 가지 이유가 있다. 첫째는 체육관에 필요한 높은 층고의 공간을 만들면서도 체육관 지붕이 1층 천장보다 높아지지 않도록 하기 위해서였다. 또 다른 이유는 바로 옆에 있는 운동장에서 다른 반 아이들이 놀고 있으면, 1층 교실에 있는 아이들이 한눈을 팔게 되리라 생각했기 때문이었다. 도이커는 교실 안에 앉아있는 아이들이 바깥에서 노는 아이들보다 높은 곳에 위치하게 하는 방법으로 문제를 해결했다. 하지만 건물 입구에 들어서면 바닥을 높인 또 다른 이유를 발견하게 된다.

공식적인 교문은 어린이집으로 쓰이는 작은 건물 아래에 있다. 그래서 운동장에 들어서기만 해도 이미 내부에 들어온 것이나 다름없으므로 건물 자체의 입구를 강조할 필요는 없다. 입구를 알아보지 못할 리가 없

221 222
223

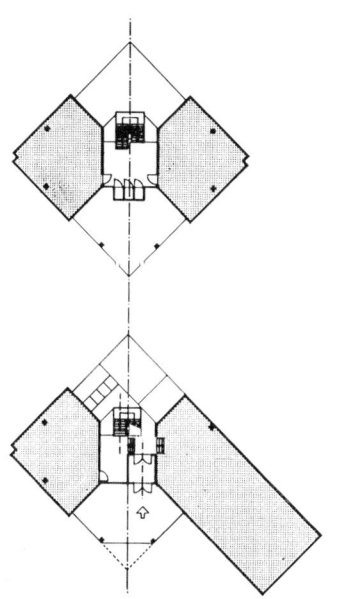

형태는 초대한다 87

기 때문이다. 그럼에도 개방 학교에는 어떤 의미에서는 고전적이라고 할 수 있는 '교문'이 있다. 로지아와 비슷한 포치 아래 입구가 있고 포치의 양 옆에는 전체적으로 좌우 대칭을 이루는 골조의 일부인 두 개의 기둥이 역시 좌우 대칭으로 서있다. 이와 같은 입구는 기념비적인 형태에 가까운 지극히 '정상적인' 해법이기 때문에, 교문이 건물 축의 오른편에 위치한다는 사실이 더욱 의아하게 느껴진다.

자세히 살펴보면 이 교실 앞에 있는 계단참에서 주계단으로 가려면 몇 계단을 더 올라가야 한다는 사실을 발견할 수 있다. 이처럼 입구를 오른쪽으로 옮긴 데는 기능적 이유가 숨어있다. 사실 '로지아'(즉 두 '입구 기둥' 사이 공간)에 있는 사람에게는 문이 바로 앞에 있든 한쪽으로 약간 치우쳐 있든 다를 바가 없으므로, 문을 정중앙에 위치시키지 않은 것은 지극히 합리적인 판단이다. 하지만 도이커가 아닌 다른 사람이었다면 이처럼 명백한 결론에 이르지 못하고 정해진 설계안에 억지로 집어넣으려 했을지도 모른다. 사용자에게 편리한 출입구를 만들기 위해 자기가 공들여 맞춰 놓은 대칭을 흐트러뜨리는 것은 굉장히 어려운 일이다. 그러나 칭찬 받을 만한 일임에는 틀림없다.

도이커는 주어진 환경에 적당히 맞추기보다 요구되는 사항을 정확히 실현했고 그 결과 사용하기 좋고, 아름다우며 통행하기도 편리한 공간 조직을 완성했다. 그는 '대칭의

224 225
226 227
228 229 230 231

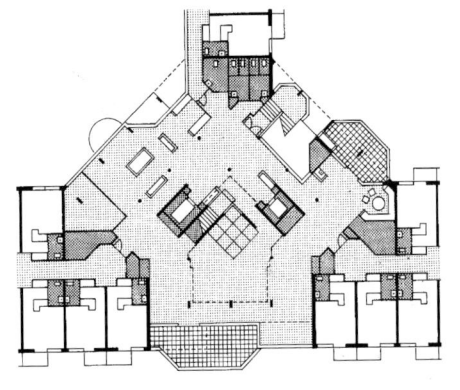

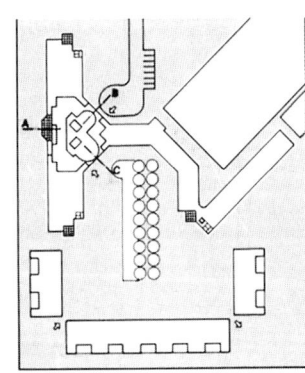

일관성'이라는 형식적인 질서를 넘어 각 부분이 그 자체로 혹은 전체의 일부로서 최적의 기능을 수행하는 배치를 우선했다. 도이커가 설계한 학교는 다음 사례에서 해법을 찾는 데 직접적 또는 간접적인 해결책을 제공했다.

오버로프 요양원 224-233

알메어에 있는 오버로프 요양원은 신도시의 변두리에 있다. 부지의 한쪽 면은 주차용 건물과 접해있고 반대쪽은 특별할 것 없는 도시 환경이 자유롭게 펼쳐져있었다.

따라서 오버로프 요양원 건물에서는 외부를 향하고 있는 모든 파사드가 건물 정면과 같은 역할을 한다. 물품 반입용으로 쓰이는 뒷문은 따로 없고, 주출입구도 하나로 정해져있지 않다. 거동이 불편한 주민들이 마음 편히 밖으로 나갈 수 있도록 사방을 차단한 안뜰로 들어가는 보행자용 입구와 맞은편 자동차 진입로에 똑같은 중요성을 부여했기 때문이다.

어느 방향에서 접근하더라도 건물은 전체적으로 대칭으로 보이며, 각 동들이 높은 중앙공간을 둘러싸고 있다. 설계안의 대칭적인 성격은 예정된 계획을 그대로 따랐기 때문이라기보다는 대칭의 원칙을 벗어날 이유가 없었기 때문이었다. 그러나 우리는 대칭이라는 원칙을 엄격히 고수하지는 않았다. 대칭을 탈피하는 것이 기능적인 공간 조직에 유리하다고 판단될 때는 원칙을 과감히 포기했다. 전체의 체계와 자연스럽게 일치하지 않는다고 해서 요구 사항을 희생시킨 곳은 한 군데도 없었다. 결과적으로 다양한 모습으로 원칙에서 벗어나는 경우가 생겼고 그것이 모두 모여 건물의 전체적인 윤곽을 결정했다. 원칙에서 벗어난 곳 중 하나가 서쪽 파사드의 가운데 부분이다. 전망이 좋은 중앙공간의 이점을 충분히 활용하려면, 서쪽 파사드 가운데 부분에 베이bay와 발코니를 모두 넣는 것이 합리적인 선택이었다. 이론적으로 생각할 때 정확한 대칭을 유지하는 방법은 두 가지였다. 발코니 양 옆에 베이를 하나씩 배치하거나, 베이의 양 옆에 발코니를 하나씩 배치하는 방법이었다. 하지만 두 가지 다 베이와 발코니가 최적의 기능을 수행해야 한다는 요구 사항과 상충할 우려가 있었고, 중앙공간의 조직을 고려해 보아도 비대칭적인 배치가 훨씬 잘 어울린다고 판단했다. 그래서 전체의 구성을 위해 작은 베이나 발코니를 두 개 설계하는 대신 베이와 발코니를 모두 중요하게 취급하기로 했다. 발코니 면적을 넓히자 일부 공간에 유리 차양을 설치하는 일이 가능해졌다. 그래서 발코니를 이용하는 사람들은 자연스럽게 개방된 장소와 어느 정도 차단된 장소 가운데 하나를 선택할 수 있게 되었다.

■ 형식적인 질서를 출발점으로 삼을 때는 모든 구성 요소를 그 질서에 억지로 맞추는 일을 피해야 한다. 억지로 맞추려다가는 필연적으로 부분이 전체에 종속되고, 전체를 규정하는 하나의 질서에 의해 각 부분의 가치가 일괄적으로 정해지게 된다. 우리는 개별적인 구성 요소를 출발점으로 삼아 모든 구성 요소가 '독립적으로' 전체에 기여하게 해야 한다. 그래야만 크기나 무게와 상관없이 모든 요소가 전체 안에서 수행하는 구체적인 역할에 맞게 정확한 위치에 놓이는 하나의 질서를 획득할 수 있다.

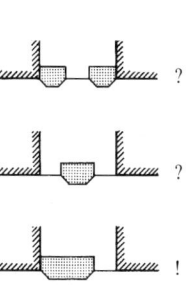

빌라 로톤다 234-244

팔라디오Andrea Palladio(1508~1580)가 설계한 '빌라 로톤다'는 모든 건축가가 칭송하는 걸작이다. 단순하고 명료한 평면과 입면을 가진 빌라 로톤다는 '성스럽고 완벽한 건축'을 보여주는 탁월한 사례다. 우리는 빌라 로톤다가 교회나 학교, 집으로 사용되는 모습을 어렵잖게 상상할 수 있다. 빌라 로톤다의 단순한 평면은 다양한 용도에 적합하다는 점에서 하나의 원형에 해당한다. 특히 전체적으로 대칭을 이루는 공간에 네 개의 똑같은 로지아가 네 개의 파사드를 따라 배치된 형태가 독창적이다. 어느 면에서 보든 똑같기 때문에 적어도 외부에서 볼 때 빌라 로톤다에는 전면, 후면, 측면의 구분이 없다. 하지만 건물 내부에서는 상황이 달라진다. 계절에 따라, 또는 시간에 따라 어느 로지아에 앉을지를 선택하는 모습이 눈앞에 쉽게 그려지지 않는가? 네 면이 모두 똑같은데도 완전히 다른 경험을 선사한다는 것은 놀라운 일이다.

234

235　236

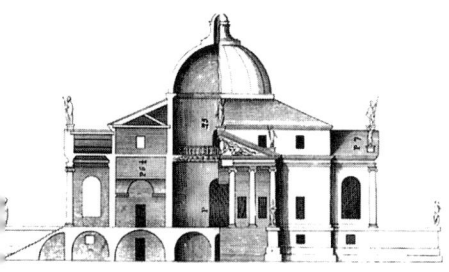
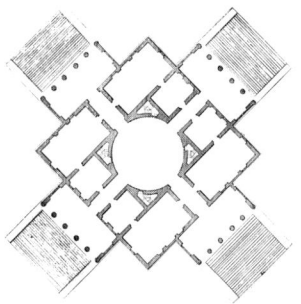

각 면에 비치는 햇빛이 서로 다른 효과를 낼 뿐 아니라 각 면에서 바라보는 풍경도 완전히 다르다. 건물로 올라오는 길이 보이기도 하고, 정원이 보이기도 하고, 빌라에 속한 농장이 보이기도 하고, 멀리 언덕이 보이기도 한다. 빌라 로톤다는 독립적으로 서있는 건축물이지만, 그 독특한 면모는 도시 조직 안에서 가장 분명하게 드러난다.

밖에서 보면 건물의 통일적인 성격을 감상할 수 있지만, 다양한 공간적 감각을 만끽할 수 있는 곳은 내부다. 건축사를 연구한 수많은 학자들이 빌라 로톤다에 관한 연구 결과를 내놓았지만, 사실 가장 흥미로운 부분은 팔라디오 자신이 이 건물에서 표현하려 했던 것이다. 팔라디오의 주된 관심사는 모든 면의 전망을 훌륭하게 만드는 것이었다. 그러므로 어떤 건물이든 외부에서 바라보는 것만으로는 충분하지 않으며 진정한 가치를 알려면 건물 내부에서 바깥 경치를 봐야 알 수 있다.

아쉽게도 빌라 로톤다의 내부는 대중에게 개방되지 않는다. 그러므로 이 건물의 진수를 느끼고 싶은 사람은 조지프 로지 감독이 만든 영화 〈돈 조반니Don Giovanni〉(1979)를 보아야 한다. 〈돈 조반니〉는 대부분 빌라 로톤다의 내부와 주변에서 촬영된 영화다.

237 238 239
240 241 242
243 244

비첸차 출신의 '파올로 아메리코'라는 주교가 있었다. 그는 성직자로서 교황 비오 4세Pius Ⅳ(1499~1565)와 비오 5세Pius Ⅴ(1504~1572)를 보좌하는 일을 했고, 공로를 인정받아 가족과 함께 로마 시민권을 획득했다. 명예를 좇아 오랫동안 타향살이를 했던 주교는 친척들이 모두 사망한 후 고국으로 돌아와서 시내에서 조금 떨어진 언덕 위에 별장을 짓고 은거했다. 그 별장은 다음과 같은 착상에 따라 지어졌다.

빌라가 빽빽이 들어선 곳은 적절하지 않다. 시내에 집을 짓는 것과 다를 바가 없기 때문이다. 선택된 장소는 쉽게 오를 수 있는 작은 언덕으로, 옆에는 바킬리오네 강을 끼고 있어서 쾌적하다. 맞은편에는 아름다운 언덕이 빌라를 에

워싸 거대한 극장과 같은 분위기를 연출한다. 모두 농지로 쓰이는 이 언덕은 맛있는 포도가 열리는 덩굴이 우거져있다. 그래서 어디에서나 아름다운 경치를 즐길 수 있다. 경치는 막혀있거나, 탁 트여있거나, 수평선과 함께 끝난다. 사면에 각각 로지아가 있고, 로지아와 홀의 아래층에는 편의 시설과 가족들이 사용하는 방이 있다. 한가운데에는 천창으로 빛이 들어오는 원형 홀이 있다. 작은 방들은 서로 분리되어있고, 큰방(큰방의 천장 볼트는 최초로 개발된 시공법에 따라 만들어졌다) 위로는 폭 4.7미터의 통로가 있어서 홀 주위를 산책할 수 있다. 로지아의 계단을 지탱하는 받침돌의 양 끝에는 뛰어난 조각가 로렌초 비첸티노가 만든 조각상이 있다.

(안드레아 팔라디오, 《건축사서 I *Quattro Libri Dell'Achitettura I*》 베네치아, 1570)

사람과 사물은 서로 다르지만 동등한 가치를 가질 수도 있다. 어떤 것이 다른 것보다 더 중요한지 여부는 처한 상황과 순간에 그 사물이 어떤 의미가 있느냐에 달려있다. 상황에 따라 사물의 중요성이 달라지듯 상황 역시 다양한 외부 요인에 의해 좌우된다. 사막과 네덜란드에서 물의 중요성이 다른 것과 마찬가지다. 일반적으로 사람이나 사물의 가치가 서로 다를 때는 그들에 대한 대우도 달라진다. 그런 불평등이 하나의 가치 평가로 구체화되고 그 시스템 안에서 중요성에 따라 분류가 진행되면서 위계가 형성된다. 이 책에서 쓰는 등가성이라는 말은 서로 다른 사람 또는 사물을 똑같이 중요하게 취급하고 불평등을 야기하지 않으면서도 가치 체계에 따라 분류가 가능한 경우를 뜻한다.

다음은 하디J. Hardy가 쓴 글의 일부로서 등가성을 이해하는 데 도움이 된다.

"여러 권의 책을 가치에 따라 분류하기 위해 가장 귀중한 책이 맨 위에 놓이고 가치가 낮은 책이 맨 밑에 놓이게끔 책을 쌓는다고 생각해보자. 이렇게 쌓은 책 더미는 본질적으로 위계를 표현한다. 이번에는 책들을 똑같은 순서에 따라 수직으로 세워놓는다고 생각하자. 이 경우 동일한 분류가 이루어지지만 책의 위치는 모두 평등해 보인다. 차이는 여전히 존재하지만 중요도에 의한 질서가 아니라 다름에 의한 질서가 성립되는 것이다. 물론 저자, 크기, 발행일 등 여타의 기준에 의한 분류도 가능하겠지만, 어쨌든 책들을 순서대로 바닥에 쌓아올리는 순간 맨 위에 있는 책과 맨 밑에 있는 책이 구별되는 것은 당연한 귀결이다.

위계에 따른 배치는 한번 도입되면 좀처럼 달라지지 않는다. 얼핏 생각하면 모든 사물에는 고유한 요구가 있는데 건축에 위계가 있는 것이 과연 나쁜지 의심할 수도 있다. 그러나 불평등한 요구는 곧 불평등한 상황으로 이어지고, 불평등한 상황은 다시 사람들 사이의 불평등을 유발한다. 특히 건축가가 자기 나름의 개인적인 기준에 집착하다가 다양한 상황에 맞는 상대적인 사고를 하지 못할 때 이런 일이 벌어지기 쉽다. 우리는 설계를 할 때 구성 요소들의 중요성에 따른 질서와 분류를 자주 활용한다. 주요 보main beam와 부차적인 구조재로 이루어진 구조물이라든가, 주요 간선도로와 좁은 길로 이루어진 교통망이 그 예다. 건축적 질서가 단순히 구성 요소들의 서로 다른 성격만을 나타낸다면 아무런 문제가 없다. 그러나 여러 구성 요소를 동등하게 취급하지 않고 어떤 요소를 다른 요소보다 상위에 놓을 때는 각별한 주의가 필요하다."

공간적 조건이 불평등을 재확인하거나 불평등을 부추기는 대표적인 사례는 공장이나 사무실에서 관리자를 약간 높은 곳에 위치시켜 전체를 바라볼 수 있도록 하는 경우다. 관리자가 작업이 진행되는 상황을 정확히 파악하려면 실무자와 더 많은 접촉이 필요하다. 그러자면 스스로 그들과 같은 높이에 있어야 한다. 건축가는 책임자 내지는 직급이 더 높은 사람이 공간적으로 다른 사람보다 높은 곳에 있게 함으로써 조직 내에서 그의 지위가 높다는 사실을 필요 이상으로 강조하는 일을 피해야 한다. 물리적으로 다른 사람보다 높은 곳에 있는 사람은 아래에 있는 사람보다 언제나 유리하다. 단순히 키가 큰 사람만 해도 유리한 점이 많다. 그

콜롬비아대학, 뉴욕.

리고 2층 침대의 위와 아래를 선택하는 경우 대부분 위쪽을 선호한다. 일상생활에서도 마찬가지여서 다른 사람을 올려다보는 행위와 내려다보는 행위는 의미가 다르다. 올려다보고 내려다보는 동작에 담긴 위계적인 암시를 생각해보면 건축에도 동일한 공간적 전제가 있음을 금방 알 수 있다. 따라서 우리는 어떤 공간을 높게 만들 때마다 (예컨대 배에 있는 조타실이나 공연장에서 무대감독이 앉는 박스처럼) 기능상 정말로 높일 필요가 있는지를 심사숙고해야 한다. 그리고 의사결정권을 가진 사람들이라고 해서 반드시 공간적인 차원에서도 일터를 내려다볼 권리는 없다는 점을 명심해야 한다.

일반적으로 사무용 빌딩에서는 관리자와 각 부서 책임자들이 가장 매력적인 방을 차지해 버린다. 그 방이 그들의 임무에 가장 적절한 장소인지 여부는 문제되지 않는다. 센트럴 베헤이르 빌딩에서는 임원들의 업무공간을 일부러 전망이 좋지 않은 곳에 배치했다. 그것은 업무공간의 '질'에 관련된 기준을 상대화하는 효과를 낳았다. 이 빌딩의 공간 조직은 사내의 위계를 완화하는 작용을 했다. 센트럴 베헤이르 빌딩이 지어진 지 수십 년이 지난 지금은 전통적인 위계질서에 근거한 관계로 회귀하려는 경향이 일반적이나, 임원들은 여전히 같은 사무실을 쓰고 있으며 지위가 낮은 직원들이 점유한 영역도 아직은 침해당하지 않았다.

때로는 도시계획에서도 비슷한 사례가 발견된다. 고급 주택단지를 더 매력적인 장소에 위치시켜 값싼 주택과 차별화하려는 경향이 대표적인 예다. 좋은 자리를 찾는 일 자체가 잘못이라고 할 수는 없겠지만, 값비싼 주택의 장점을 배가하기 위해 저렴한 주택을 희생시킨다면 분명 문제가 있다. 격차가 지나치게 커지기 때문이다. 비싼 주택들이 모두 주거구역의 가장자리에 자리 잡아서 중앙에 밀집된 싼 주택들의 시야를 가로막는 경우도 있다. 주거구역의 위치가 유리하고 전망이 좋을수록 건축가는 '무언가를 하고 싶은' 의욕을 강하게 느낀다. 대개는 폭이 좁고 긴 고층 아파트와 같은 형태로 건물을 설계한다. 그러나 그 뒤에 위치한 주택과 거리에 미치는 영향은 어떠한가? 아름다운 경치가 보이는 자리에 주택이 많이 들어설수록 그 일대에서 시야가 차단되는 주택도 늘어나고, 특권을 가진 집과 특권을 갖지 못한 지역 주민의 차이도 두드러진다.

건축은 어느 정도의 정치적 함의를 지닐 수 있을까? 전체주의적인 건축과 민주주의적인 건축이 정말로 존재할까? 아니면 이런 말들은 단지 개개인의 느낌에 근거한 해석일뿐, 사회 전반에 통용될 수는 없는 것일까? 사람은 누구나 자신이 난쟁이라는 착각이 들 정도로 거대한 건물을 보면 억압적이라는 느낌을 받으며, 실제로도 모든 전체주의 정권은 경외심을 불러일으킬 정도의 규모를 선호했다. 전체주의 정권이 세운 건물이 우리에게 익숙한 건물을 크기만 부풀려서 비슷한 양식으로 만들었다는 사실도 이를 뒷받침한다. 물론 거대한 건물이라고 해서 반드시 억압적인 분위기를 풍긴다고 단정할 수는 없다. 사실상 접근이 불가능하거나 중세 성곽처럼 아예 접근이 금지된 건물이라 해도 마찬가지다. 그런 건물 안에 사교적인 사람이 살 수도 있다. 어쩌면 그들의 조상이 외부 침략에 맞서 방어를 튼튼히 한 결과일지도 모른다. 격식과 위엄을 갖춘 계단이 상황에 따라 격식 없고 친근한 관람석으로 바뀌듯, 맥락이나 상황을 역전시키면 건축도 새로운 의미를 지니게 된다.

건축가는 건축적 해법을 내놓을 때마다 공간적 조건이 평등하게 분배되었는지, 그리고 우연이든 의도적이든 혹시 건축가가 내놓은 해법이 사회에 이미 존재하는 불평등을 공간적 측면에서 강화할 위험은 없는지 돌아보아야 한다. 설령 건축이 사회 내의 위계적인 인간관계에 미치는 영향이 제한적일지라도, 적어도 우리가 그 위계를 강조하지는 않아야 하며 나아가 위계를 완화하는 공간을 제안하기 위해 노력해야 한다.

건축을 통해 할 수 있는 일과 할 수 없는 일에 대한 판단은 종종 특정한 형태 또는 건축 용어를 볼 때 우리가 떠올리는 연상에 의해 좌우된다. 예를 들어, 고전주의 양식은 대개 권위주의적 정치 권력을 연상시킨다. 우리는 권위주의적 권력이 고전주의를 애호했다는 사실을 알기 때문에 고전주의 건축이 그들로 하여금 매력을 느끼게 하는 요소를 가지고 있고, 그들의 목적에도 부합했으리라고 생각한다.

하지만 건축 양식에 대한 판단은 그렇게 간단하지 않다. 전혀 권위적이지 않고 친근한 외관을 지닌 고전주의 건축도 있기 때문이다. 파리의 팔레 로얄, 영국 바스의 로얄 크레센츠, 베를린의 글리니케 성 등이 그 예다. 혹은 낭시에 있는 스태니슬라스 광장과 캐리에르 광장처럼 고전주의적인 설계를 통해 민주적 의도를 명백하게 표현하는 경우도 있다. 어떤 건축 공간이 권위주의적인가

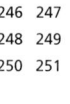
246 247
248 249
250 251

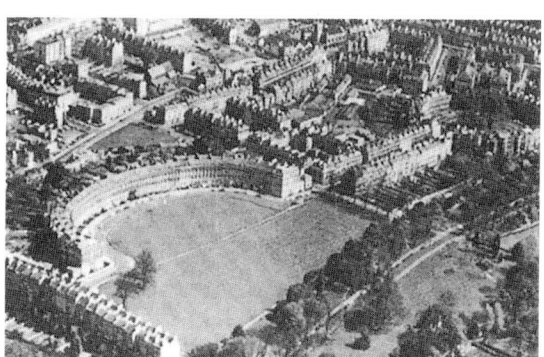
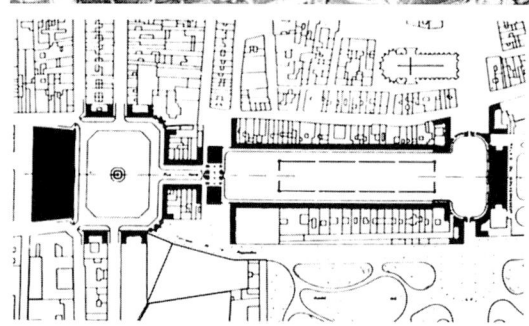
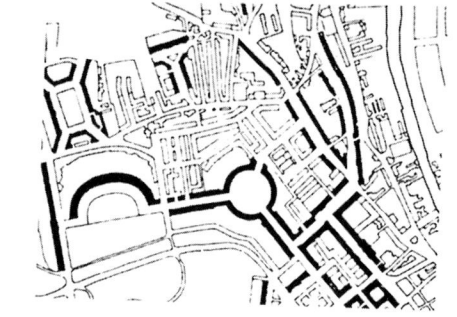

스태니슬라스 광장과 캐리에르 광장, (프랑스 낭시, 1751-55) H. E. 에레.
로얄 크레센츠, (영국 바스, 1767-74) J. 우드, J. 내쉬.

아니면 포용력이 있는가를 보여주는 지표는 공간 조직이
얼마나 많은 자유를 허용하느냐다. 여기서 자유란
사용자가 시선을 집중할 곳을 선택할 권리를 말한다.
특정한 지점에 시선을 고정시키도록 강요당하는가, 아니면
건축가의 의도를 무시하고 사용자가 다른 지점을 선택해
주의를 집중해도 되는가의 문제다.

가장 기본적인 예는 둥근 탁자와 직사각형 탁자의
차이다. 둥근 탁자는 둘러앉는 모든 사람에게 똑같은
조건을 제공하기 때문에 공간적으로 어떤 사람이 다른
사람들보다 중요하다는 암시가 없다. 반면, 직사각형
탁자는 다르다. 물론 차별화된 공간이 항상 문제가 되는
것은 아니지만, 특정한 상황에서는 '두목 행세'를 부추길

글리니케 성, (베를린, 1826)
K. 쉰켈.

가능성이 있다. 그렇다고 이제부터는 직사각형 탁자를
모두 없애고 둥근 탁자만 만들자고 할 수는 없다. 사무용
건물에서는 방의 규모가 그 방을 차지한 사람이 얼마나
'높은' 서열에 있느냐를 나타내는 기준일 뿐 실용적인
척도는 무시된다. 예컨대 책상을 대각선으로 놓을 여건이
되는 사람은 관리자밖에 없다. 건축이 권력 남용을
막아야 한다고 말하는 것은 무리지만, '두목 행세'를
촉진하는 공간을 만드는 일만큼은 경계해야 하지
않겠는가?

공간적 조건을 남용한 극단적인 사례가 히틀러다. 히틀
러는 길쭉한 방의 한쪽 끝에 단을 만들어 책상을 놓고 먼 거
리를 걸어오는 방문객을 내려다보기를 좋아했다. 방문객이
스스로 위축되도록 계획적으로 만든 장치였다. 히틀러만큼
극단적이지는 않더라도 공간을 잘못된 목적에 활용한 예는
수없이 많은데, 대개는 고의적인 오용이라기보다는 깊이
생각하지 않아 생기는 일이다.

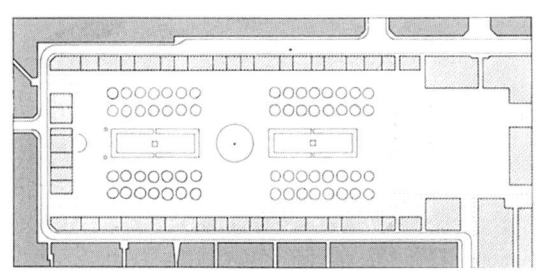

팔레 로얄, (파리, 1780) J. V. 루이.

형태는 초대한다

코르도바 모스크[256-262]

18세기에 건설된 코르도바 모스크는 여러 개의 건축적 구성 요소가 합쳐진 135제곱미터 정도 크기의 커다란 홀이다. 기독교 교회와 달리 모스크는 성스러운 땅이라는 개념에 근거해 직사각형 모양의 땅에 기둥을 세우고 벽으로 둘러싼 형태다. 머리 위에 볼트와 쿠폴라가 있는 '수목화석 petrified trees의 숲'이다. 이슬람 신앙에서는 메카가 있는 방향이 절대적으로 중요함에도 이 모스크에는 그 방향을 특별히 강조하지 않았다. 실용적이고 구조적인 성격이 명백한 지시를 제외하고는 특정한 방향을 가리키는 축도 없다. 모스크에서는 기도회와 '예배'가 열리지만 대개는 사람들이 각자 기도를 올린다. 코르도바 모스크에 있는 광활한 홀은 아주 많은 사람이 한꺼번에 기도를 올릴 수 있는 공간이다. 기도하는 사람들이 표지로 삼을 만한 유일한 요소는 수많은 기둥이다. 좌석이 따로 없고 모든 사람이 바닥에 앉기 때문에 기둥은 단순히 몸을 기대는 데 쓰이기도 한다. 이 모스크는 지붕이 덮인 커다란 공공 광장 역할도 한다. 사람들은 이곳에 기도하러 오는 것 외에 평화와 안정을 찾기 위

16세기 이전
16세기 이후

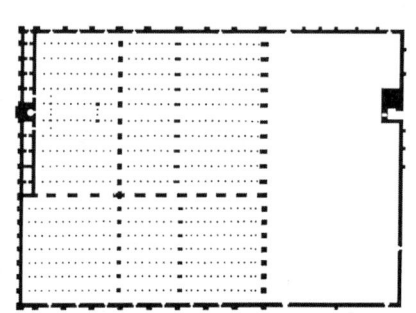
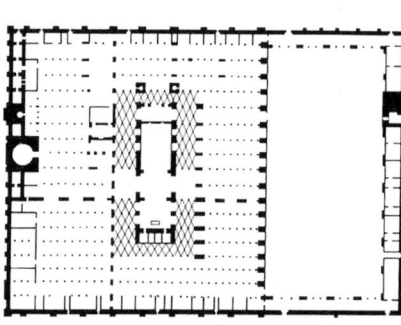

256 257
258 259

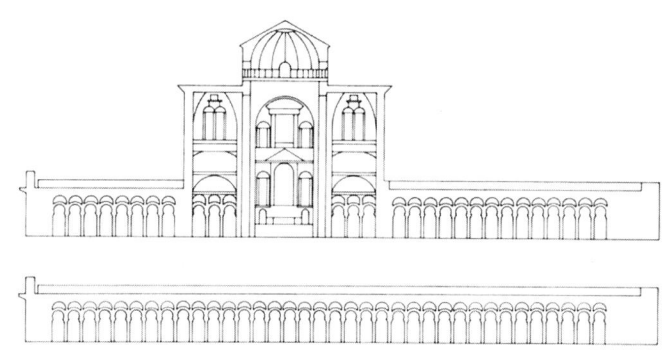

해 오기도 한다. 숲처럼 늘어선 기둥들이 단 하나의 명시적인 집중점이 생기지 않도록 공간을 분절하고 정의하기 때문에 시선이 집중되는 지점은 자유롭게 변한다.

이슬람이 종교적 의무를 무척 중시하는 것과 대조적으로 코르도바 모스크는 방문객에게 아무것도 강요하지 않는다. 이 모스크는 어떤 목적으로 왔든 모든 사람을 반갑게 맞이하는 공간이다. 적어도 16세기에 기독교 교회를 세울 공간을 확보하기 위해 모스크 한가운데를 넓게 도려내기 전까지는 그랬다. 세계적으로 유례를 찾아볼 수 없는 가치를 지닌 이 건물에 치명적인 상처를 주리라고 생각한 사람들이 격렬하게 반대했음에도 교회는 예정대로 건립되었다.

공사가 시행된 결과 모스크에 중심이 형성되고 말았다. 새로 들어선 건물은 압도적인 크기와 중심이라는 힘이 무자비한 지배력을 행사하기 시작했다. 예전에 이곳은 섬세한 분절과 은은한 빛이 특징이었지만, 이제는 길쭉한 창문으로 밝은 햇빛을 흡수하는 교회가 시선을 끌어당기며 주위를 압도한다. 모스크 내부에 있는 사람은 어디서든 새로 형성된 중심지대의 영향을 받게 되었다. 절대적인 등가성이 전체를 관통하던 장소에 돌이킬 수도 없는 공간적 위계가 확립된 것이다.

원래의 모스크에는 확실하게 시선을 집중시키는 지점이 없었으므로 상황과 모인 사람 수에 따라 어느 곳이든 규모와 관계없이 중심지가 될 수 있었다. (경배를 드리는 장소라기보다는 지붕 덮인 시장에 가까웠던) 원래의 모스크 내부공간은 특정한 질서나 형태를 강요하는 일 없이 모든 사람에게 열려있었다. 이스탄불에 있는 '기둥 없는' 모스크와 달리 지붕 덮인 공공 광장의 '전형'이 될 수 있는 공간이었는데, 무참히 파괴되었다.

형태는 초대한다

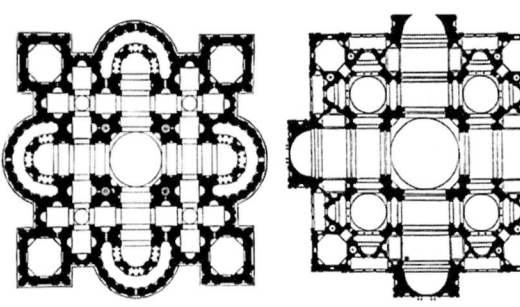
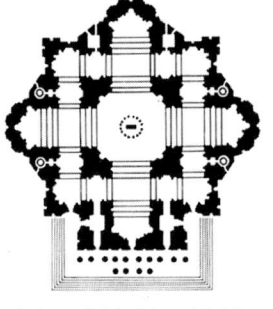

성 베드로 대성당 평면도, B. 페루치.   성 베드로 대성당 평면도, 브라만테.   성 베드로 대성당 평면도, 미켈란젤로.

263 264 265 266
         267

성 베드로 대성당²⁶³⁻²⁶⁹

성 베드로 대성당은 설계에 관여했던 건축가들의 견해와 입장을 쉽게 파악할 수 있다. 성 베드로 대성당은 위계를 강력하게 표현하는 건축이기 때문이다. 성 베드로 대성당 설계 과정이 역사적으로 명쾌하게 밝혀져있지는 않지만, 평면에 건축가의 의견이 투영되어있다는 점을 감안하면 이것만 보아도 성 베드로 대성당을 설계한 사람들이 생각했던 바를 나름대로 추론할 수 있다.

내가 보기에는 애초에 이런 생각의 시발점이 된 페루치의 평면도가 풍부함에 있어서는 단연 최고다. 페루치의 평면은 계획 단계에서 작성한 다이어그램에 지나지 않지만 교회와 전혀 유사성이 없는 시설들에도 활용이 가능한 하나의 전형이 될 수 있다. 예컨대 페루치의 평면에 기초해 여러 개의 타워로 구성된 학교를 설계한다고 생각해보라. 그 학교는 교실마다 독자적인 영역을 가지면서도 전체적으로는 학교 구성원에게 특정한 시간에 요구되는 비례와 균형, 친밀감과 연계를 갖춘 장소를 찾을 기회를 최대한으로 제공할 것이다. 중심에 가까워질수록 공간의 개방성이 강해지고 공동 활동이 활발해질 여지도 많다.

페루치가 작성한 평면도는 장소와 장소가 연속되는 형식으로, 각 장소가 자기 주변의 공간에 대해서는 중심 역할을 하지만 어떤 공간도 다른 공간을 지배하지는 않는다. 따라서 한 가운데 있는 공간이라고 해서 반드시 가장 중요한 공간은 아니며 때로는 인접한 다른 중심지로 이동하는 통로로 간주되기도 한다. 페루치의 평면은 등가성의 원칙을 완벽하게 구현한 공간

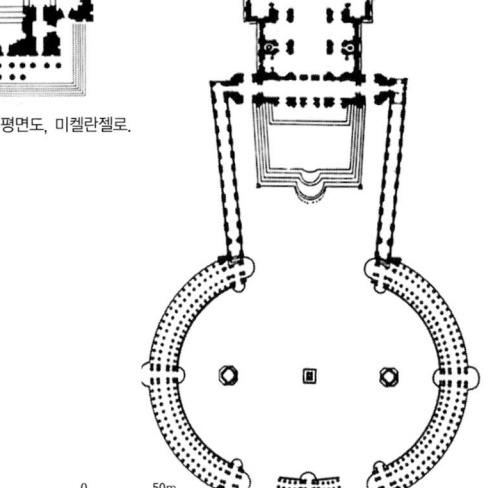

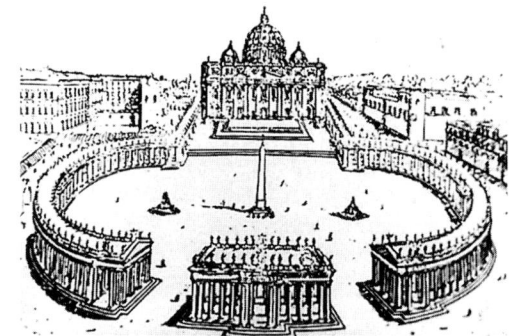

조직의 본보기다. 게다가 공간의 질이 높아서 각 부분이 독립적으로 해석될 수 있는데, 열린 구조로 이루어져있기 때문에 모든 공간의 해석은 주위를 둘러싼 부분에 영향을 주고받는다.

이러한 '다원자성'을 가진 공간은 본질적으로 위계에 반한다. 그러므로 페루치의 평면은 의견의 자유와 선택의 자유를 공간에 구현한 사례라 할 수 있다. 다양한 의견들이 서로에게 영향을 미치지만 전체의 '투명성' 덕분에 하나의 의견이 다른 의견을 지배하지는 않는 공간이다.

만약 이 평면도대로 만들어졌다면 어땠을지 짐작할 수 있을 것이다. 사실 지금의 성 베드로 대성당 건물에서 느껴지는 일방적인 관계는 계획 단계에서 이미 예상했을 것이다. 비례, 분절, 공간이 독립적으로 또는 서로를 향해 열리고 닫힌 정도, 벽의 요철, 공간의 방향, 입구의 형태와 위치, 이 모든 것이 어떤 공간 조직을 형성하느냐에 따라 지배를 촉진하기도 하고 평등을 촉진하기도 한다. 이렇게 공간의 관계는 사람 사이의 관계에 영향을 미친다.

브라만테나 페루치가 작성한 평면도와 미켈란젤로의 평면도를 비교할 때 발견되는 또 하나의 결정적인 차이는 접근성이다. 페루치와 브라만테의 평면도는 공간이 대칭을 이루도록 구성되어서 어느 방향으로 난 문이나 다 입구가 될 수 있다. 심지어 브라만테의 평면도에서는 총 열두 개의 출입구를 만들 수도 있다. 반면 미켈란젤로의 평면도에는 콜로네이드와 계단으로 강조된 입구가 단 하나 있을 뿐이다. 내부공간은 대칭을 이루고 있을지라도 외부에서 보면 유일한 입구가 있는 면에만 악센트가 찍혀있다. 한쪽으로만 출입할 수 있다는 사실은 실내공간에서도 한 방향으로 나아갈 것을 강요하며 공간의 무게중심에 변화를 일으키기 때문에 결국에는 대칭적인 형태가 실제 사용법과 일치하지 않게 된다. 반면 브라만테가 만든 여러 개의 입구는 다양한 공간의 독립성과 등가성을 강화하여 방문자가 어느 방향에서 접근하더라도 환영받는 기분이 든다.

미켈란젤로는 단위공간의 비례를 변화시켜 교회 전체가 실질적으로 하나의 중앙공간이 되도록 했다. 그의 목적이 시선이 집중되는 지점을 중앙으로 옮기는 데 있었다는 사실은 입구를 하나로 만든 데서 확연히 드러난다. 하나의 입구로 인해 한쪽 면이 전면 파사드가 되고 나머지 면은 후면과 측면으로 규정된다. 나중에 마데르노Carlo Maderno가 교회 건물을 확장하면서 만든 주축main axis은 미켈란젤로의 평면에 이미 함축되어있던 것이다. 결국 교회가 언제나 가지고 있었던 중앙집중식의 권위적인 사고방식이 공간 조직에 반영되어 고정불변의 특징으로 자리 잡았다.

반강제로 이루어지긴 했지만 적어도 실내공간의 네 면에 동등한 가치를 부여하려고 노력했다는 점에서 미켈란젤로에게서는 위계에 대한 약간의 저항이 감지된다. 반면 마데르노는 전혀 문제를 느끼지 못했던 모양이다. 마데르노는 네이브nave(중앙 신도석)를 하나 추가

성 베드로 광장, 1935년 이전.

성 베드로 광장, 1935년 이후.

해 공간에 확실한 주축을 형성했고, 건물 안 어디에서나 미켈란젤로가 설정했던 중심에 시선이 가도록 만들었다. 이제 그곳은 공간의 중심이자 최종적인 시선의 집중점이 되어 누구나 쉽게 자기 위치를 파악할 수 있다. 건물 전체에 확고하게 세워진 질서는 권력에 종속된 건축의 성격을 여실히 보여준다.

마데르노가 먼저 완성하고 나중에 베르니니가 맞은편에 교회를 배치한 광장과 회랑은 도시

형태는 초대한다 99

계획뿐만 아니라 대위법에도 교훈을 선사한다. 콜로네이드로 둘러싸인 타원형 공간은 독립적인 요소면서도 교회와 짝을 이룬다. 타원형 공간은 교회와 직접 연결되지 않고 말 그대로 교회의 정문 역할에 머물지도 않기 때문에 독립적인 성격이 더욱 강조된다. 연결부 connecting arm에 의해 교회가 안쪽으로 후퇴함에 따라 매개공간에 사다리꼴의 전정 forecourt이 위치하게 된다.

간혹 베르니니의 설계안을 연결부의 원근법적인 효과라는 개념으로 해석하려는 시도가 있다. 그러나 안쪽으로 후퇴했다고 교회 파사드가 더 강조되지는 않는다. 오히려 건물의 후퇴는 원근법이 역전되어 파사드와의 거리를 증가시키고, 교회 쪽에서 볼 때는 독립적인 성격이 증대되는 효과가 있을 뿐이다.

내가 보기에 연결부들을 후퇴시킨 이유는 원근법 때문이 아니라 마데르노가 설계한 파사드를 제한된 공간에 집어넣기 위해서였으며, 다른 한편으로는 교회를 타원형 공간과 연결하기 위해서였다. 교회의 위상에 관한 베르니니의 의도가 무엇이었든 결과적으로 성 베드로 대성당은 좋은 자리를 차지했음에도 멀찌감치 추방된 느낌이다.

열주列柱로 둘러싸인 공간은 독립적인 형태를 가지고 있다. 이 거대한 공간은 많은 인원을 수용할 수 있기 때문에 이론적으로는 군중이 교회 앞과 교회 맞은편은 물론 교회에 등을 돌리고 모이는 것도 가능하다.

광장은 교회의 주축 위에 있지만 주축을 강조하지는 않는다. 실제로 교회 축에 위치한 것은 베르니니가 고려해야 했고, 지금도 거기 존재하는 오벨리스크로 표시되는 지도상의 중심지가 전부다. 그러나 절반으로 나뉜 타원형 공간의 각 부분에도 고유한 기하학적 중심이 있으며, 열주에 둘러싸인 반타원의 가장자리에 있는 두 개의 분수 역시 불리한 위치에도 불구하고 이른바 '무게중심' 역할을 수행한다.

두 개의 반타원형 공간의 중심지는 모두 주축에서 벗어나 있고 반타원의 양쪽 측면, 즉 분수와 열주 사이 공간은 실내와 같은 느낌을 강하게 풍긴다. 하지만 우리는 베르니니의 평면이 현재 상황에서는 주변 환경과 유리되어있다는 사실에 주목해야 한다. 타원형 광장에 인접해있던 아늑하고 격식 없는 분위기의 루스티쿠치 광장이 없어지고 지루한 공간이 들어섰기 때문이다. 만약 베르니니의 평면이 실현되었다면 성 베드로 광장은 완결적인 성격이 강한 닫힌 공간이 되었을 것이며, 축 위가 아니라 양 옆에 공식적인 입구가 생겼을 것이다.

베르니니가 구사한 독창적인 대위법은 폭력적인 접근성을 방지하는 요령을 가르쳐준다. 또한 베르니니는 독창적인 개념을 실현하는 일에 올바른 태도와 정확한 감각을 가지고 임했기 때문에, 각 부분을 따로 놓고 보아도 쉽게 알아볼 정도로 그가 목표했던 바를 일관성 있게 표현했다. 단순한 파티션이 아니라 실질적인 구조물인 4열의 콜로네이드는 두 개의 반타원형 공간에 시각적 경계를 형성해 마치 벽을 두른 것과 같은 효과를 낸다. 열주 사이로 들여다보면 이웃한 집들이 보인다. 이 집들은 언제나 그 자리에 존재하고, 콜로네이드 안과 밖의 세계는 서로 다른 논리에 따라 형태가 결정된다. 비공식적이고 바닥을 포장하지 않은 세계와 조각처럼 인위적으로 형태를 만든 세계는 서로 대조를 이루

면서 한편으로는 서로를 보완해준다. 열주는 오직 반타원형 공간의 중심부에서 바라볼 때만 네 개의 열이 일치되어 보인다. 그럴 때 이 '벽'은 둘러싸는 능력을 상실하고 투명한 구조물이 된다. 과연 베르니니는 의도적으로 이런 장치를 만든 것일까? 사실 의도적이냐 아니냐는 중요하지 않다. 그가 내놓은 놀랍도록 독창적인 해법에 의해 탄생한 공간이라는 사실이 중요하다.

성당 건물과 베르니니가 만든 광장은 거의 300년 동안 건축적 균형을 이루고 있었다. '종결부final arm'가 추가된 이후로는 대위법이 더욱 확고해져 쉽게 균형을 깨뜨리지 못하게 되었다. 물론 교회의 힘을 더 강하게 표현하기를 원했던 사람들은 언제나 그 대위법을 깨뜨리려 했다. 그런데 아이러니하게도 1934년 무솔리니는 '스피나Spina'를 철거하라는 명령을 내린다. 그리고 건축가 파첸티니와 스파카렐리가 설계한 단조로운 '비아 델라 콘칠리아치오네Via della Conciliazione(화해의 길)'로 대체되었다. 도시계획의 영역에서 파시즘과 교회가 손을 잡은 것이었다. 파시즘과 교회의 사회적인 목적이 이보다 더 직접적으로 표현된 사례가 또 있을까? 어쨌든

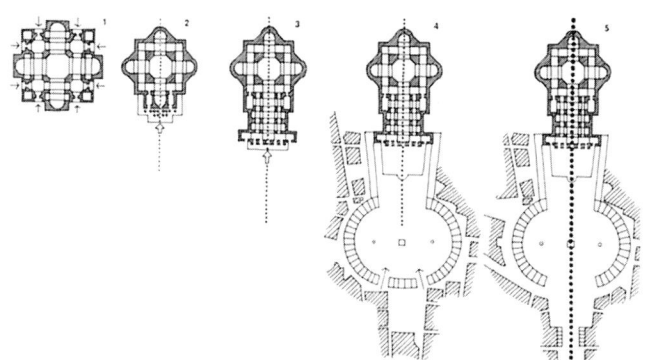

1. 브라만테
2. 미켈란젤로
3. 마데르노
4. 베르니니
5. 파첸티니 & 스파카렐리

이런 과정을 통해, 미켈란젤로가 단 하나의 출입구를 만든 데서 유래한 축은 외삽법外揷法으로 추정된 후 도시 규모로 확대되었다. 성당 건물은 전체 도시계획에서 차지하는 우월한 지위를 표현하며 시야를 점유하기에 이르렀다. ⑥

베르니니가 설계한 광장은 교회와 훌륭한 대구對句를 형성할 뿐 아니라 주위의 건물들에 의해 형태가 결정되지 않은 최초의 대중 광장이기도 하다. 한편으로 이 광장은 열주로 이루어진 투명하지만 견고한 파사드가 두 개나 있는 거대한 건축물이라고도 할 수 있다. 건물들을 강조하기보다 건물 사이의 도시공간을 강조한 덕분에, 광장은 '잉여 공간'이라는 느낌을 주지 않고 그 자체로 시선을 모은다.

어떻게 보면 건축가가 독립적인 가치를 지니는 새로운 도시공간을 만들어 나머지 공간에도 형태와 높이를 부여하기 위해서 일부러 불규칙한 형태로 이루어진 주거지구 사이에 타원형 공간을 설계한 것처럼 보이기도 한다.

오벨리스크와 분수가 있는 광장이 만들어졌을 때, 세련된 기하학적 비례를 가진 커다란 타원형 공간과 오랜 세월을 거치며 진화한 주변 도시 조직의 대조는 그야말로 장관이었을 것이다. 당시만 해도 성 베드로 광장은 로마 시내에서 유일하게 배수 시설이 갖춰져있고 바닥이 포장된 장소였을 것이다.

전면과 후면

성 베드로 대성당과 베르니니가 설계한 광장 평면의 발전 과정은 건축가가 장엄한 인상을 주려다 공간을 오용할 수도 있고 반대로 사람들이나 사물들 사이에 평등한 관계를 수립하는 데 기여할 수도 있음을 보여준다. 아울러 건축가가 항상 곤란한 위치에 있었다는 사실도 알려준다. 건축가의 아이디어를 실현하기 위해서는 대자본에 의존해야 했다. 그래서 항상 자본에 종속되어 움직였고, 대부분 권력에 봉사했기에 전체 공동체가 아니라 소수의 손에서 움직이는 도구 역할을 할 때가 많았다.

시대를 막론하고 건축가는 주로 피라미드와 사원, 교회와 궁전을 짓는 일에 종사했을 뿐 평범한 사람에게 주거를 제공하는 일에는 거의 관여하지 않았다. 건축가는 대개 상류층과 협력했다. 간혹 일상생활의 여러 측면을 고려해야 하는 경우가 있다 해도 건물의 외관에 국한되었다. 그것도 대개는 전면 파사드에 신경을 쓰는 경우다.

건축의 역사는 전면 파사드의 역사나 다름없다. 마치 건물에 후면이라고는 없는 것처럼. 건축가는 언제나 자기가 선호하는 공식적인 양식만 추구했고 동전의 뒷면에 해당하는 번잡한 일상생활에는 관심을 기울이지 않았다. 20세기에 들어 공공주택 설계가 건축의 한 분야로 어엿하게 자리잡았음에도 오늘날의 건축가 역시 같은 문제를 안고 있다. 특별한 건축과 평범한 사람을 위한 건축을 구분하는 눈에 보이지 않는 경계선이 잠재의식 속에 남아있는 모양이다.

〈행복한 가족〉, 얀 스텐 (1625~79)

274

273 275

〈시골집〉, 피터 드 호흐 (1629~84)

〈센크베그의 뒤편〉, 빈센트 반 고흐 (1853~90)

네덜란드 화가들

네덜란드 회화가 특별한 이유는 평범한 사람의 생활을 주제로 채택했기 때문이다. 네덜란드 회화는 일상적인 것을 넘어서는 심오한 의미를 담은 주제를 다룰 때에도 일상생활 속의 상황을 통해 표현하는 경향이 있다. 사실 회화야말로 그런 표현에 가장 적합한 매체지 않은가? 네덜란드 화가들은 신에 관해서나 신이 인간을 지배하는 양상에 관심이 많지 않았고, 후원자들 역시 화가에게 자기 모습과 자기 재산을 이러저러한 방식으로 표현하라고 지시할 권한이 거의 없었다.

네덜란드에는 반 고흐의 〈감자 먹는 사람들〉과 얀 스텐Jan Steen의 실내풍경처럼 무대 뒤에 가려진 삶의 단면

〈작은 거리〉,
요하네스 베르메르
(1632~75)

을 보여주는 그림이 많다. 이런 회화는 사람들을 격식 없는 모습으로 보여주며, 주인과 하인의 구분은 있을지라도 남자와 여자, 부랑자와 음악가, 어린이와 애완동물이 공존하기 때문에 사회적 지위의 차이를 확연히 한다는 인상을 주지는 않는다. 사실 위대한 화가들이 평등이나 등가성과 같은 화두에 특별히 관심을 가진 적이 없었다. 다만 예리한 비례 감각을 지닌 덕분에 실제로 벌어지는 일에 눈을 돌릴 수 있었던 것이다. 피터 드 호흐 Pieter de Hooch는 고흐와 마찬가지로 사물의 비공식적인 측면에 주의를 돌렸고, 야외 풍경을 그릴 때마다 뒤뜰에 주목했다. 네덜란드에서 가장 유명한 그림인 렘브란트의 〈야경夜警〉 역시 시민군의 용기와 불굴의 투지에 초점을 맞추기보다는 아이들과 개들이 뛰어다니는 모습을 통해 전체 화면에 생기를 불어넣은 작품이다. 하지만 부차적인 대상에 갖가지 상징적인 의미를 부여하더라도 편안하고 격식 없는 느낌은 그대로 유지된다. 네덜란드에서 두 번째로 유명한 그림인 베르메르의 〈델프트의 거리Street in Delft〉는 집의 전면과 후면을 모두 보여주는데 위치만으로 보면 뒤뜰이 분명하다. 거리와 접하는 일반적인 뒤뜰에서 여인들이 청소나 바느질, 우유를 짜면서 부지런히 일을 한다. 네덜란드가 화가의 나라로 명성을 떨치는 데 지대한 공헌을 한 네덜란드의 옛 거장들은 공식적인 것과 비공식적인 것의 구분을 거부한다.

17세기 네덜란드 화가들의 작품은 등가성이라는 원칙이 네덜란드 전통 속에 뿌리 깊게 박혀 언제나 당연한 것으로 여겨졌음을 보여준다. 이러한 전통 덕분에 네덜란드에서는 사람과 사물의 실제적 측면에 관심을 가지는 건축이 발달할 수 있었다. 건축계는 20세기 들어서 비로소 공공주택 건축에 관심을 기울이기 시작했는데, 최초로 건물의 외관이 아닌 주거의 본질에 주의를 집중하기 시작한 나라가 네덜란드였다는 것도 이러한 측면에서 보면 당연한 일이다. 주거의 본질이란 평면의 조직, 접근성의 조직, 도시환경과의 통합을 뜻한다. 이제 우리는 고정된 위계 속에 1차적 기능과 2차적 기능을 배치하는 공식적인 질서를 벗어나, 전체 조직 속에서의 역할과 그 역할이 인지되는 방식에 따라 언제든지 1차적 기능과 2차적 기능의 상호 교체가 가능한 '통합된 전체'에 초점을 맞추어야 한다.

〈야경〉, 렘브란트 반 라인 (1606~69)

르코르뷔지에, 공식적인 것과 비공식적인 것

공식적인 양식과 비공식적인 일상생활 사이의 간극을 메우는 데 가장 큰 성공을 거둔 사람은 르코르뷔지에였다. 그는 과거의 형태를 있는 그대로 차용하지는 않았으나 수많은 여행길에 만났던 고전적 기념물과 원시적인 농사와 신기술이 제공한 가능성으로부터 공식적인 어휘를 도출해냈다. 그는 선박과 비행기와 기차, 그리스와 로마 양식의 기둥과 볼트, 거대한 석조 벽, 흙벽돌로 소박하게 지은 집을 합쳐 모든 요소를 개별적으로 음미할 수 있는 건축을 창조했다.

르코르뷔지에는 부유한 곳이든 가난한 곳이든, 도시든 시골이든 가리지 않고 다양한 장소와 시대에서 얻은 재료를 활용했다. 그는 온 세계에서 영감을 얻었지만 실제로는 자기 주변에서 착상을 떠올릴 때가 가장 많았고, 일반적으로 건축가들이 꺼리는 것들도 선뜻 받아들였다. 그가 남긴 수많은 투시도(제도공이 윤곽을 그리고 르코르뷔지에가 채워넣은 것이 대부분이다)를 주의 깊게 보기만 해도 여러 가지 일상적인 요소를 발견할 수 있다. 대다수 건축가는 그런 요소들을 경박한 것으로 치부했으나, 르코르뷔지에는 건물이 완공된 후에 일상생활의 실제 모습은 사소한 것들에 의해 결정된다는 점을 분명히 알고 있었다. 르코르뷔지에가 썼던 '살기 위한 기계'라는 말은 완벽함과 자동화를 의미하는 것이 아니었다. 주택을 설계할 때 주택이 실제로 기능을 어떻

게 수행하는가를 염두에 두고 특별히 주의를 기울여야 한다는 뜻이었다.

르코르뷔지에의 제2차 세계대전 이후 작품과 인도에서 설계한 건물들은 전례를 찾아볼 수 없는 조각적 형태가 강조된 작품이었기 때문에 사람들을 다소 부차적으로 취급하는 것처럼 보이기도 한다.

르코르뷔지에는 펀자브 주의 새로운 행정수도이자 그가 도시계획 수립에 관여했던 찬디가르의 관공서 설계에 몰두했다. 가난하고 불행했던 인도가 새롭게 현대적인 국가로 발전하려는 시점이었기에, 새로 건립되는 관공서는 꿈과 희망을 표현해야 했다. 르코르뷔지에는 건축이 사람들에게 암울한 상황을 벗어나는 탈출구를 제공하려 했다.

르코르뷔지에는 가히 환상적이어서 경외심을 불러일으키는 강력한 형태로 이루어진 기념비적 공간을 만들어낸다. 하지만 이는 도시에 사는 사람들을 위한 것이라기보다 건축가를 위한 것이 아닌지 유권자보다는 권력자를 위한 것이 아닌지 의심할 수 있다. 그러나 반드시 그렇지만은 않다. 처음에는 그렇게 보일 수도 있지만 놀랍게도 르코르뷔지에는 그 함정에 빠지지 않았다.

이런 신세계와도 같은 공간을 한 번도 보지 못했던 건축가들은 이를 진기하고 특이한 공간으로만 여겼지만, 인공 암석과 비슷한 거칠고 커다란 콘크리트 블록이 주변 풍경에 완전히 녹아드는 광경은 놀라운 경험이었다. 이것은 어떤 의미에서 지역 주민에게 친근한 형태기도 하다. 획일화된 현대건축의 가볍고 매끈한 느낌과는 정반대로 다듬어지지 않은 거친 느낌을 풍기는 콘크리트 구조물은 지역 주민들이 자기 손으로 짓는 전통가옥과 동떨어져 보이지 않았다. 르코르뷔지에가 설계한 건물들이 주변 환경을 압도하는 이유는 엄청난 크기와 높이 때문이지, 건물에서 풍기는 권위주의적인 분위기 탓이 아니다. 그의 건물들에는 고전주의 양식을 연상시키거나 권력과 관련된 연상을 불러일으키는 어떤 형태도 없다.

이 건물들에는 당나귀를 타고 있는 사람도 리무진을 타고 있는 사람과 마찬가지로 쉽게 접근할 수 있다. 비싼 옷을 입은 사람이든 초라한 행색을 한 사람이든 누구나 똑같은 실내공간과 실외공간을 경험한다. 사용자가 누구며 어떤 지위에 있는 사람인지에 따라 차이가 생기지 않는 공간이다.

282

국회 의사당 281-282

회의장을 둘러싼 홀이 이례적으로 넓다. 대성당에 비견될 까마득히 높은 기둥으로 가득 채운 이 공간은 마치 수천 년의 역사를 지닌 장소처럼 느껴진다.

이 홀은 시장이 설 수도 있고, 예배가 개최될 수도 있고, 축제가 열릴 수도 있을 법한 공간이다. 오랜 세월 동안 다양한 행사의 무대가 되었으리라는 상상이 얼마든지 가능하다.

이처럼 르코르뷔지에의 후기 작품은 쉽게 변용이 가능한 편으로, 건물의 정체성을 유지하면서도 사용자가 원한다면 어떤 용도든 다 수용할 수 있는 방향으로 변모했다. 물론 르코르뷔지에게 그런 의도가 있었던 것은 아니다. 하지만 변화를 수용하는 능력은 건물의 장점이다. 언젠가 건물이 낡아서 볼품없어져도 일종의 활용 가능한 풍경으로서 특유의 아름다움을 유지할 것이기 때문이다.

수르케즈 저수지 283

인도 아메다바드 주변에 있는 이와 같은 대규모 저수지는 일반적으로 부유층의 휴양 시설로 간주되지만, 가뭄이 들었을 때는 저수지로도 사용한다. 인도 곳곳에서 흔히 볼 수 있는 풍경처럼 매일 사람들이 모여들어 빨래를 한다. 저수지 가장자리는 폭이 넓은 계단으로 만들어져서 수위에 상관없이 쉽게 접근할 수 있고, 분절되어 있어서 모든 사람이 임시로 자기 '영역'을 확보할 수 있다.

호화로운 공간이 관대한 몸짓을 취함으로써 많은 사람의 일상생활을 풍요롭게 하는 건축이 존재한다면 그것은 인도에 있는 이 계단일 것이다. 이 계단은 건축가가 열광하는 공식적인 건축 양식과 건축가가 하찮게 여기는 비공식적인 일상생활의 요구 조건을 충족시키는 것 사이에 간극이란 존재하지 않음을 보여준다. 이 간격을 메우기가 불가능하다는 것은 건축가들의 자질과 능력이 부족하다는 뜻이다.

호화롭거나 웅장한 모습을 표현한다고 해서 반드시 일상생활을 배제한다는 법은 없으며 반대로 일상생활에 호화롭고 웅장한 성격을 가미할 수도 있다. 평범한 것을 비범한 것으로. 건축가 대부분은 자신들이 비범한 일을 해야 한다는 잘못된 관념에 사로잡혀있다. 그래서 평범한 것을 비범하게 만드는 대신 특별한 것을 평범한 수준으로 끌어내린다.

설계할 때는 언제나 다양한 조건을 충족시킴으로써 한정된 사람에게만 봉사하는 환경이 아니라 모든 사람에게 봉사하는 환경을 만드는 것을 목표로 해야 한다. 건축은 모든 사람에게 똑같이 관대하고 우호적이어야만 한다. 어떤 건축이 우호적이려면 설계안이 체제 내에 있는 사람과 마찬가지로 외부인에게도 똑같이 먼저 다가가야 하고, 문화적으로 다른 환경 속에서도 그 건축이 존재하는 모습을 상상할 수 있어야 한다.

가치를 차별할 여유가 없다는 점에서 건축가는 의사와 비슷한 직업이다. 건축가는 모든 가치에 똑같이 주의를 기울여야 하며, 모든 사람을 더 행복하게 만드는 건축을 해야 한다.

1 개인과 집단의 충돌

2 공간의 건축적 모티프, 접근성
　발리의 가로공간과 주거공간
　공공건물
　뫼르비쉬 마을(오스트리아)
　파리 국립도서관(파리, 앙리 라브루스트)
　센트랄 베헤이르 빌딩(아펠도른)

3 접근성에 따른 영역의 구분

4 참여를 통한 공간의 성격 변화
　센트랄 베헤이르 빌딩(아펠도른)
　MIT 건축학부(미국 캠브리지)
　몬테소리 학교(네덜란드 델프트)
　브레던뷔르흐 음악당(네덜란드 위트레흐트)

5 사용자에서 거주자로
　몬테소리 학교(델프트)
　아폴로 학교(네덜란드 암스테르담)

6 환영과 만남의 공간
　몬테소리 학교(델프트)
　오버로프 요양원(네덜란드 알메르)
　드리 호번 요양원(암스테르담)
　도큐멘타 우르바나 주택(독일 카셀)
　시테 나폴레옹(프랑스 파리, M.H. 뵈뉘)

7 함께하는, 공동의 장소
　드리 호번 요양원(암스테르담)
　디아곤 공동주택(델프트)
　리마LiMa 주택(독일 베를린)

8 모든 사람에게 '속하는' 장소
　브루선란 주택(로테르담, J. H. 반 덴 브룩)
　드리 호번 요양원(암스테르담)

9 거리의 재발견
　할렘머르 하우튀넌 주택(암스테르담)
　스팡언 주택(로테르담, M. 브링크만)
　베이스퍼르스트라트 학생 기숙사(암스테르담)
　대지계획의 원칙
　로얄 크레센츠(영국 바스, J.우드, J.내쉬)
　뢰머슈타트(독일 프랑크푸르트, E. 마이)
　헷 헤인 주택단지(네덜란드 아메르스포르트)
　아파트의 접근성
　파밀리스테르(프랑스 기즈)
　드리 호번 요양원(암스테르담)
　몬테소리 학교(델프트)
　카스바 주택(네덜란드 헹겔로, P. 블롬)

10 대중의 영역, 거리
　팔레 로얄(파리)
　방스 광장(프랑스 방스)
　록펠러 광장(미국 뉴욕)
　델 캄포 광장(이탈리아 시에나)
　친촌 광장(스페인 친촌)
　디온 샘(프랑스 토네르)

11 소비와 공공건물
　비시(프랑스)
　레알 지구(파리, V. 발타르)
　커뮤니티 센터(F. 반 클링헤런)
　에펠탑(파리, G. 에펠)
　박람회 전시관
　파리의 백화점
　철도역
　지하철역

12 사적영역과 대중의 접근
　파사주 뒤 케르(파리)
　쇼핑 아케이드
　교육보건부 청사(브라질 리우데자네이루, 르코르뷔지에)
　센트랄 베헤이르 빌딩(아펠도른)
　브레던뷔르흐 음악당(위트레흐트)
　시네악 시네마(암스테르담, J. 도이커)
　솔바이 호텔(벨기에 브뤼셀, V. 오르타)
　파사주 폼므레(프랑스 낭트)
　〈편지〉(피터 드 호흐)

B 함께하는 영역

적절한 건축적 수단을 선택하면, 사적영역의 폐쇄적인 성격을 줄이고 접근성을 높일 수 있다. 공적영역을 설계할 때도 사적인 책임이나 직접 관련된 사람들에게 조금만 더 애정을 쏟면 공간의 질이 향상될 뿐 아니라 효과적인 공간 활용을 촉진할 수 있다.

1 개인과 집단의 충돌

'공적'과 '사적'이라는 개념을 공간에 적용하면 '집단'과 '개인'이라는 말로 바꿀 수 있다.
더 정확한 의미를 살펴보면 다음과 같다.
공적영역: 모든 사람이 언제 어느 때나 접근할 수 있고 공동으로 관리 책임을 지는 영역.
사적영역: 단 한 사람 또는 소수만 접근할 수 있으며 관리 책임도 그들에게 있는 영역.

'집단'과 '개인'을 극단적으로 대비시키는 경우를 흔히 볼 수 있다. 그것은 '일반적'과 '구체적', '객관적'과 '주관적'이 완전히 상충된다는 생각과 마찬가지로 불확실하고 그릇된 인식이다. 공적과 사적이라는 개념을 양극단으로 몰아가는 현상은 인간 본연의 관계가 붕괴되고 있다는 증거다.

모든 사람은 남에게 인정받고, 어딘가에 소속되기를 원하면서도, 자기만의 공간을 갖고 싶어한다. 사람이 하는 모든 행동은 사실상 사회 속에서 맡은 역할에 의해 유도된 것이며, 개개인의 성격도 다른 사람들이 그를 어떻게 생각하느냐에 따라 사회 속에서 결정된다. 현대인은 지나치게 강화된 개인성과 집단성 사이에서 양극화를 경험한다. 양극단만이 지나치게 강조되고 있지만 건축가가 관심을 가지는 관계는 오직 한 사람이나 한 집단에만 집중하는 인간관계도 아니고 다른 사람 또는 '외부 세계'에만 집중하는 것도 아니다. 건축가는 언제나 사람과 집단이 서로 관계를 맺고 책임을 다하는 문제, 즉 집단과 개인이 서로를 대하는 문제에 관심을 가져야 한다.

"개인주의는 인간을 개별 단위로서만 이해하고, 집단주의는 전체 속에서만 인간을 조망하는 한계가 있다. 개인주의는 인간을 자기정체성이라는 틀로 바라보지만, 집단주의는 인간에 아예 눈을 돌리지 않는다. 오직 '사회'만을 이야기할 뿐이다. 그러나 두 가지 모두 동일한 환경의 산물이다.

이러한 문제는 보편적인 고향 상실Heimlosigkeit과 사회적인 고향 상실 그리고 세계와 삶에 대한 불안이 합쳐지는 지점에서 두드러지게 나타난다. 세계와 삶에 대한 불안이 이토록 심각했던 시대는 일찍이 없었다. 현대인들은 고독감으로 인한 불안에서 벗어나기 위해 개인주의를 찬양한다. 그러나 현대사회의 개인주의는 상상에 뿌리를 두고 있다. 주어진 환경에 실제적으로 대처하지 못하기 때문에 개인주의의 운명은 어두울 수밖에 없다.

현대사회의 집단주의는 인간이 자신과의 대면을 피하기 위해 세운 장벽이다. 물론 집단주의의 벽은 언젠가 무너지고 만다. 직접 결정하고 책임지는 존재인 인간의 속성을 도외시하기 때문이다. 개인주의든 집단주의든 우리가 서로에게 다가서는 데 도움은 되지 못한다. 오직 현실 속의 사람들만이 진실한 인간관계를 만들 수 있다.

관계를 해방시키기 위해서는 개개인의 저항 외에는 대안이 없다. 실제 인류 역사의 모든 과정이 그러했듯 지금도 거대한 불만이 느린 속도로 어렴풋이 그 모습을 드러내고 있다.

이제 사람들은 과거처럼 특정한 주류 경향에 반발하거나 찬성하면서 봉기를 일으키지 않는다. 그래서 공동체를 이루기 위한 위대한 노력에 대한 잘못된 인식을 바로잡고자 한다.

왜곡에 저항하고 진정한 일체성을 위해 싸울 것이다. 그 첫걸음은 '개인주의 혹은 집단주의'의 양자택일에서 벗어나는 일이다."

― 마르틴 부버Martin Buber의 《인간의 문제》중에서

'공적'과 '사적'이라는 두 가지 개념은 단계적으로 변화하는 일련의 공간적 특질을 나타내는 용어다. 여기서 공간적 특질이란 접근성, 책임, 특정 공간의 사적 소유와 관리 등을 뜻한다.

2 공간의 건축적 모티프, 접근성

모든 공간은 지극히 사적이거나 공적이다. 어떤 성격이 우위에 있는가는 접근성 정도와 관리 형태가 어떠한가, 이용자와 관리자가 누구며 그들이 어떤 책임을 지는가에 따라 정해진다.

예컨대, 일반적인 가정에서 각자의 방은 거실과 부엌에 비해 사적인 공간이다. 각자가 열쇠를 가지고 있으며 스스로 방을 정돈해야 한다. 거실과 부엌을 관리하고 유지하는 책임은 기본적으로 식구 모두에게 있으며, 현관 열쇠는 가족 구성원 모두가 하나씩 가진다. 학교에서는 교실이 복도에 비하면 사적인 공간이다. 그리고 복도는 학교에 한정된 공간이기 때문에 바깥 가로街路와 비교하면 사적인 공간이 된다.

발리의 가로공간과 주거공간 284-287

발리에 있는 대부분의 주택은 각각의 방이 별도의 건물로 이루어져있다. 대문으로 들어가면 안뜰이 나오고 작은 방들이 옹기종기 모여있다. 주거공간에 들어온 느낌이 나지 않아도 실제로는 집 안에 들어온 셈이다. 모든 주거공간은 주방, 침실 등으로 나뉘며 간혹 '망자의 공간death house'과 '출생의 공간birth house'이 따로 있는 경우도 있다. 주거공간이 분리되어있으면 사적인 성격이 훨씬 강해져서 낯선 사람은 접근하기 어렵다. 발리의 주택은 이런 방법으로 접근성의 단계적인 차이를 분명하게 드러낸다.

284
285
286 287

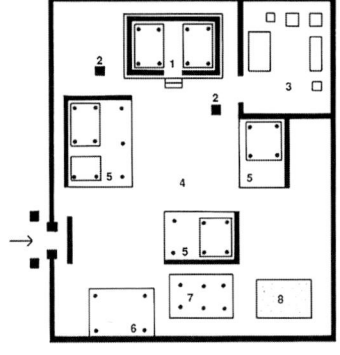

1 부부용 침실　　5 침실
2 제단　　　　　6 주방
3 사당　　　　　7 곡식 창고
4 공용 생활공간 / 손님맞이 공간　8 탈곡장

중앙역사
(네덜란드 하를럼).

발리에서는 가로공간이 그 자체로 확장되어 어느 가족의 영역에 속하는 경우가 많다. 하나의 거리에 여러 채의 집이 위치하고, 이 집들이 모여 확대가족을 이루는 것이다. 거리에 들어가는 입구에는 대개 낮은 대나무 담장이 있어서 어린아이와 동물은 넘다들지 못한다. 원칙적으로는 누구나 접근이 가능하지만 실제로 들어가면 외부인은 무단침입자나 이방인이 된 듯한 기분이 든다.

발리 사람들은 이처럼 미묘한 차이를 통해 영역을 표시하지만, 공공장소에서는 보다 확실하게 구분한다. 사원이 있는 곳은 담의 일부를 터놓거나 '갈라진 돌문tjandi bentar'을 세우는 방식으로 입구를 표시하고 구역을 나눈다. 사원 영지는 통행로인 동시에 아이들의 놀이 공간이다. 떠들썩한 종교 행사가 열리지 않을 때는 관광객도 이곳을 거리처럼 이용할 수 있지만 약간은 주저하게 된다. 처음 온 사람은 여기 들어갈 수 있다는 사실만으로도 영광이라고 느낀다.

우리는 세계 각지에서 다양한 영역 표시를 접할 수 있다. 영역 표시가 달라지면 접근성에 관한 느낌도 달라진다. 접근성이 법적으로 정해질 때도 있지만, 대개는 관습에 따라 결정된다.

공공건물

중앙우체국이나 철도역과 같은 이른바 공공건물의 홀은 (적어도 열려있는 시간에는) 보행자의 영역으로 간주된다. 다음은 일반적인 공공장소에서 찾아볼 수 있는 다양한 접근성의 예다. 각자 경험한 예를 목록에 추가해도 무방하다.

- 옥스퍼드, 캠브리지와 같은 영국 대학의 쿼드(대학 교정의 중심이 되는 사각형의 안뜰—옮긴이). 누구나 현관을 통해 들어갈 수 있는 공간인 쿼드는 교정을 전체적으로 가로지르는 보조 보행로 역할을 한다.
- 우체국 홀, 철도역사 같은 공공건물.
- 파리 주택단지의 안뜰. 보통 관리인에게 가장 큰 권한이 주어진다.

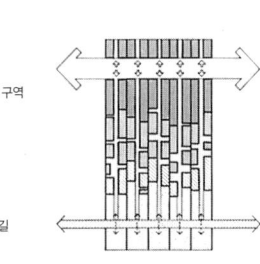

큰길
거주 구역

축사

곳간
텃밭
작은길
농장

뫼르비쉬 마을²⁸⁹⁻²⁹¹

헝가리 국경 근처에 위치한 오스트리아 뫼르비쉬 마을(1959년 네덜란드 건축전문지 〈포럼Forum〉 9호에 소개된 바 있음)의 거리를 살펴보자. 이 거리에는 일반적인 농장 출입문과 같은 큰문이 있다. 이 문을 열고 들어가면 주택, 축사, 곳간, 텃밭으로 이어지는 골목길이 나타난다.

289 290 291

292

293 294

지금까지 살펴본 예를 통해 '공적' 혹은 '사적'이라는 이분법적인 용어가 얼마나 부적절한가를 알 수 있다. 공적과 사적의 중간을 가리키는 말로 가끔 사용되는 '준準' 공적 또는 '준' 사적 영역이라는 용어 역시 지역과 장소를 설계할 때 고려해야 하는 미묘한 차이를 나타내기에 부족한 표현이다.

■ 특정 개인이나 집단이 일부 공공장소를 사용함으로써 자신에게는 직접적인 이익이 되지만 다른 구성원의 이익을 일부 제한할 경우, 그 장소의 공공성은 사용자의 행위에 의해 새롭게 정의된다. 이러한 사례 역시 세계 각지에서 쉽게 찾아볼 수 있다.

19세기 네덜란드의 거리 풍경.

다시 한 번 발리의 예를 살펴보자. 발리에 가면 도로마다 볏단을 늘어놓고 말리는 모습을 쉽게 볼 수 있다. 머캐덤 공법(18세기 말 J. I. Macadam이 고안한 포장공법으로 부순 돌을 깔고 다져서 공극을 치밀하게 만든다)으로 포장된 고속도로의 가장자리도 예외는 아니다. 지나가는 차와 보행자는 볏단을 건드리지 않고 고이 남겨둔다. 누구나 공동체의 일원으로서 벼 수확에 기여해야 한다는 자각 때문이다.

공적영역이 사적영역과 섞이는 또 하나의 예는 남부 유럽 도시의 좁은 거리에 빨래를 널어놓은 풍경에서 찾을 수

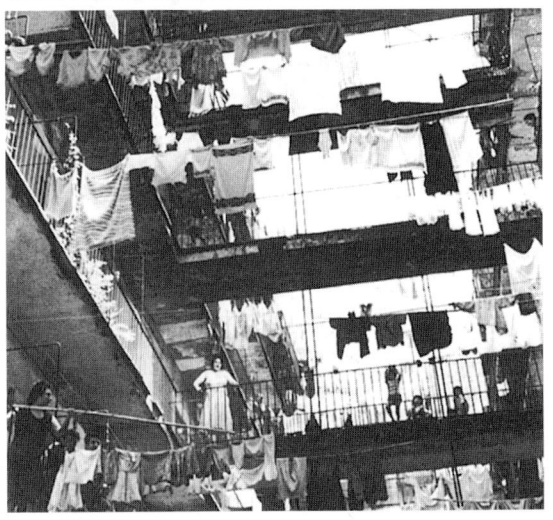

있다. 마치 집집마다 빨래를 깨끗이 한다는 사실을 공표라도 하듯, 이웃한 집을 연결한 밧줄에는 하나같이 빨래가 널려있다.

어촌이나 부두에 수리 중인 그물을 늘어놓거나 배를 정박하는 모습도 비슷한 사례다. 아프리카 말리의 도곤 족은 커다란 양털을 마을 광장에 가로질러 걸어놓는다.

외부인에게 주민들이 공공장소를 개인적인 장소처럼 활용하는 모습은 그곳이 자신들의 영역임을 적극적으로 주장하는 것으로 비친다. 공공장소를 사적인 용도로 이용하는 '영역 표시' 때문에 공간의 밀도가 높아지는 현상에 관해서는 나중에 자세히 논의하기로 하고, 영역 표시가 건축가에게 어떤 영향을 미치는지 살펴보자.

파리 국립도서관[295]

중앙열람실에는 1인용 책상들이 마주하고 있다. 책상 위에 높은 선반의 '중간지대'가 있어 영역을 구분하고, 선반 한가운데에 있는 전등이 인접한 네 개의 책상을 비춘다. 중간지대는 1인용 책상보다 쉽게 접근할 수 있고 양쪽에 앉아있는 사람과 함께 쓰는 공간임을 알 수 있다.

센트랄 베헤이르 빌딩[296-302]

요즘은 보통 '깨끗한 책상'이지만, 예전 사무실에 놓여있던 책상은 선반이 잔뜩 달려있었다. 게다가 책상 여러 개가 등을 맞대고 다닥다닥 붙어있고 그 사이에는 파리 국립도서관 열람실과 비슷한 중간지대가 있었다. 중간지대는 전화나 화분처럼 여러 명이 함께 쓰는 물건을 놓는 공간으로 쓰였고, 선반 아랫부분이 각자의 물건을 보관하는 공간이었다. 센트랄 베헤이르 빌딩의 책상은 규모가 크지 않은 공간에서도 접근성의 위계를 명확히 표시하는 일의 유용함을 보여주는 예다.

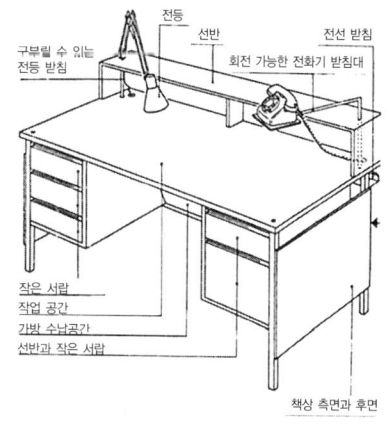

함께하는 영역

공적인 성격이 같고 접근성에서도 차이가 없는 두 공간 사이에 유리문을 배치하면 건너편이 훤히 들여다보이기 때문에 양쪽에서 동시에 문을 열고 들어가려다 충돌하는 사태를 미연에 방지할 수 있다. 반면 건너편을 볼 수 없는 폐쇄적인 문을 설치하면 사적인 성격이 강하고 접근성이 떨어지는 공간이 형성된다. 이와 같은 암묵적 규칙이 건물 전체에 일관성 있게 적용될 경우 모든 사용자가 이성적 또는 직관적으로 규칙을 이해할 수 있으며 조직에 적용된 접근성 역시 명확해진다.

유리창의 모양이나 유리 종류를 통해 접근성을 상세하게 구분할 수도 있다. 반투명 유리를 쓰거나 불투명 유리 아니면 하프도어를 활용하는 등의 방법이다.

다양한 공간과 세부를 설계하는 건축가는 영역 표시의 상대적인 차이와 여기에 수반되는 인접 공간에 대한 '접근성'의 문제를 고려해야 한다.

그래서 형태와 재료, 빛과 색채를 통해 공간의 차이를 표현하고 전체적으로 질서가 잡힌 설계안을 만들어야 한다. 그렇게 되면 거주자나 방문객도 건물 내의 접근성이 서로 다른 공간들이 어떻게 구성되었는지 쉽게 알아차릴 수 있다. 공간의 접근성은 설계 과정에서 유의해야 할 중요한 기준이다.

어떤 공간이나 장소에 어느 정도의 접근성이 요구되느냐에 따라 그 공간의 건축적 모티프, 모티프의 표현, 형태와 재료가 결정되기도 한다.

함께하는 영역

3 접근성에 따른 영역의 구분

303
304 305 306
307

몬테소리 학교.

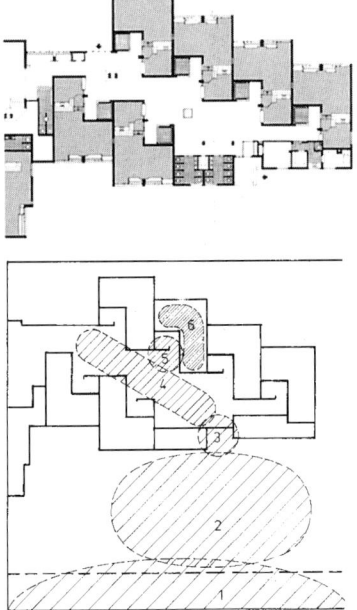

솔바이 호텔
(벨기에 브뤼셀, 1896), 빅터 오르타.

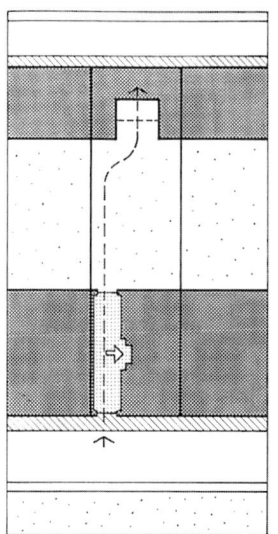

308 309
310 311
312

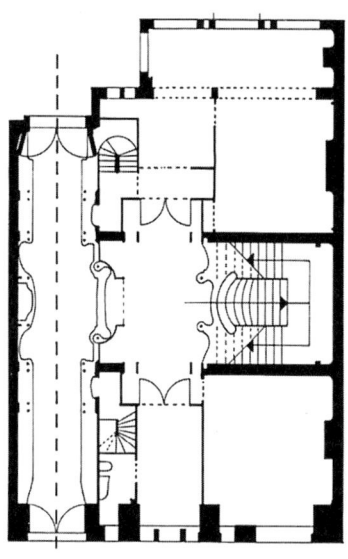

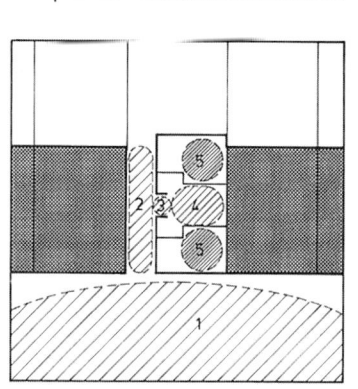

건물 평면도에 각 영역별로 다른 접근성의 정도를 표시하면,
'영역 구분'을 보여주는 일종의 지도가 만들어진다. 영역 구분
지도를 활용하면 그 건물에 어느 정도의 접근성을 가진 공간들이
포함되는지, 어떤 부분에 어떤 영역 표시를 부여해야 하며 장소별로
관리 및 유지 책임을 누구에게 어떻게 지워야 하는지를 알 수 있다.
또 나중에 세부 설계를 할 때 영역 표시를 강조해야 할지 아니면
약하게 해야 할지 파악할 수도 있다.

함께하는 영역   121

4 참여를 통한 공간의 성격 변화

센트랄 베헤이르 빌딩[313, 314]

센트랄 베헤이르 빌딩에서 일하는 사람들은 놀라운 일을 해냈다. 사무실 공간을 각자가 좋아하는 색으로 꾸미고 화분과 물건으로 장식했다. 이는 단순히 건축가가 실내장식이 덜 끝난 상태로 건물을 사용자에게 맡긴 결과 자연스럽게 이루어진 일이라고만 보기 어렵다. 황량한 회색으로 텅 빈 실내공간은 사용자에게 개개인의 취향에 따라 꾸며보라

각 영역의 성격은 가구 배치와 장식을 결정하는 사람이 누구인가, 책임을 지는 사람이 누구인가에 달려있다.

313

고 권유하는 효과는 있지만, 사용자가 반드시 행동에 나선다는 보장은 없지 않은가.

사용자가 실내공간을 직접 꾸미도록 하려면 더 많은 조건이 충족되어야 한다. 우선 공간의 형태 자체가 사용자의 참여를 이끌어낼 수 있어야 한다. 사용자가 기본적인 가구와 부속품을 선택하고, 개인적인 필요와 욕구에 맞춰 공간을 채울 수 있어야 한다는 뜻이다. 그리고 반드시 충족되어야 할 조건은 건물에 입주할 회사가 직원들에게 각자 주도적으로 공간을 꾸밀 자유를 허용하는 조직 구조를 가지고 있어야 한다. 일견 간단하게 보일 수 있으나 실제로는 매우 중대하고 근본적인 문제다. 결국 최고 결정권자가 책임을 위임할 수 있느냐, 즉 조직의 말단 사용자에게 얼마나 많은 책임을 넘겨주느냐의 문제다.

센트럴 베헤이르 빌딩은 가구 배치와 장식을 사용자에

314

게 맡긴다는 최고 결정권자의 결단이 있었고, 사용자들은 업무공간에 예전에는 찾아볼 수 없었던 애정과 정성을 쏟기 시작했다. 책임자의 결단 덕분에 건축가가 제공한 기회가 빛을 발할 수 있었고 결국 놀라운 성공을 거두었다.

본래 센트랄 베헤이르 빌딩은 인간적 환경에 대한 요구를 공간으로 표현한다는 목표를 가지고 세웠지만, 현재는 애초의 모습이 많이 퇴색되었다. 비용 절감이 대두되면서부터다. 그래도 센트랄 베헤이르 빌딩은 비인간적인 경향에 맞서 유쾌한 저항을 보여준다는 평가를 받는다. 아쉬운 점은 사용자에게 더 많은 책임을 넘겨주기 위한 첫걸음이 실제로는 우리가 내딛은 마지막 걸음이 되고 말았다는 사실이다. 적어도 얼마간은 새로운 진전이 없을 듯하다.

1990년에 이르러서는 독창적이고 다채로운 장식을 한 업무공간이 대부분 사라졌다. 1970년대에 전성기를 구가했던 주관적 표현은 이제 깔끔하고 질서정연한 경향에 자리를 내주었다. 개인적인 의사를 표현하려는 노력은 시들해지고 대세에 순응하는 경향이 강해졌다. 아마도 실업의 공포 때문에 조용하게 처신하는 편이 낫다고 생각하는 모양이다. 오늘날 대부분의 사무실에 흐르는 분위기에서 이러한 풍조가 널리 퍼져있음을 눈으로 확인할 수 있다.

MIT 건축학부 건물[315, 316]

MIT 건축학부 학생들이 공간을 개조한 사례는 사용자가 자신의 생활공간이나 업무공간에 얼마나 많은 영향을 미칠 수 있는가를 보여주는 단적인 예다. MIT 학생들은 칠판이 긴 일직선 모양으로 놓여있는 공간에서 모두 같은 방향을 보며 공부하기를 거부했다. 그래서 건축자재를 재활용해서 원하는 공간을 만들었다. 그들은 자기 손으로 만든 공간에서 설계하고, 수업을 받고, 식사와 수면을 해결했다.

신입생이 들어올 때마다 자기 취향대로 공간을 개조하리라 짐작할 것이다. 하지만 실제는 정반대였다. 관할 소방서와 격렬한 논쟁을 벌인 결과, 건물 전체에 스프링클러 시스템이 완비되기 전까지는 건물 구조에 손을 대지 않겠다는 합의가 이루어졌기 때문이다. 한 번 이루어진 합의는 영구적인 타협이 되었다. MIT 학생들이 만든 작업공간이 그대로 남아있다면 건축학도들의 열정을 상징하는 기념물이 되었을 것이다. 하지만 모든 것이 이미 철거되었다 하더라도 놀라지는 마시라. 중앙집중식 관료주의가 다시 득세해 힘을 떨치고 있지 않은가.

적절한 장소, 즉 충분한 참여가 보장되는 장소에서라면 건축가가 사용자의 참여를 독려하는 것이 바람직하다. 사용자의 참여 여부는 접근성, 영역 표시, 공간을 관리하는 부서와 책임 분담 등에 의해 좌우되기 때문에 설계를 맡은 건축가는 이러한 요소들을 확실히 파악하고 있어야 한다. 사용자가 자신이 속한 공간에 일체의 개인적인 영향을 미치는 것이 금지된 조직 구조 속에 있다거나, 장소의 공적 성격이 지나치게 선명해서 누구도 영향력을 행사하고 싶어하지 않을 때는 건축가가 사용자의 몫을 남기려고 애써봤자 아무 소용이 없다. 다만 사용자들이 새 건물에 입주할 때는 항상 조직 재정비가 필요하게 마련이므로, 공간적 환경에 관련된 역할을 재분배하는 과정에 건축가로서 약간의 영향력 행사는 가능하다. 작은 성과는 또 다른 성과로 이어진다. 가령 공간에 관한 책임을 직원에게 위임한다고 해서 반드시 혼란스러워지는 것은 아니라는 의견을 최고 결정권자에게 제출하는 것만으로도 건축가는 바람직한 변화를 일으키는 데 이바지하는 셈이다. 적어도 사용자의 참여를 높이는 방향으로 노력하는 것이 건축가의 의무다.

몬테소리 학교[317]

위쪽 문틀의 폭을 실제 문보다 넓게 만들어 물건을 올려놓을 수 있는 선반을 설치했다. 사진에 보이는 문은 교실과 홀

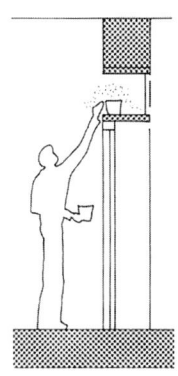

사이에 위치한 문으로 교실 안에서 손쉽게 접근할 수 있는 곳에 설치했다면 활용도가 더 높았을 문 위에 있는 선반은 움푹 들어간 유리창 탓에 시각적인 즐거움은 주지만 실제로 많이 사용될 것 같지는 않다.

센트랄 베헤이르 빌딩[318-321]

센트랄 베헤이르 빌딩에서는 직원들이 직접 업무공간을 관리한다. 그러나 건물 중앙공간을 책임지는 직원은 따로 없다. 중앙공간에 놓인 화초는 환경미화원이 돌보고, 중앙공간 벽에는 미술품 공급업체가 선정한 그림이 걸려있다. 직원들은 자기가 맡은 공간을 정성껏 가꾸는 대단히 책임감 있는 사람들이지만, 공동으로 쓰는 공간을 대하는 태도는

브레던뷔르흐 음악당[322]

위트레흐트에 있는 음악당의 음료 판매대에는 센트랄 베헤이르 빌딩에서 채택한 아이디어가 적용되지 않았다. 음악당은 새로운 공연이 시작될 때마다 상황이 계속 변한다. 판매대가 달라지고 손님을 맞이하는 직원도 바뀐다. 직원들이 특정 작업공간에 특별히 애착을 두는 일이 없으므로 건축가가 음료 판매대를 설계하고 마무리까지 완전히 끝내는 편이 바람직하다.

센트랄 베헤이르 빌딩의 카페와 음악당의 간이 음료 판매대는 모두 뒷벽에 거울이 있다. 그러나 전자의 경우는 담당 직원이 직접 거울이 달린 벽을 설치했고, 후자의 경우 건물 전체에 적용한 원칙에 따라 건축가가 설계했다. 뒷벽에 거울을 설치하면 손님들이 자기 앞, 뒤, 옆에 있는 사람을 볼 수 있다. 때때로 이 거울은 마네Edouard Manet(1832~1883)의 극장 그림(**323**)을 떠올리게 한다. 마네는 평면의 화폭에 공간감을 주기 위해 거울을 활용했다. 사람들이 거울에 비친 모습을 그려넣음으로써 공간을 표현했다.

그래도 음악당은 유능하고 헌신적인 직원이 판매대를 책임지고 관리하는 편이다. 기차의 식당차에는 특정 구역을 책임지는 직원이 없다. 승무원은 수시로 기차를 갈아탄다. 자기가 일하는 차량에서 승무원에게 주어진 유일한 책

상당히 다르다.

예전에는 건물 중앙에 있는 직원용 카페에서 매일 직원 한 명이 음료를 판매했다. 복지 담당 부서에서 직원을 배치했고, 그 직원은 자기가 카페를 책임진다고 여겼다. 당연히 카페를 자신의 영역으로 간주하고 개인적인 색채를 가미했다. 그러나 안타깝게도 얼마 후 대대적인 개편이 이루어졌고, 말쑥한 의자와 커피 자판기가 설치되었다.

임은 다음 운행을 위해 차량을 깨끗하게 정리해 놓고 내리는 일이다. 만약 언제나 똑같은 승무원이 똑같은 차에서 일한다면 어떻게 달라질지 상상해보라. 그래서인지 지금은 네덜란드 기차에서 식당차를 찾아볼 수 없다.

이제 비행기에서 새로운 방식으로 승객에게 식사를 대접한다. 하지만 비행기에서 제공하는 식사는 서비스라기보다 여행객에게 의무를 부과한다는 느낌을 준다. 승객이 원하는 시간이 아닌, 항공사 측에 편한 시간에 식사가 나오고 가격도 지나치게 비싸다(비싼 비행깃삯에 식사대가 포함되어있다).

323
324
325

함께하는 영역 127

5 사용자에서 거주자로

'공적'과 '사적'이라는 개념을 책임 분담의 문제로 바꿔서 생각하면, 건축가 입장에서는 사용자가 나름대로 환경을 설계할 여지를 남겨두어야 할 공간과 그렇지 않은 공간을 구분하기 쉬워진다.

1층 평면도와 단면도를 토대로 기능적인 면을 고려하면서 설계를 진행하는 과정에서 건축가는 사용자가 책임감을 더 많이 느낄 만한 조건을 만들어, 결과적으로 공간을 만들고 장식하는 일에 사용자의 참여를 이끌어내야 한다. 그렇게 할 때 사용자는 진정한 의미의 거주자가 된다.

몬테소리 학교 326-329

몬테소리 학교의 교실은 자율적인 단위로서 하나하나가 작은 집과 같은 위상을 지닌다. 모든 교실이 학교 홀을 따라 일렬로 배열되어있어서 홀은 공동의 통로가 된다. 각각의 '집'에서 '어머니' 격인 교사는 학생들과 함께 의논해서 교실을 어떤 분위기로 어떻게 꾸밀지 결정한다.

326

전교생이 한곳에 있는 사물함을 쓰는 일반적인 경우와 달리 몬테소리 학교는 교실마다 사물함이 있다. 교실 벽에 나란히 못을 박아놓았기 때문에 벽은 다른 용도로 사용하기 힘들다. 만약 교실마다 화장실도 따로 있었다면 아이들의 책임감은 한층 높아졌을 것이다. 마치 새들이 둥지를 깨끗이 하듯 각 반 아이들이 자기 '집'을 깨끗이 가꾸면서 매일 접하는 환경에 감정적인 유대감을 표현하는 모습을 쉽게 상상할 수 있다.

몬테소리 학교에서는 모든 학생이 '집안일'이라고 불리는 프로그램에 날마다 의무적으로 참여하게 한다. 자기 주변을 가꾸는 일을 강조함으로써 아이들로 하여금 주변 환경에 대한 애착을 갖도록 한다. 그래서 몬테소리 학교 학생은 누구나 교실에 자기 화분을 가져와서 돌볼 수 있다.

몬테소리의 교육 이념에서는 환경에 대한 인식과 주변 환경을 가꾸는 일을 매우 중요하게 생각한다. 전형적인 예로, 학생들이 바닥에서 공부나 일을 할 때 특별한 러그를 깔도록 하는 전통이 있는데, 러그를 깔아놓은 동안에는 모든 사람이 그 공간을 방해해서는 안 된다. 아이들의 일상적인 환경에 더 인간적으로 접근하기 위해서 교실 단위로 난방이 이루어지도록 하는 것이 좋다. 아이들은 직접 난방을 조절하면서 실내를 따뜻하게 유지하는 데 들어가는 정성을 깨닫고, 에너지를 아껴 쓰는 일에 관심을 가질 것이다.

모든 개인과 집단은 '포근한 둥지safe nest', 즉 자기 물건이 안전하다고 느끼며 다른 사람에게 방해받지 않고 집중할 수 있는 장소가 필요하다. 그런 장소가 있어야 다른 사람과의 협업도 가능하다. 자기 공간이라고 부를 수 있는 장소가 없다면, 지금 서있는 자리가 어디인지도 모르지 않겠는가. 나중에 돌아갈 보금자리가 없다면 모험은 있을 수 없다. 자기가 의지할 수 있는 포근한 둥지와 같은 장소는 누구에게나 필요하다.

특정한 집단을 이룬 사람들의 영역은 '외부인'의 침해를 받으면 안 된다. 공간을 이른바 '다목적'으로 활용할 때

327

328
329

수반되는 위험이 이것이다. 학교 교실을 예로 들어보자. 만약 방과 후에 다른 용도로 교실을 쓴다면? 가령 지역 주민이 참여하는 활동을 위해 모든 가구를 잠시 한쪽으로 밀어두고, 때로는 가구가 정확히 제자리로 돌아오지 않을 때도 있다고 생각해보자. 그렇게 되면 건조시키기 위해 교실에 놓아둔 어떤 학생의 찰흙 작품이 망가지거나 어떤 학생의 연필깎이가 사라지는 식의 문제가 발생할 가능성이 높다.

아이들은 혹시 망가지지나 않을까 하는 염려 없이 미술시간에 만든 작품을 전시할 수 있어야 한다. 아이들이 미완성인 작품을 교실에 두고 갈 때도 작품이 분실되거나 '모르는 사람이 치워버릴' 걱정이 없어야 한다. 누군가 다른 사람이 자기 공간을 말끔히 청소해놓으면 어딘가 낯선 느낌을 받게 마련이다.

교실은 학급의 고유한 영역이다. 아이들이 수업시간에 만든 작품이나 공부한 내용을 정리해서 전시할 기회를 제공하는 교실은 학교의 나머지 구성원에게 그 학급의 개성을 보여주는 공간이 될 수 있다. 간단하게 전시를 하려면 교실과 복도 사이에 놓인 파티션을 전시 공간으로 활용하고 파티션 안으로 턱이 깊게 파인 유리창을 만들면 된다.

공식적으로 전시를 하고 싶은 학급은 (사진에 나온 것처럼 조명까지 갖춘) 작은 전시공간을 마련하면 된다. 말하자면 교실 바깥쪽 벽을 일종의 '쇼윈도'로 만들어 그 학급이 무엇을 '만들었는가'를 보여주는 방법이다. 이런 식으로 모든 학급이 다른 학급과 어울리는 그림을 전시하면 교실과 복도 사이의 공간 구획이 자연스럽게 이루어진다.

아폴로 학교 330-332

암스테르담의 몬테소리 학교에서처럼 교실 사이 공간을 활용해 포치porch(건물의 현관 바깥쪽에 튀어나와 지붕으로 덮인 부분) 같은 분위기를 냈다. 교실 안은 아니지만 교실을 완전히 벗어나지도 않은 공간으로 학생들이 혼자 공부하기에 적합하다. 조명이 설치된 책상 겸 작업대가 있고 낮은 벽으로 둘러싸인 벤치도 놓여 있다. 교실과 복도를 최대한 매끄럽게 연결하기 위한 하프도어도 이 공간에 설치되었다. 이중적인 성격을 지닌 문인 하프도어는 복도를 향해 열려있으면서도 차단하는 역할을 한다. 앞서 살펴본 델프트 학교와 마찬가지로 아폴로 학교에도 학급별로 제작한 작품을 전시할 수 있는 유리 진열장이 있다.

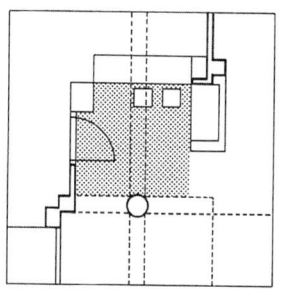

6 환영과 만남의 공간

매개공간이라는 개념이 중요한 이유는 사람들이 드나드는 현관에서 가장 선명하게 드러난다. 여기서는 가로공간과 사적영역이 만나 조화를 이루는 모습을 중점적으로 살펴보기로 한다.

넓은 범위에서 '매개공간' 이라는 용어의 의미는 1959년 발행된 〈포럼〉 7호(La plus grande réalité du seuil)와 〈포럼〉 8호(Das Gestalt gewordene Zwischen: the concretization of the in-between)에 소개된 바 있다.

입구는 영역 표시가 서로 다른 공간 사이를 연결하고 이동하는 데 핵심적인 역할을 한다. 또한 입구는 본질적으로 고유한 권한을 가지며, 다양한 질서를 가진 영역의 만남과 대화가 이루어지는 전제 조건이 된다.

집 앞 계단에 앉아있는 아이를 생각해보자. 아이는 스스로 독립적인 존재라는 느낌과 미지의 세계를 탐험하는 흥분을 맛보기 위해 어머니와 일정한 거리를 유지한다. 아이는 거리의 일부이면서 집의 일부이기도 한 계단에 앉아 있으므로 어머니가 근처에 있다는 사실을 알고 자신의 안전을 확신한다. 아이는 집에 있는 동시에 바깥 세상에 나와 있는 느낌을 받는다. 이러한 이중성은 입구가 단platform으로 이루어져 명확한 경계선이 되기보다는 두 세계가 겹치는 공간이 되기 때문이다.

333

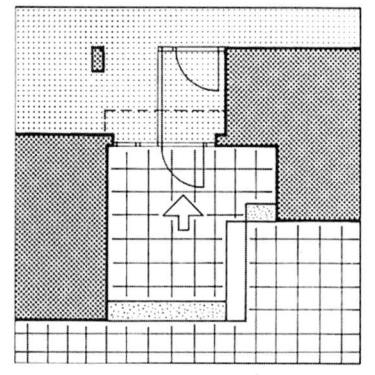
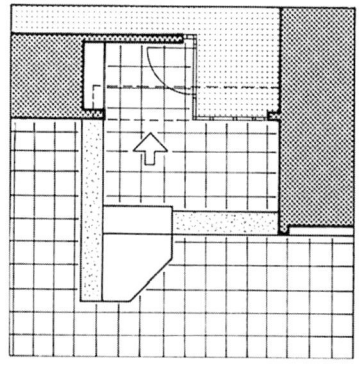

334 336
335 337
     338

몬테소리 학교 334-338

초등학교의 입구는 수업이 시작될 때 단지 아이들을 수용했다가 수업이 끝나면 다시 배출하는 출입문에 그쳐서는 안 된다. 초등학교 정문은 학교에 일찍 온 아이들을 따뜻하게 맞아들이고 방과 후에 남아있는 학생들을 포용해야 한다. 아이들에게도 다양한 만남과 약속이 있다. 초등학교 입구에는 아이들이 걸터앉을 공간이 있어야 하며, 벽으로 차단되면 좋고, 비를 피할 수 있으면 더 좋다.

유치원의 입구는 부모들이 자주 오는 곳이다. 부모는 유치원 입구에서 아이에게 작별인사를 하고 아이의 수업이 끝나기를 기다린다. 아이를 기다리던 부모들이 서로 인사를 나누거나 아이들을 맡아주기로 약속할 가능성도 있다. 다시 말해 이곳은 공통의 관심사를 가진 사람들이 만나는 중요한 사교의 장이자 공적인 장소다.

을 확인할 수 있다. 차양이 있기 때문에 비가 내릴 때도 문을 열어둘 수 있다. 이 입구공간에는 사람을 환영하는 분위기가 있어서 이곳에만 와도 벌써 집안에 들어온 듯한 느낌이 든다.

현관문 옆에 놓인 벤치는 옛 그림에 많이 나오는 전형적인 네덜란드식 가구다. 하지만 20세기에 활약했던 건축가 리트펠트Gerrit Thomas Rietveld(1888~1964) 역시 유명한 슈뢰더 하우스(**340**)에서 비슷한 공간을 만들고 하프도어로 마무리한 바 있다.

오버로프 요양원 339, 341

차양이 덮인 현관문 주변 공간은 '입구'의 시작 지점이다. 거주자가 손님과 인사를 나누는 공간이며, 집에 들어가기 전에 신발에 묻은 눈을 털거나 우산을 접는 공간이다.

네덜란드 알메어에 위치한 오버로프 요양원에는 각 단위 세대의 입구가 차양으로 덮여있고 현관문 옆에 벤치가 놓여있다. 현관문은 둘씩 짝지어져 하나의 포치를 형성한다. 하지만 포치 한가운데 건물 정면과 직각을 이루는 벽을 세워 입구를 세대별로 분리했다. 또 포치에 앉아서도 집안을 살피거나 전화벨 소리를 들을 수 있도록 현관문을 하프도어로 만들었다. 야외에 깔개를 놓아둔 사진을 보면 주민들이 입구 공간을 집의 연장으로 간주한다는 사실

339
340
341

드리 호번 요양원342

안에 있는 사람과 바깥에 있는 사람의 접촉이 필요하다면, 위쪽 반을 열고 나머지 반은 닫아놓을 수 있는 하프도어를 설치하는 것도 좋은 방법이다. 예컨대 거동이 불편한 거주자는 대부분의 시간을 자기 방에서 외롭게 지내거나 막연히 누군가를 기다린다. 외출이 가능한 거주자 역시 이웃과의 접촉을 원한다. 하프도어는 환영한다는 의사를 뚜렷이 전달하는 건축 언어다. 반만 열린 문은 열려있는 동시에 닫혀있다. 다시 말하면, 안에 있는 사람의 의도를 지나치게 노출하지 않으면서도 지나가는 사람과 가벼운 대화를 나누기 좋을 정도로 열려있다는 말이다. 가벼운 대화를 나누다 보면 더 친밀한 교제도 가능해질 것이다.

입구를 매개공간으로 '구체화 concretization' 하는 일에는 무엇보다 손님을 따뜻하게 맞이하고 떠나보내는 환경을 조성한다는 의미가 있다. 손님을 환영한다는 뜻을 건축 언어로 표현하는 셈이다. 사생활 보호를 위해 벽이 필요하듯 사람들 사이의 교제를 위해서 입구가 꼭 필요하다.

사생활을 위한 조건과 사람들과의 접촉을 유지하기 위한 조건은 똑같이 중요하다. 현관, 포치 등의 형태로 이루어진 매개공간은 인접한 두 세계가 어우러질 수 있는 기회를 제공한다. 매개공간이 잘 갖추어지면 건물의 공간 분할은 확실해지는 대신 공간을 많이 차지하고 비용이 증가한다. 사실 매개공간의 효용은 말로 설명하기 어렵고 가치를 수치로 나타내기도 거의 불가능하다. 따라서 실제로 훌륭한 입구를 만들기는 대단히 어려운 일이며 계획 단계에서부터 끊임없이 설득해야 가능하다.

도큐멘타 우르바나 주택343-352

구불구불한 모양 때문에 '뱀'이라는 별명으로 불리는 도큐멘타 우르바나 주택은 여러 명의 건축가가 한 구역씩 맡아서 설계했다. 계단이 어두운 일반적인 공동주택과 달리 도큐멘타 우르바나에서는 햇빛이 잘 드는 밝은 곳에 계단을 배치했다.

공동주택을 설계할 때는 이웃집에서 들리는 소음을 차단하고 불편을 없애는 건축적 장치뿐만 아니라 공간 배치에 각별한 주의를 기울여야 한다. 공간 배치를 잘하면 공동주택의 거주자들 간의 만남을 늘릴 수 있다. 도큐멘타 우르바나 주택은 일반적인 경우보다 눈에 잘 띄는 곳에 계단을 배치했다. 먼지가 쌓인 계단 청소 문제로 이웃끼리 얼굴을 붉히는 일이 없도록 하기 위해서였다. 계단은 다른 용도로 쓰일 수도 있다. 우리는 도큐멘타 우르바나 주택의 계단을 인접한 세대에 사는 아이들의 놀이공간으로 꾸몄는데, 마치 유리지붕이 덮인 거리처럼 최대한 빛이 잘 들어오고 탁 트인 느낌이 나도록 설계했다. 그리고 부엌에서 감독할 수

함께하는 영역 135

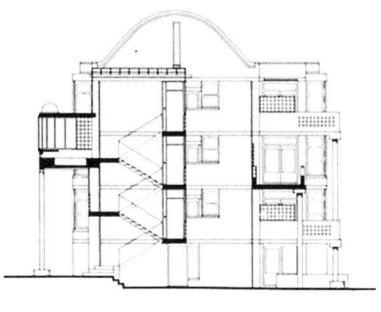

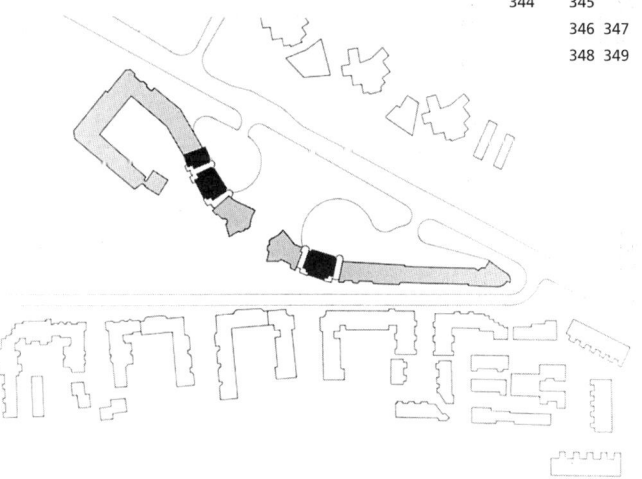

344 345
346 347
348 349

함께하는 영역

있는 공간으로 만들었다. 두 세대의 현관문을 나란히 배치한 열린 입구는 종래의 닫힌 입구에 비해 주민들을 공적영역에 더 많이 노출시킨다.

테라스는 사생활을 보장하는 공간이 되도록 신경 썼지만, 이웃한 세대를 서로 완전히 고립시키지는 않았다. 외관을 설계할 때는 꼭 필요한 차단 장치는 설치하되 이웃 간의 접촉에 도움이 되는 공간은 그대로 둔다는 규칙을 세웠다. 덧붙이자면 넓게 만든 '통로 공간'은 비단 아이들뿐 아니라 어른들로부터도 좋은 반응을 얻었다. 계단은 이웃과 앉아서 이야기를 나누는 장소가 되었다.

각 세대에는 현관문 외에도 유리로 된 출입문이 하나씩 더 있다. 이 문 역시 잠기지만 계단으로 통하므로 하나의 열린 입구가 더 생기는 셈이다. 주민들은 계단실과 현관문 사

이의 공간을 각자 다르게 해석한다. 계단의 일부일 뿐 아니라 주거지의 연장으로 보는 시각도 있다. 어떤 세대는 그 공간을 열린 복도로 여기고 집안과 같은 분위기가 나도록 꾸민다. 안쪽 문을 진짜 현관문으로 삼는 주민들은 일반적인 공동주택에서는 사생활로 취급해 남에게 숨기는 각자의 개성을 드러낸다. 그러는 동안 계단은 임자 없는 공간이라는 느낌에서 벗어나 진정한 공동 공간의 분위기를 획득한다. 카셀 공동주택에서처럼 수직 보행 통로를 공동 공간으로 만드는 방식은 베를린에 위치한 리마 주택에서 더욱 정교하게 표현되었다. 리마 주택의 계단은 주민들이 공동으로 쓰는 옥상 테라스로 연결된다. 카셀 공동주택과 달리 이곳에는 아이들이 놀기 좋은 뜰이 따로 있기 때문에 놀이 공간과 발코니를 굳이 합칠 필요가 없었다.

시테 나폴레옹 353-356

1849년에 지어진 시테 나폴레옹 Cité Napoléon에서 처음으로 복층 주택에서 발생하는 가로와 현관의 문제를 합리적으로 풀기 위한 시도가 처음 이루어졌다. 공중을 가로지르는 통로와 계단이 가득한 실내공간은 마치 건물이 산속에 있는 듯한 느낌이다. 유리 지붕을 통해 들어오는 빛이 맨 위층 바닥으로 떨어져 적당한 밝기의 공간을 만든다. 실제로 위층 주민들은 실내공간과 닿아있는 창문을 열어두고 지낸다. 화분을 내놓은 모습은 사람들이 이 공간에 관심을 기울인다는 증거다. 그럼에도 우리의 기준에 비춰볼 때, 외부의 가로와 단절된 이 실내공간은 좋은 의도에도 불구하고 유용한 '실내의 거리'가 아니다. 번쩍이는 계단이 실제로 쓰이지는 않고 장식으로만 남아있기 때문이다.

353 354
355
356

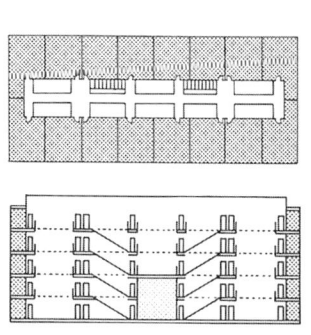

함께하는 영역 139

7 함께하는, 공동의 장소

'매개'라는 개념은 성격이 서로 다른 영역 사이의 날카로운 단절을 완화하는 열쇠다. 그러므로 행정적으로는 '사적영역' 또는 '공적영역' 가운데 어느 하나에 속할지라도 실제로는 양쪽에서 똑같이 접근할 수 있는 중간지대를 만들어야 한다. 양쪽에서 똑같이 접근 가능하다는 말은 둘 중 어느 쪽이 사용해도 아무런 문제가 발생하지 않는 공간이라는 뜻이다.

드리 호번 요양원 352-359

몸이 불편한 주민들을 위한 건물은 그 자체가 도시 역할을 해야 하기 때문에 실내 통로가 '거리'에 해당한다. 대다수 주민이 다른 사람의 도움 없이는 외출이 불가능하다. 드리 호번 요양원의 단위 주거는 '거리'를 따라 배열되어있으며, 한편으로는 주거 구역에 속하고 다른 한편으로는 '거리'에 속하는 포치와 비슷한 공간이 두세대마다 하나씩 있다. 주민들은 그 공간이 자기 거주 구역의 일부인 양 직접 관리하고 자기 물건을 두는가 하면 화초를 기르기도 한다. 말하자면 이곳은 거리에 있는 베란다와 같은 공간이다. 하지만 지나가는 사람들이 자유롭게 접근할 수 있는 영역이며 엄연히 거리의 일부다.

단 몇 제곱미터라 해도 이런 용도로 쓰이는 공간을 확보하기는 굉장히 어렵다. 최소 면적과 최대 면적에 관련된 규제와 규칙이 건축 설계의 모든 측면을 그물코처럼 촘촘하게 얽어매기 때문이다. 더욱이 사회 주택(정부가 운영하는 공공 주택)의 경우, 행정당국이 매개공간을 만드는 것을 기껏해야 주거공간의 면적을 줄이거나 복도를 불필요하게 넓히는 일로 여겨 허락하지 않는다. 심지어 매 제곱미터당 공간의 효용을 수치화해서 계산하기도 한다. 그러나 주민들이 자기 거주 구역이 아닌 공간에 사랑과 정성을 쏟는 이유는 아주 사소한 데 있는 경우가 많다. 대표적인 예는 주민들이 바깥에 내놓은 물건을 지켜볼 수 있는 창문이다. 이때 창문은 단순히 도난 예방 차원이 아니라 자기 물건을 바라보거나 화초가 잘 자라는지 지켜보는 작은 기쁨을 선사한다는 점에서 가치가 있다. 건축가가 소방 당국의 예리한 눈을 피해 이러한 아이디어를 실현하려면 굉장한 재치를 발휘해야 한다.

드리 호번 요양원의 현관문 옆에 있는 조명등은 돌출된 작은 벽에 설치했다. 그 밑으로 매트를 깔기 쉽게 하기 위해서다. 주민들은 남은 카펫 자락을 이용해 그 작은 공간을 장식하고 자기 공간으로 만든다. 이렇게 해서 개별 거주 구역의 범위가 현관문 너머로 확장된다.

357 358 359

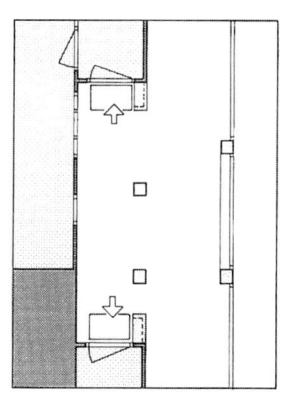

건축가가 설계안에 적절한 공간적 제안을 포함시키면 주민들은 자신의 영향력이 미치는 범위를 공적영역까지 확장하려 한다. 때로는 입구의 공간을 분절한다든가 하는 식으로 사소한 변화만 주어도 개인이 영향력을 행사하는 범위를 넓히라는 충분한 격려가 된다. 개인이 영향력을 행사하는 범위가 넓어지면, 공적 장소의 질이 증가해서 모두에게 이익이 된다.

디아곤 공동주택 360-365

주민들에게 공간에 대한 책임을 부여할 경우 '가로생활공간living streets'에 어떤 일이 일어날까? 네덜란드 델프트에 있는 디아곤 공동주택 전면 보도에서 이루어진 실험은 이러한 질문에 대한 답을 찾는 출발점이 될 수 있다. 디아곤 공동주택은 각 세대 앞을 정원으로 꾸미지 않고 일반적인 가로처럼 바닥재를 깔아놓기만 했다. 공적영역의 일부면서도 엄밀히 말하면 공적영역이 아닌 공간이었다.

디아곤 공동주택은 각 세대에 속하는 영역이 어디까지인지를 나타내는 표시가 없다. 배치도에도 개별적인 영역 배분이 표시되어있지 않다. 가로생활공간의 바닥은 일반적인 보도에 까는 타일과 완전히 똑같은 평범한 콘크리트 타일로 포장되어있어 자연히 공공 도로를 연상시킨다. 주민들은 '타일이 깔린 바닥이 적을수록 삶의 질이 높아진다 Dessous les pavés la plage'는 말을 실현하기라도 하듯 바닥의 타일을 일부 제거하고 식물을 심기 시작했다. 현관문으로 가는 보도나 집 앞 주차공간에만 타일을 남겨두었다. 각 세대는 자기 집 앞 공간을 각자의 희망과 필요에 따라 활용

360 361
362 363
364
365

했다. 필요한 만큼 공간을 이용하는 대신 나머지는 누구나 접근 가능한 공적 공간으로 놓아두었다.

만약 디아곤 공동주택의 평면 계획에 처음부터 각자의 영역이 분리되어있었다면 틀림없이 모든 사람이 최대한 자기에게 유리한 방향으로 공간을 이용하려고 했을 것이다. 현재와 같이 중간지대가 발달하는 대신, 공적영역과 사적영역이 급격히 단절되었을 것이다. 다시 말해 사적인 성격을 띠는 영역인 집들과 공적인 영역인 가로를 단순히 합쳐놓은 모양새였을 것이다. 공적영역과 사적영역을 잇는 매개공간에서는 개인의 요구와 집단의 요구가 일치할 수 있으며 설사 갈등이 생긴다 해도 상호간의 합의를 통해 해결된다. 매개공간에서 주민들은 각자 원하는 대로, 다른 사람에게 보이고 싶은 모습을 마음껏 표현한다. 개인과 집단이 서로에게 제공하는 혜택 또한 매개공간에서 결정된다.

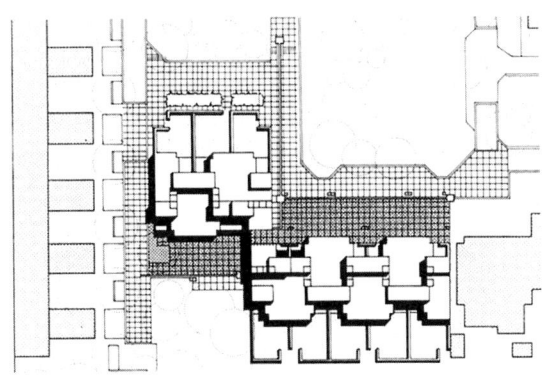

리마 주택 366-371

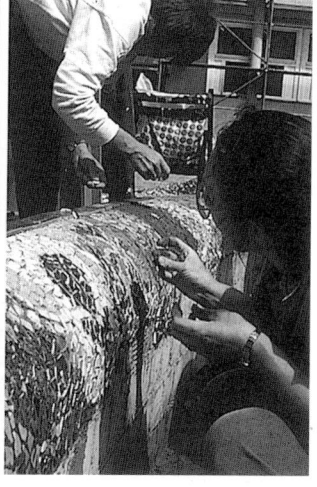

리마LiMa 주택은 삼각형 대지의 한쪽 끝에 위치해있다. 삼각형의 한쪽 모서리에 교회가 우뚝 솟아있었으므로 설계 작업도 이 교회의 규모를 고려해서 이루어졌다. 삼각형 대지에 건물을 집어넣으면서도 교회는 여전히 독립적인 건물로 남겨놓아야 했다. 리마 주택단지의 정원은 흔히 우울한 분위기를 풍기는 베를린의 전통적인 정원과는 달리, 거리와 연결되거나 이웃한 녹지로 통하는 여섯 개의 보행자용 진입로가 있는 공공장소다. 여섯 개의 보행자용 진입로는 열린 공용 계단실의 일부이기도 하다. 정원 안에는 여러 구역으로 나누어 모래를 깔아놓은 놀이터가 눈에 띈다. 놀이터 가장자리에 둘러친 모서리가 둥근 담장은 주민들이 직접 만든 모자이크로 장식되어있다.

놀이터를 만드는 계획에 주민들을 열정적으로 참여시키는 일은 어렵지 않게 성사되었다. 주민들은 정원 설계에 큰 관심을 보였고, 가우디가 설계한 공원과 와츠 타워Watts Towers의 사진을 본 후로는 더욱 열성이었다. 전에도 비슷한 프로젝트를 여러 번 맡아 성공적으로 수행했던 아켈레이 헤르츠버거Akelei Hertzberger가 기술과 조직에 도움을 주었다.

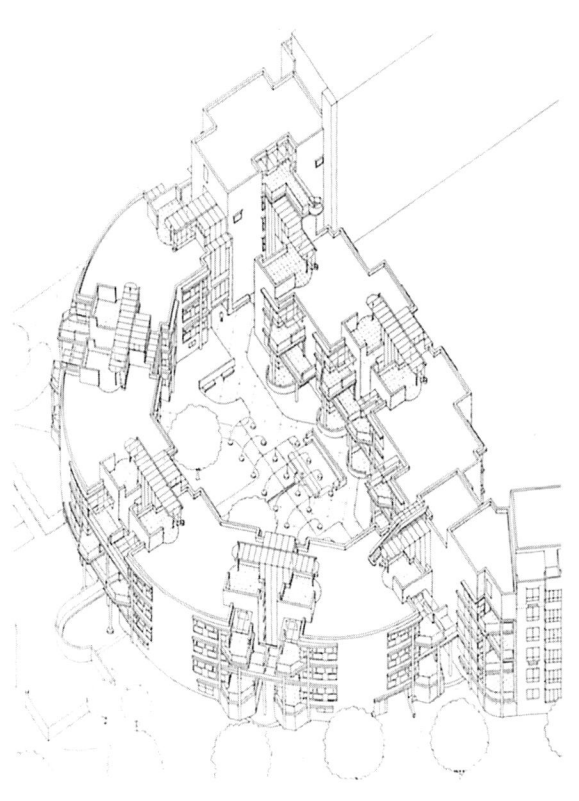

처음에는 아이들이 '타일'을 붙이는 작업에 열심이었으나 곧 어른들도 깨진 도자기 조각을 가져와서 동참했다. 요즘은 어떤 건축가나 놀이터에 아낌없이 정성을 쏟는다. 그래도 이와 같은 참여를 이끌어내기는 불가능할 것이다. 주민의 손에 맡겨 좋은 결과를 얻어냈다. 리마 주택의 놀이터는 최상의 결과이기도 했지만 훨씬 중요한 성과는 놀이터가 주민들 자신의 것이라고 생각하게 되었다는 점이다. 예컨대 모자이크 조각이 떨어졌다거나 너무 날카로운 부분이 발견되면, 특별히 회의를 소집하거나 공문을 작성하거나 건축가를 고소하지 않고 주민들이 즉시 조치를 취한 것이다.

주민들이 직접 참여하고 자기 자신과 다른 주민들의 편의를 위해 노력해서 만든 가로공간은 모두가 함께 이용하는 '공동체적인 장소'로 바뀐다.

369 370
371

함께하는 영역 143

8 모든 사람에게 '속하는' 장소

베이미르메르
주택단지(네덜란드
암스테르담).

파밀리스테르 공동 주택
(프랑스 기즈).

372 373
374

포토 몽타주

144 헤르만 헤르츠버거의 건축 수업

'공적 공간'을 설계할 때는 지역 공동체가 그 공간에 책임을 느끼도록 함으로써 공동체의 각 구성원들이 일체감을 느끼는 환경을 만드는 일에 나름의 방식으로 기여하게 해야 한다.

'공동 복지collective welfare'라는 개념은 사회주의 이상과 밀접한 관련 속에서 만들어졌다. 역설적이게도 사람들을 해방시키기 위해 만든 제도에 사람들이 종속되고 말았다. 관청의 공공사업부는 시민에게 도움을 주기 위해 만들어진 부서임에도 비현실적인 서비스를 운영한다. 관청은 공공사업을 상부에서 부과한 의무처럼 느끼고 시민들은 '나와는 상관없는 일'로 받아들인다. 결과적으로 공공사업은 광범위한 소외감을 낳는다.

신축 도시주거에서 단지 주변의 공동 정원과 녹지는 공공사업부가 책임진다. 공공사업부는 지역사회를 대신해서 이 공간을 최대한 매력적으로 꾸미기 위해 할당된 예산 한도 내에서 최선을 다한다. 하지만 공공사업부가 책임지고 만드는 공간은 황량하고 인간미가 없으며 비용도 많이 든

다. 반면 공동주택 입주자 전원에게 넓지는 않더라도 각자 필요에 따라 활용 가능한 공간을 나누어주면 더 좋은 결과가 나온다.

오늘날에는 주민의 참여가 저조한 경우가 많다. 그러나 주민 개개인이 공동체에 기여하며 아낌없는 사랑과 정성을 쏟게 하면 공간을 더욱 집약적으로 활용할 수 있다.

대표적인 사례는 프랑스 기즈의 파밀리스테르Familistère에서 찾아볼 수 있다. 고댕 난로공장 노동자를 위한 주택 단지였던 파밀리스테르는 공상적 사회주의자 푸리에Francois-Marie-Charles Furier(1772~1837)의 이론에 근거해 노동과 거주를 결합한 공동 주택을 표방했다. 파밀리스테르는 19세기 건물이기는 하지만 공적 공간에 주민을 참여시킬 때 얻을 수 있는 성과를 보여준다는 점에서 여전히 논의할 만한 가치가 충분하다.

브루선란 주택 375, 376

사용자들이 직접 나서서 공동의 노력을 기울여야만 쾌적한 공동체가 꽃필 수 있다. 1920년대와 1930년대에 설계된 브루선란 주택의 담장과 칸막이가 없는 공동 실내공간에도 이런 아이디어가 숨어있다.

함께하는 영역 145

드리 호번 요양원[377]

직원의 제안으로 빈 공간에 담장을 둘러 동물을 키우기 시작한 것이 꿩과 공작, 닭과 염소가 노닐고 연못에는 오리와 물고기가 가득한 작은 동물원으로 발전했다. 동물들은 노인에게 유쾌하고 재미있는 볼거리를 선사한다. 실제로 동물원을 내다볼 수 있는 방이 가장 인기가 많았다고 한다.

열정적인 사람들은 우리를 직접 만들어 기증하기도 했다. 하지만 작은 동물원이 성공을 거두어 확장이 필요했지만, 행정당국은 상황을 그대로 방치할 수 없다는 결론을 내렸다. 주택감독 부서는 전문가가 작성한 건축 계획을 제출하고, 모든 관련 당국과 위원회로부터 승인을 받으라고 요구했다. 그렇게 '작은 동물원'은 사라졌다. 원래 '작은 동물원'은 지역 주민에게 언제든지 동물을 보살피는 일에 참여하거나 한가로이 산책하며 동물을 구경해도 좋다는 의미의 초대였다. 도시에서 자라는 아이들이 언제 동물을 보겠는가? 아이들이 주변에서 보는 동물이라야 집에서 기르는 애완동물이나 개가 전부다.

공동으로 책임지자는 의견은 묵살되었다. 동물을 공동으로 소유하고 책임지기란 거의 불가능한 일이기 때문이다. 사실상 지역 주민 대부분은 공적 공간이 어떻게 활용되느냐 하는 문제에 아무런 영향을 미치지 못한다. 그렇다고 관청의 공공사업 부서가 시내의 모든 동물을 일일이 돌봐 아주기를 기대하기도 어렵다. 그렇게 하려면 전문적인 교육을 받은 인력으로 구성된 새로운 부서가 필요하며, 도시 곳곳에 '동물에게 먹이를 주지 마시오'라고 쓰인 경고판을 수천 개나 붙여야 한다.

드리 호번 요양원의 채소밭과 동물원은 요양원에 거주하는 노인과 지역 주민의 자연스러운 만남과 접촉을 유도하는 공간이었다. 노인과 지역 주민은 서로 다른 측면에서 부족함을 메우기 때문이다. 요양원에 거주하는 노인들은 불가피하게 도시의 이방인처럼 살아가지만, 정원을 가짐으로써 지역 주민에게 결여된 부분을 일부 제공했던 것이다.

규모가 너무 커져서 '공적영역'의 유지와 관리가 직접 관련된 사람들의 손을 떠나 그 공간의 지속성과 확장에 관심을 가지는 전문 인력으로 구성된 조직이 필요해질 때 문제가 발생한다. 그렇게 만들어진 조직의 주된 관심사가 애초에 그 공간을 만든 이유에서 벗어나 단순히 그곳을 계속 유지하는 것으로 바뀌는 시점, 다시 말해서 사람들의 자발적인 참여를 막고 조직이 그 일을 대신 해주는 시점에 이르면 관료주의가 고개를 든다. 규칙은 곧 속박으로 바뀐다. 상급자의 질문에만 답하면 되는 꽉 막힌 위계질서 속에서 개개인이 느끼던 책임감은 사라진다. 끝없는 상호

의존의 고리로 연결된 개인들의 의도가 잘못된 것은 아니지만 사실상 바람직하지 않게 되어버린다. 그 제도 때문에 혜택을 보는 사람들과 유리되기 때문이다.

도시에 사는 사람들이 자기 생활공간으로부터 소외를 당하는 이유는 집단적 구상이 심하게 과대평가되었거나 구상을 실현하는 과정에서의 공유와 참여가 과소평가되었기 때문이다. 한집에 사는 식구들은 집 바깥의 영역과 직접적인 관계에 있는 것은 아니지만, 그렇다고 외부 환경을 철저히 무시할 수도 없다. 이러한 모순은 자기 환경으로부터의 소외와 이웃 주민들로부터의 소외로 귀결된다. 우리가 타인과 어떤 관계를 맺느냐는 주변 환경과 무관하지 않기 때문이다.

위로부터의 통제가 심해짐에 따라 우리 주변의 세상도 갈수록 냉혹해지고 있다. 냉혹함은 공격성으로 이어져 다시금 규제의 거미줄을 팽팽하게 조여온다. 이렇게 해서 악순환이 이루어지고, 무관심과 혼란에 대한 과장된 두려움이 맞물려 서로를 증폭시킨다. 세계의 주요 대도시가 겪고 있는 심각한 문제인 공공재 파괴도 어쩌면 우리가 살아가는 환경으로부터의 소외에서 기인한 현상일지도 모른다. 하루가 멀다 하고 버스 정류장이나 공중전화가 처참하게 파괴된다는 사실은 우리 사회 전반에 위험을 알리는 심상치 않은 현상이다.

하지만 그에 못지않게 놀라운 사실은 기물 파괴 행위가 증가하는 현상을 단순히 행정적인 문제로만 받아들이는 모습이다. 마치 일상적인 보수 업무를 처리하듯이 주기적으로 수리하고 기물 파손을 방지하는 장치를 설치하는 행동은 기물 파괴를 '그저 그런 사건의 하나'로 파악하고 있다는 증거다. '기성 질서'라는 이름의 억압적 체계는 갈등을 회피하고 공동체 구성원 개개인을 나쁜 구성원들에 의한 공격으로부터 보호하는 데 힘을 집중한다. 관련된 개인을 직접 참여시키는 과정은 없다. 무질서와 혼란과 예상하지 못한 일에 대한 두려움이 점점 커지고, 언제나 개인의 참여보다 비인간적이고 '객관적'인 규정이 우선시되는 이유가 바로 여기에 있다. 오늘날 우리 사회에서는 모든 것을 수량화하고 규제로 조절하려 한다. 그렇게 해서 완전한 통제를 실현하고 억압적인 제도 또는 체제의 힘으로 우리 모두를 공동 소유자가 아닌 세입자로, 참여하는 사람이 아닌 종속된 사람으로 만들려 한다. 사람들을 대신해서 일한다고 주장하는 오늘날의 사회제도 자체가 소외를 낳고, 인간미 넘치는 환경으로 나아갈 수 있는 조건의 형성을 차단하고 있다.

■ 건축가는 개개인이 자기 개성과 정체성을 표현할 여지가 많은 환경을 만드는 일에 기여해야 한다. 진정으로 모든 사람에게 '속하는' 장소로서 모든 사람이 사용하고, 무언가를 첨가할 수 있는 공간을 만들어야 한다. 모든 사람을 위해, 모든 사람에 의해 통제되고 관리되는 세계는 규모가 작고 실행가능한 개체들로 구성되어야 한다. 하나의 개체는 한 사람이 감당할 수 있고 스스로의 힘으로 돌볼 수 있는 범주를 벗어나지 않아야 한다.

그렇게 하면 각각의 공간 요소가 더 효율적으로 사용된다. 장소의 가치도 높아진다. 사용자 입장에서도 자기 의사를 표현할 수 있으므로 일이 공정하게 처리되는 느낌을 받는다. 더 많은 자유는 더 많은 의욕을 낳으며, 중앙집중적 의사 결정에 의해 억눌려있던 에너지를 분출시킨다. 결국에는 탈집중화를 추구하고, 가능한 모든 곳에서 자치를 시행하며, 사용자들에게 책임을 이양하라는 주장이 제기된다. 이는 '도시의 사막'으로부터 인간이 소외되는 문제에 대한 효과적인 해결책이기도 하다.

9 거리의 재발견

현관문을 나서면 나와 관계 없고 그래서 별다른 영향력을 행사하지 못하는 새로운 세계가 펼쳐진다. 날이 갈수록 현관문 너머의 세상은 기물 파괴와 폭력이 넘쳐나는 적대적인 공간이라는 느낌이 더해가고 집 안보다 집 밖에서 더 큰 두려움을 느낀다. 물론 이러한 통념을 도시 계획의 출발점으로 삼는다는 사실은 불행한 일이다.

그보다는 예전에 우리 눈으로 확인할 수 있었던 '가로공간의 회복reconquered street'이라는 긍정적이고 유토피아적인 관념으로 돌아가는 편이 훨씬 낫다. 이러한 시각은 전후에 유행했던 실존주의적 인생론에 의해 고무된 것으로, 가로공간이 원래의 목적을 되찾아야 한다는 개념이다. 가로공간은 지역 주민 간의 사회적 접촉이 일어나는 곳이기에, 예전처럼 공동체의 거실 노릇을 해야 한다는 것이다. 건축적 수단을 효과적으로 활용함으로써 사회적 교류를 촉진할 수 있다는 견해도 있다. 가로공간의 개념이 평가 절하된 데는 다음과 같은 원인이 있다.

- 교통수단이 늘어나면서 차량 통행을 우선시하는

암스테르담의 노동자 거주 구역. 19세기 거리의 생활 풍경을 보여준다. 오늘날과는 상당히 다르지만 당시 주거 환경은 매우 비좁고 불편했다.

379
380

이탈리아 조자Gioggia, 차 없는 가로생활공간. 그늘진 곳을 눈여겨보라.

경향이 생겼다.

- 주택의 입구에 대한 고려가 부족하다. 특히 현관문이 서로 마주보도록 배치된 입구가 문제다. 건물의 고층화로 인한 불가피한 선택이기도 하지만 갤러리, 엘리베이터, 폐쇄된 복도 같은 간접적이고 비인간적인 접근로 역시 가로공간과의 접촉을 줄이는 요인이다.
- 주택단지 구획에서 공동의 영역에 해당하는 가로공간이 사라졌다.
- 주택의 밀도와 함께 가구당 거주자 수가 크게 감소했다. 또 인구밀도 감소로 거주자 1인당 거주 면적이 증가하고 가로 폭도 넓어졌다. 그 결과 오늘날의 거리는 과거의 가로공간에 비해 훨씬 휑한 느낌이다. 게다가 주택의 규모가 커지고 질이 개선되면서 사람들이 실내에서 보내는 시간은 늘어나고 거리에서 보내는 시간은 줄어들었다.
- 경제적으로 풍요로워질수록 이웃과 함께하는 활동이 적어진다.

부의 증가는 개인주의를 추동하는 한편, 집단주의의 영향력이 상상을 초월할 만큼 커지는 결과를 초래했다. 건축가는 이런 현실에 맞서야 한다. 비록 앞에서 설명한 사회의 근본적인 변화를 위해 건축가가 할 수 있는 일은 한정되어있지만, 건축가가 노력해야 한다는 사실은 변함이 없다. 우리는 가능한 모든 곳에서 더 실용적인 가로공간을 형성하기 위한 조건을 만들어야 한다. 그것은 공간을 조직하는 일, 즉 건축적인 수단을 통해 이루어져야 한다.

■ 가로공간이 주택의 연장으로서 공동체적인 역할을 하는 광경은 쉽게 찾아볼 수 있다. 물론 기후에 따라 햇볕이 잘 드는 공간에 모이기도 하고, 그늘진 공간에 모이기도 한다. 하지만 자동차와 관련된 조건은 달라지지 않는다. 자동차가 아예 다니지 않거나, 적어도 주민들이 서로 만나 대화를 나누는 데 방해되지 않을 정도로 차도와 멀리 떨어져있어야 한다.

요즘 새로 짓거나 개조하는 공동주택에서는 통행로

스팡언 주택, (로테르담, 1919)
M. 브링크만.
차 없는 가로생활공간.
볕이 드는 곳을 눈여겨보라.

역할에 국한되지 않고 아이들의 놀이공간으로도 활용되도록 설계된 가로공간이 자주 눈에 띈다. 보행자의 권리를 고려하는 움직임도 발견된다. '보너르프woonerf(항상 보행자 우선의 엄격한 교통법규가 적용되는 주거 지역)'가 법으로 지정된 것을 계기로 보행자가 서서히 제자리를 찾아가고 있다. 자동차 운전자가 이전보다 절제된 태도로 운전하는 습관을 들이고는 있지만, 자동차는 여전히 크고 거추장스러운데다 너무 많아서 공공장소를 점유하는 면적도 늘어나는 상황이다.

할렘머르 하우튀넌 주택[382-394]

할렘머르 하우튀넌은 가로를 생활공간으로 만드는 데 역점을 둔 주택이다. 세부 설계는 도로 맞은편 단지를 설계한 건축가 반 헤르크Van Herk, 나헬커르커Cees Nagelkerke와 협력해서 완성했다. 도시계획보다는 정치 논리에 따라 철도에서 반경 27미터 내에는 '차량 통행' 공간을 남겨둬야 한다는 결정 때문에 건물 배치에 한계를 안고 출발했다. 그래서 뒤뜰이 들어갈 공간이 없어졌다.

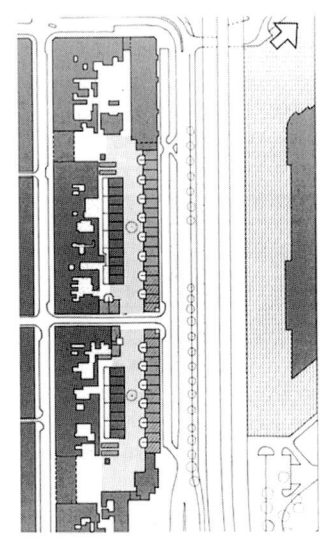

요컨대 바람직하지 않은 방향과 자동차 소음 등 불리한 조건 때문에 북쪽에는 후면벽을 세워야 했고, 자연히 남쪽에 면한 가로생활공간이 강조될 수밖에 없었다. '가로생활공간'에는 주민들이 소유한 자동차와 배달 목적의 차량만 진입이 허용된다. 이곳은 일반적인 차량이 접근할 수 없는데다 가로의 폭이 현대적인 기준보다 좁은 7미터에 불과해 오래된 도시를 연상시킨다. 게다가 조명, 자전거 거치대, 낮은 담장, 공용 벤치 등 가로에 필요한 시설이 여기저기 흩어져 있어서 차를 몇 대만 주차해도 차량

382
383
384 385

통행에 지장이 생긴다. 앞으로는 두 구역 사이에 나무를 심어 중앙 통로를 조성할 예정이다. 서로 마주보는 현관 사이의 거리는 7미터지만, 외부 계단과 거실 발코니 등 파사드와 수직을 이루는 구조물들이 가로공간의 윤곽을 형성하기 때문에 실제보다 폭이 좁아 보인다. 그래서 1층 세대의 테라스를 가로공간과 같은 높이로 만들어야 했다. 1층 테라스는 낮은 경계석으로 바닥을 둘러싼 작은 뜰로서, 2층 발코니보다 크지 않다. 1층 테라스를 더 크게 했더라면 과연 좋았을까? 물론 1층 테라스는 거실 발코니에 비해 사생활 보호가 훨씬 미흡한 만큼 아래층 세대 주민이 불이익을 받

는다고 생각할 수도 있다. 하지만 다른 시각에서 보면 지나가는 사람들과 바로 접촉하고 가로공간에서 여러 가지 활동을 할 수 있다는 사실에 매력을 느낄 수도 있다. 가로공간이 과거의 공동체적 성격을 일부 되찾는데 도움이 된다면, 1층 테라스는 더욱 매력적인 공간이 될 것이다.

세대별 테라스 옆에는 길고 좁은 땅이 그대로 남겨두었었다. 일부러 용도를 결정하지 않고 남겨둔 공간이었다. 공공사업 부서는 타일을 깔고 싶어했다. 하지만 인근 세대의 주민들은 이미 이 공간에 화초를 심고 기본적으로 공적영역인 이곳을 성공적으로 점유했다. 전통적으로 네덜란드 공동주택 건축은 위층 세대의 접근성에 많은 관심을 기울였고 다양한 해결책을 개발했는데, 하나같이 가로공간에서 최대한 접근성이 높은 현관문을 모든 세대에 설치하는 데 초점을 맞추었다. 우리가 채택한 해결책은 이처럼 옛날부터 활용된 아이디어를 약간 변형한 것이었다. 철제 외부계단으로 2층 계단참에 올라가 위층 세대의 현관문에 도착하게 하는 방법이다. 2층 계단참에서 건물 안으로 들어간 계단은 아래층 세대의 침실 앞을 지나 위층 세대로 이어진다.

함께하는 영역 151

레이니르 핀켈레스카드
(암스테르담, 1924) J. C. 반 에펀

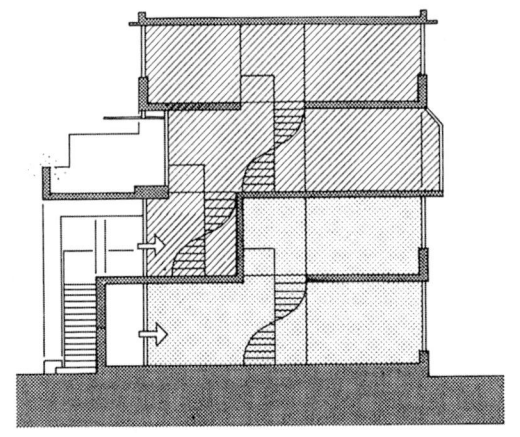

위층 세대로 들어가는 입구는 가로공간이 내려다보이는 '열린 발코니public balcony'에 있다. 발코니는 아래층 세대의 시야를 가리지는 않지만 1층 현관에 차양 역할을 해준다. 계단이 가벼운 재질에 투명한 느낌을 주기 때문에 계단 아래 공간을 우편함, 자전거 보관, 놀이공간 등으로 얼마든지 활용 가능하다. 우리는 아래층 세대 바로 앞에 있는 작은 뜰과 위층 세대의 입구공간을 분리하기 위해 상당한 노력을 기울였다. 각 세대의 책임을 분명히 해서 주민들이 각자 자기가 접근 가능한 영역을 깨끗이 관리하도록 했다. 만약 뚜렷한 구분이 없었다면 주민들이 개별적으로 사용할 수 있는 공간이 훨씬 비효율적으로 활용되었을 것이다.

388 389
      390
      391
393 392 394

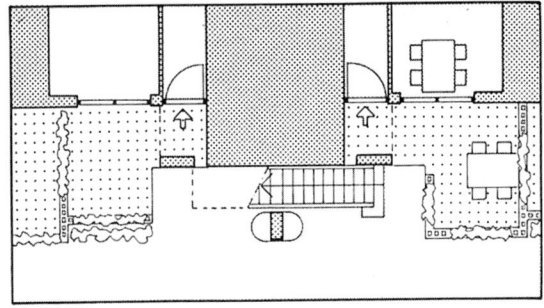

1층(지상층) 평면도.

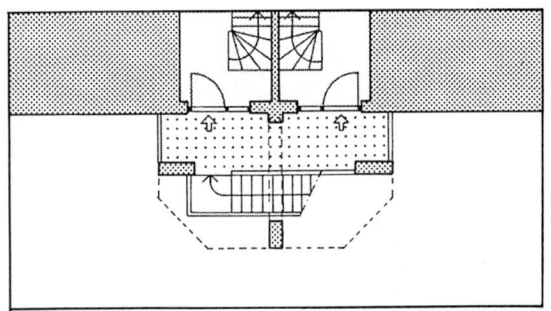

2층 평면도.

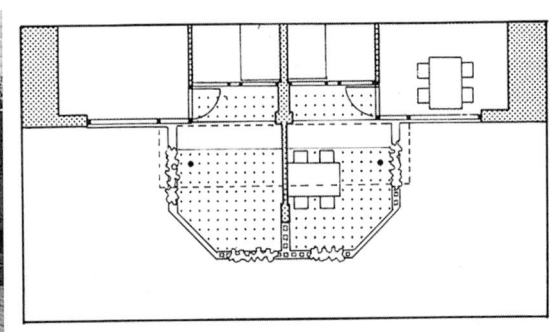

3층 평면도.

'가로생활공간'이라는 개념은 주민들이 어떤 공통점을 지니고 있으며, 서로에게 무언가를 기대(서로 필요하기 때문에 생기는 기대라도 좋다)한다는 가정에 기초하고 있다. 하지만 요즘은 주민들 사이에 서로에 대한 기대와 친밀감이 급속도로 사라지는 듯하다. 경제적으로 부유해지면서 서로에 대한 의존도가 낮아졌다. 심지어는 집단주의 내지 중앙집권을 주장하는 사람들까지도 현대인의 익명성을 칭송하기에 이르렀다. 사람들이 서로 너무 긴밀하게 얽히면 '사회적 통제'가 지나치게 강화될 위험이 있다는 주장이다.

그러나 사실은 사람들이 일상 속에서 고립과 소외의 정도가 커질수록 그들의 머리 위에서 내려지는 결정에 통제당할 확률도 높아진다. '사회적 통제'를 반드시 부정적으로 정의할 필요는 없지만 사회적 통제는 엄연히 존재하는 현실이며, 사람들이 어떤 행동을 할 때마다 다른 사람들에게 심판을 받고 감시를 당하는 경우에 그 부정적인 영향은 여실히 드러난다. 지나치게 긴밀하게 조직된 마을 공동체에서 흔히 볼 수 있듯이 말이다. 건축가는 세대와 세대 사이의 지나친 단절을 피하고 아직 우리에게 남아있는 공동체 의식을 자극하기 위해 모든 기회를 남김없이 활용해야 한다.

공동체 의식은 무엇보다 이웃 간의 일상적인 상호작용을 통해 생겨난다. 일상적인 상호작용이란 아이들이 함께 뛰어논다든가, 서로 번갈아 아이를 돌봐준다든가, 서로의 건강을 꾸준히 염려해 준다든가 하는 것이다. 간단히 말해서 매우 자명하기 때문에 그 중요성을 지나치기 쉬운 갖가지 배려와 즐거움이다.

■ 주택이 위치한 거리가 가로생활공간으로서 적합한 곳이라면 주거공간의 질은 더욱 높아진다. 가로생활공간의 질은 주거공간의 수용력, 즉 집안 분위기가 바깥 가로공간의 공동체적 분위기와 얼마나 조화를 이루느냐에 달렸다. 이를 좌우하는 것은 집합주택의 배치 계획과 세부 설계다.

스팡언 주택 395, 396

로테르담에 있는 스팡언 주택의 진입로는 주민들에게 좋은 환경을 제공한다는 점에서 독보적인 사례다. 스팡언 주택의 '가로생활공간'을 향해 현관문이 일렬로 늘어서있기 때문에 주민들이 같은 열에 사는 사람과 자연스럽게 이웃이 된다. 맞은편에도 이웃이 사는 일반적인 주택의 가로공간에 비하면 불리한 조건이지만, 스팡언 주택에서는 이웃끼리 유대가 매우 긴밀하다. 이것은 차량 통행의 부재가 참으로 중요함을 입증하는 사례다. 하지만 집들이 아래층의 거리에 등을 돌리고 있으므로 진입로에서 생기는 만남과 접촉은 단절된다. 동시에 두 가지를 모두 얻을 수는 없지 않겠는가.

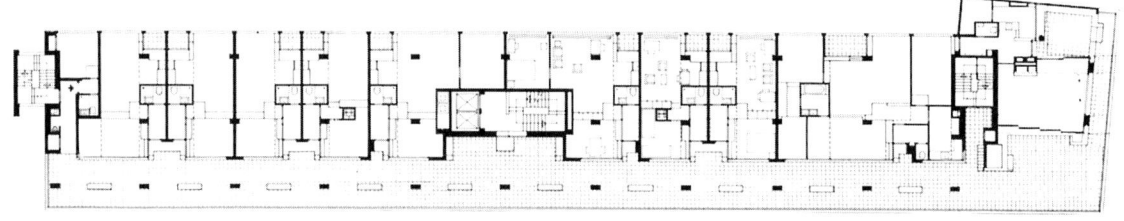

베이스퍼르스트라트 학생 기숙사 397-401

기혼자를 위한 기숙사로 쓰일 4층은 '갤러리형 가로공간 gallery-street'을 만들기에 좋은 조건이었다. 이 갤러리형 가로공간은 차가 다니지 않는데다 오래된 시가지가 내려다 보이는 옥상층에 있어서 가로생활공간의 모범 사례라 할 만하다. 여기서는 부모가 집 앞에 앉아 지켜보는 가운데 어린아이가 자유롭게 놀아도 안전하다. 사실 이 설계안은 무려 45년 전에 지어진 스팡언 주택을 참조해 만들었다.

갤러리형 가로공간을 만들 때 고민거리 가운데 하나는 침실 창문의 위치다. 침실 창문이 갤러리 쪽으로 열리도록 하면 사생활을 침해할 우려가 있다. 결국에는 침실 바닥을 높임으로써 문제를 해결했다. 침실 안에 있는 사람은 창문을 통해 밖에 있는 사람들의 머리 위를 내다볼 수 있는 반면 밖에 있는 사람이 안을 들여다보기 어렵다.

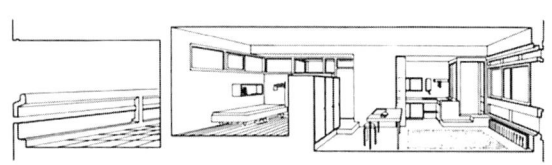

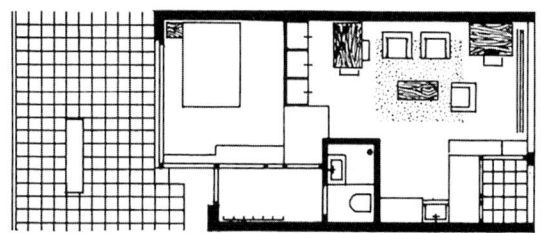

397
398
399
400 401

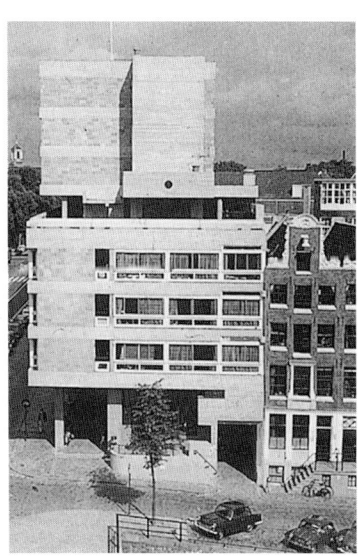

함께하는 영역

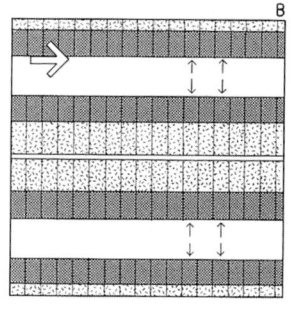
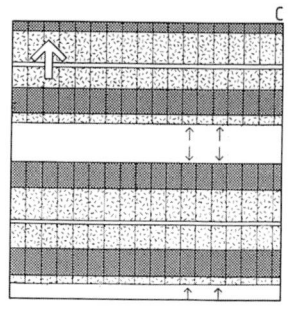

대지 계획의 원칙

가로공간이 실제로 기능을 수행하는 양상은 신축 주택단지를 계획할 때마다 각기 다른 형태로 적용되는 공간구획의 원칙을 통해 살펴볼 수 있다.

20세기 도시계획은 모든 세대에 개방성과 채광을 보장해야 한다는 요구에 따라 그 전까지 도시계획의 불문율로 여겨진 블록식 배치block siting와 결별했다. 그러자 사면이 닫힌 조용한 정원과 교통소음이 많고 북적대는 외부 거리 사이의 대조가 사라졌다. 거리와 접한 정면에는 현관을 배치했으며, (발코니와 빨랫줄이 있는) 공식적인 성격이 약한 후면은 '생활면living side'이라고 불렸다. 생활면은 유리한 방향에 놓이기도 하고 불리한 방향에 놓이기도 했다. 시간이 흐르면서 이러한 배치는 현관이 두 개 있는 집들을 일렬로 배치하는 방식strip siting으로 대체되었다. 현관이 두 개 있

으면 뜰을 모두 같은 방향에 만들 수 있다(402). 하지만 이러한 배치를 따르는 집합주택에서는 한 열에 있는 모든 세대의 현관문이 다음 열의 뒤뜰을 바라보게 된다는 점을 유의해야 한다. 정원과 거리 공간이 교대로 나오는 것이 아니라 블록과 블록 사이의 양쪽이 똑같은 공간을 접하며 생활하기 때문에 모든 사람이 '반쪽 가로공간half street'에 사는 셈이다. 덧붙이자면 일렬 배치에서는 방향만 맞으면 각 세대에 똑같은 공간을 할당할 수 있지만(403), 그렇지 못하더라도 블록의 현관들이 서로 마주보도록 하기 위해 최선을 다할 필요는 있다(404). 각 세대의 현관이 서로 마주보고 있으면 모두가 똑같은 공동 공간을 바라보게 된다. 가령 아침에 이웃집 아이들이 서둘러 등교하는 모습을 볼 수 있다.

하지만 이웃의 생활이 속속들이 보이는 환경 역시 불편할 수 있으므로, 403과 같은 경우에는 창문과 현관문이 서로를 적당히 엇갈리게 마주보도록 하는 것이 바람직하다. 지나친 노출을 피하려면 각 세대의 입구에도 일정 정도 프라이버시를 보장해야 한다. '이른바' 닫힌 주거단지의 경우, 모든 뜰과 현관이 서로 마주보고 놓이게 되므로 뜰과 가로공간이 확연히 구분된다.

로얄 크레센츠 405-407

이웃과의 상호작용을 촉진하려는 의도로 설계된 것은 아니지만 로얄 크레센츠의 곡면 가로벽은 특별히 흥미로운 사례다. 곡면의 오목한 부분에 위치한 집들은 서로의 모습을 보게 된다. 마치 기차를 타고 가다가 휘어진 철길을 지나는데 방금 전까지 존재하는 줄도 몰랐던 열차가 갑자기 눈에 들어올 때와 비슷한 느낌이다. 일렬로 늘어선 집들이 같은

곳을 내려다보고 있는 크레센츠 주택의 곡면 가로벽은 이렇게 해서 지역의 공동체적 성격을 강화한다.

곡면 벽의 오목한 부분이 소속감을 불러일으킨다면, 뒷면의 볼록한 부분은 집들이 서로에게 등을 돌리도록 하여 뜰의 프라이버시를 보장한다. 로얄 크레센츠 주택의 해법에는 두 가지 의미가 있는 셈이다.

뢰머슈타트 408-411

에른스트 마이Ernst May(1887~1970)는 유명한 동료 건축가 브루노 타우트Bruno Taut(1880~1938)와 함께 독일 주택건축의 선구자로 손꼽히는 인물이다. 1926년에서 1930년까지 그가 프랑크푸르트에 건설한 수많은 공동 주택은 예리한 관찰력을 통해 생활 환경을 개선하기 위해 도시의 세부에 천착했음을 보여준다. 한정된 예산 때문에 배치도가 단조로워지기 일쑤인 공공 주택 설계에서도 탁월한 방향감각과 비례 감각만 있다면 제한된 조건 내에서 얼마든지 훌륭한 생활공간을 만들어낼 수 있다는 교훈을 제공한다. 물론 주거 건축과 주변 공간 설계를 맡은 사람이 동일했다는 사실이나, 에른스트 마이가 건축과 도시계획을 분리해서 사고하지 않고 주거와 환경이 상호보완적으로 통합되게 하는 데 성공했다는 사실도 중요하다.

뢰머슈타트는 니다 강변의 완만한 경사지에 위치해있다. 강과 평행한 방향으로 뻗어나가는 거리에 위치했기에 당연한 선택이었지만, 모든 세대의 뜰을 강이 있는 쪽에 두기 위해 길 양쪽에 위치한 연립주택의 현관문들을 서로 마주보게 배치했다. 그리고 현관이 있는 면의 방향 차이와 약간의 높이차를 보완하는 취지에서 가로공간을 설계할 때 뜰의 위치가 불리한 세대들의 현관에 녹지를 추가했다.

세부적인 특징으로는 보도가 건물 정면에 닿기 전에 끝난다는 점이 눈에 띈다. 이렇게 해서 북측 벽면 바로 옆에 식물을 심기 위한 좁은 띠 모양의 공간이 형성되었고, 건물 전면을 뒤덮은 덩굴식물은 황량한 분위기를 덜어준다.

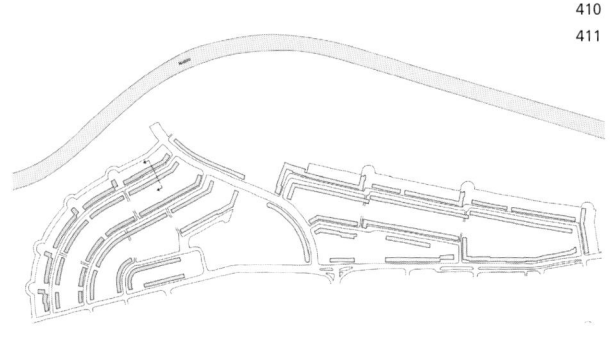

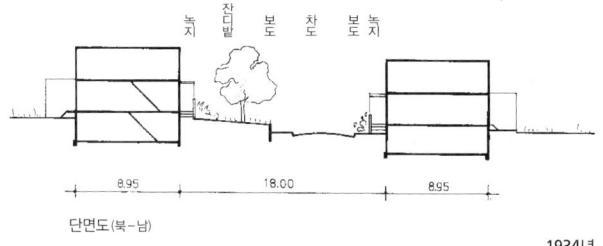

단면도(북-남)

1934년.

1985년.

함께하는 영역 157

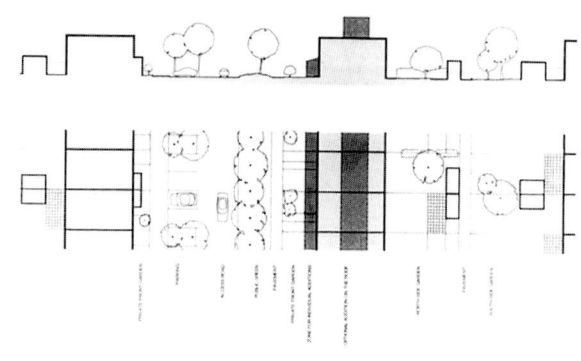

헷 헤인 412-415

네덜란드 아메르스포르트에 있는 주택단지 '헷 헤인'의 배치계획은 특별히 가로생활공간의 질에 주안점을 두었다. 단지는 최대한 분절이 많이 이루어진 직선형 블록과 평행한 거리들로 구성되었다. 얼핏 보기에는 전통적인 배치보다 효율적이지 못한 듯하지만, 우리는 조용한 직선 가로들이 이 구역에 변화를 일으키는 출발점으로 적합하다고 생각했다. 날실과 씨실로 이루어진 구조에 비유할 수도 있다. 날실(여기서는 가로공간에 해당한다)이 직물을 구조적으로 튼튼하게 만들고 씨실은 직물에 색깔을 낸다. 하지만 가로생활공간을 만들기 위해서는 무엇보다 차량 통행을 최대한 줄이는 일이 중요하다. 또한 가로공간의 외양에도 신경을 많이 써야 한다. 가로공간의 외양이 중요한 이유는 매개 주거공간의 질 때문이 아니라 각 세대가 서로 관계를 맺는 방식 때문이다. 건물의 전면이 서로 마주보고 있으므로 둘씩 짝지어진 각 세대의 현관문 역시 가로 건너편의 현관문과 마주보고 있다. 가로는 남동쪽과 북서쪽에 면하고 있기 때문에 어느 한쪽이 햇빛을 더 많이 받게 된다. 그래서 우리는 가로공간을 비대칭으로 설계해 주차공간은 그늘진 장소로 모으고 햇빛이 잘 드는 반대편은 대부분 녹지로 채웠다. 햇빛이 드는 쪽에 현관문이 있어서 그늘진 쪽에 정원을 갖게 된 세대에는 건물 정면에 폭 1.8미터의 공간을 추가했다. 주민들은 이곳에 개별적으로 지붕이 달린 포치나 온실, 차양 등 여러 가지 편의시설을 설치할 수 있다. 우리는 여러 주택단지를 설계하면서 여러 세대에 이러한 공간을 제공한 바 있다. 조건이 비슷한 다른 집합주택에 사는 사람들도 사정이 허락한다면, 이렇게 바꿔보고 싶은 생각이 들 수도 있

겠다. 주민들이 이 공간을 사용하는 모습은 설계자의 의도가 아닌 개인적 선택의 표현으로서 나타나는 다양성을 보여주는 중요한 사례다. 일부 세대는 지붕을 확장하기도 했다. 우리는 특정 영역에 한해서 앞으로 시설을 더 추가해도 관계없다는 의사를 확실히 밝혔다. 각 세대는 일광 조건에 따라 정원 창고garden shed를 적당한 위치에 놓을 수 있다. 그늘이 약간 드리워진 정원이라도 창고를 세우면, 햇빛이 잘 들면서도 적당히 가려지는 공간을 만드는 일이 가능하다. 창고를 집과 가까운 곳에 배치하면, 집과 정원을 연결해주는 매력적인 공간이 될 것이다.

아파트의 접근성

주거공간은 되도록 길에서 멀리 떨어지지 않는 편이 좋다. 고층 아파트의 경우 종종 접근성이 떨어진다. 로비와 엘리베이터, 계단, 갤러리, 아케이드 등을 거쳐야 하는데, 이들 공용공간은 지나친 익명성 탓에 주민들의 격식 없는 접촉을 방해하거나, 누구에게도 속하지 않는 공간으로 전락할 위험이 있다. 각 세대가 일정 정도 프라이버시를 보장받아야 한다는 사실을 감안하더라도 옆집, 윗집, 아랫집에 사는 사람들끼리 서로 긴밀한 관계를 맺는 것이 바람직하다. 하지만 관계를 뒷받침하는 공간적 조건은 결여되어있다. 아파트 단지 안에서는 도대체 어디에서 친구를 맞이하고 헤어져야 할지를 가늠하기도 쉽지 않다. 친구를 현관까지만 배웅하고 혼자 계단을 내려가도록 해야 하는가, 아니면 친구와 함께 내려가서 차를 세워둔 주차장까지 가야 하는가? 휴가 때마다 차에 짐을 싣기 위해 고생을 해야 하는가? 어린아이들이 있는 집이라면 문제는 더욱 심각하다.

주택가의 가로공간에 거실과 같은 성격을 부여하는 것은 좋은 방법이다. 일상적인 교류는 물론이고 특별한 경우도 마찬가지다. 지역사회에 중요한 행사나 여럿이 함께하는 활동을 가로공간에서 여는 것이다. 예컨대 지역의 모든 주민과 관련된 특별한 날을 축하하는 경우, 가로공간은 공동체의 행사 장소로 쓰일 수 있다.

가로공간을 아무리 멋지게 설계하더라도 사람들이 갑자기 야외로 나와서 함께 식사를 하는 일은 벌어지지 않는다. 하지만 그런 장면을 염두에 두고 이를 충족시켜야 할 하나의 기준으로 삼아 설계안을 작성하는 것은 좋은 아이디어다. 건축가는 공간 설계를

통해 어떤 목표를 달성하는 일이 불가능하다고 선험적으로 재단하지 말아야 한다. 공간을 자유롭게 사용할 기회를 주기만 하면 사람들도 공적 장소를 새로운 목적에 이용하고 싶은 마음이 들 수 있다.

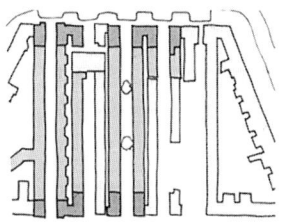

독일 함부르크, 뢰벤슈트라세와 팔켄리에드 사이에 있는 가로생활 공간.

1887년 영국 색스문드함의 가로생활공간.
'빅토리아 여왕 축전이 열리고 있는 모습이다. 빅토리아 여왕의 인기는 1880년대 후반에 이르러 과거의 공화주의에 대한 열광을 능가하게 되었고, 1887년과 1897년 축전에서 절정에 달했다. 빅토리아 여왕은 영국 역사상 어느 군주도 받아보지 못한 사랑과 존경을 한 몸에 받았다. 사진 중앙의 오른손에 주전자를 들고 서있는 사람은 대중을 위해 봉사하는 공무원이다. 날씨가 좋아서 오른쪽 탁자에 앉은 숙녀들이 햇빛을 가리기 위해 양산을 펼친 모습도 보인다. 어떤 지위든 간에 여성이 사회적 지위를 유지하고 싶으면 햇볕에 얼굴이 그을리는 일은 절대 없어야 했다.
- 고든 원터, 《사진으로 본 영국 1844–1914 A Country Camera 1844–1914》, 런던, 1966.

서로 마주보는 세대의 배치 못지않게 중요한 문제는 창문을 어디에 내며 퇴창退窓, 발코니, 테라스, 계단참, 현관 계단, 포치를 어디에 두느냐다. 건축가는 정확한 치수와 공간 구획에 신경을 써서 각 세대가 적당히 분리되면서도 지나치게 단절되지는 않도록 해야 한다. 주민들이 다른 사람과의 접촉을 원하고 행동에 옮기면서도 각자의 사생활로 돌아갈 수도 있는 적당한 균형점을 찾아야 한다. 이러한 관점으로 볼 때 현관문 주변이야말로 중요한 공간이다. 현관문 주변에서 거주공간이 끝나고 가로생활공간이 시작되기 때문이다. 거주공간과 가로생활공간이 각각 얼마나 좋은 공간이 되느냐는 두 공간이 서로에게 어떤 영향을 미치느냐에 달려있다.

파밀리스테르 420-423

420
421
422
423

프랑스 북부의 기즈Guise에 위치한 파밀리스테르Familistére는 푸리에의 유토피아적 사상을 토대로 고댕 난로공장이 설립한 주거 공동체다. 세 개의 인접한 블록으로 나눠진 단지는 총 475세대로 안뜰과 함께 탁아소, 학교, 세탁소 등의 광범위한 시설을 갖추고 있다. 커다란 지붕이 덮인 파밀리스테르의 안뜰에서는 주위를 둘러싼 집들이 '벽'이 된다. 파밀리스테르는 건물의 형태라든가 갤러리를 따라 현관문이 늘어선 모습이 교도소 같은 분위기를 만들어 약간 원시적으로 보인다. 하지만 이 초창기 '플랫식 블록block of flats'은 가로공간과 주거공간이 서로 보완하는 모습을 보여주는 훌륭한 본보기다. 게다가 안뜰에 각각 지붕이 씌워져있어서, 공동주택이 단순히 주거 단위를 모아놓은 개념에 불과했던 과거에도 틀림없이 공동체 활동을 하는 데 아주 편리했을 것이다.

'노동자를 위해 쾌적한 환경을 만들려는 목적에서 건물 개조가 수반되지 않을 경우 노사관계를 개선하려는 모든 시도는 실패할 수밖에 없다. 노동자를 위한 건물 개조는 노동자만의 요구가 아니라 모든 사람이 마땅히 누려야 할 공동체적 생활의 기쁨에 다가서도록 하는 데 초점을 맞추어야 한다.'

(고댕, 《Solutions Sociales》 파리, 1984.)

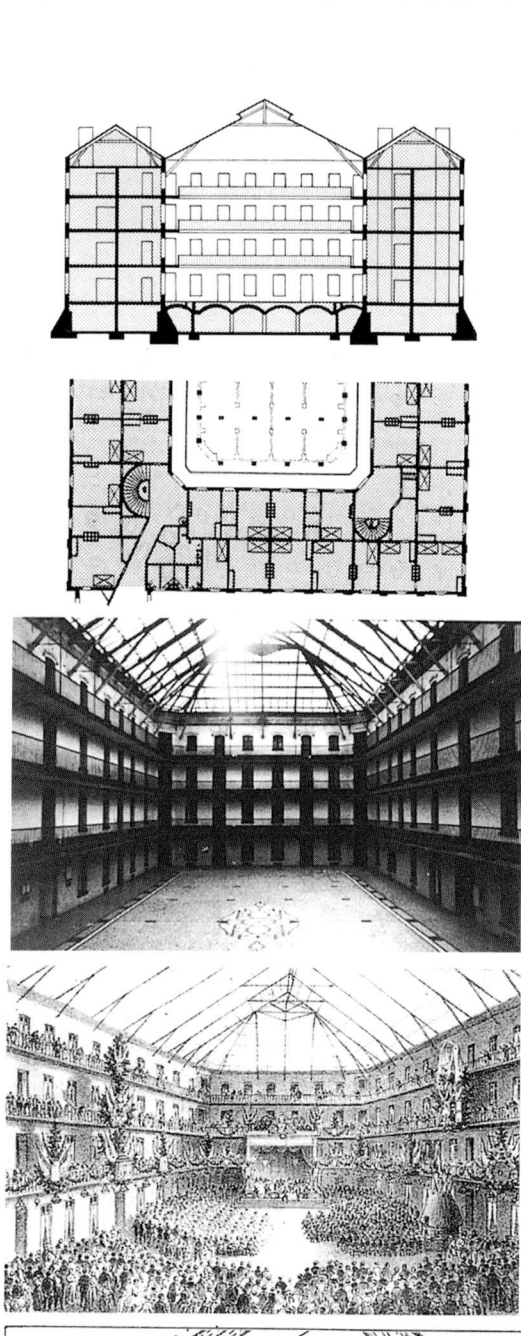

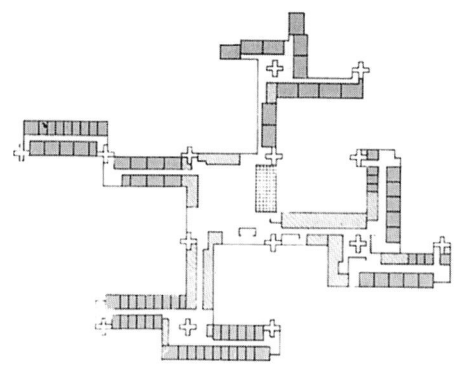

드리 호번 요양원 424-427

병원이나 요양원과 같은 대규모 생활공동체에서는 주민들의 기동성이 제한되어있기 때문에 축소된 도시처럼 계획해야 한다. 드리 호번 요양원은 대다수 주민이 다른 사람의 도움을 받지 않고는 자기 방을 떠날 수 없는 상황이기 때문에, 모든 시설을 한 건물에 집어넣고 동선을 줄여야 했다. 다행히 규모가 컸던 드리 호번 요양원은 실제 도시에 버금가는 시설을 갖출 수 있었다. 이곳에 거주하는 노인들은 마치 사람들이 마을 공동체에 적응하듯 요양원 환경에 적응해 나간다.

드리 호번 요양원 설계안은 '조직 분권화devolution' 개념의 영향을 많이 받아서 여러 개의 '날개'로 나뉘고 각각의 '날개'에 '중앙공간'이 하나씩 있는 형태를 취한다. 그렇게 나뉜 공간은 한가운데의 '공용공간common room'에서 모두 모인다. 그 결과 열린 공간이 여러 개 만들어졌는데 공간적 관점에서 볼 때 여기에는 일정한 순서가 반영되어있다. 마을의 중심지, 읍 또는 면의 중심지, 시 전체의 중심지가 순서대로 이어진다. 전체적으로는 하나를 이루지만 그 안에 특정한 기능을 수행하는 '공터' 또는 열린 공간이 여러 개 있다. 하지만 전체를 지배하는 공간은 주민들이 '마을 광장'이라는 애칭으로 부르는 한가운데의 '안뜰'이다.

파밀리스테르의 지붕 덮인 안뜰과 달리 드리 호번 요양원의 '마을 광장'은 엄밀히 말하면 주거공간에 인접해 있지 않다. 하지만 실제 활용도와 주민들 사이의 교류를 기준으로 보면 이 마을 광장이야말로 요양원의 핵심이다. 주민들이 주체가 되는 행사는 모두 이곳에서 열린다. 파티, 콘서트, 연극, 무용공연, 패션쇼, 시장, 합창공연, 카드게임의 밤, 전시회, 특별한 경우의 축하연까지. 이곳에서 날마다 특별한 일이 벌어진다. '마을 광장'은 행사가 개최되는 일반적인 강당을 매우 자유롭게 해석한 사례다. 만약 이곳이 따로 떨어져있거나 중심부에서 멀리 있는 공간이었다면 지금처럼 잘 활용되지 않았을 것이다.

424 425
426 427

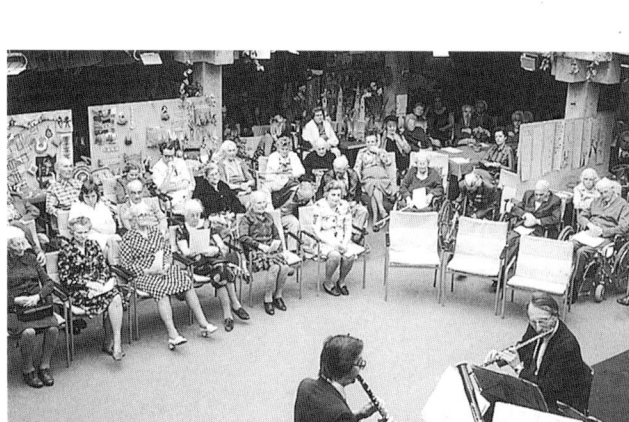

함께하는 영역 161

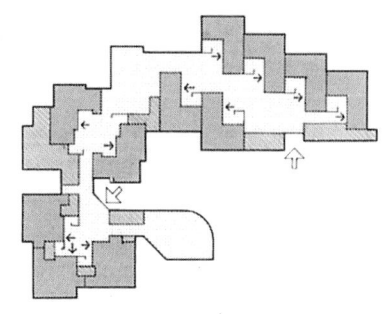

몬테소리 학교 428, 429

몬테소리 학교의 복도를 설계하면서 복도와 교실이 거리와 집의 관계와 같도록 한다는 목표가 있었다. 교실과 복도의 공간적 관계와 형태는 학교의 '공동 거실'을 만든다는 의도에 따라 결정되었다. 따라서 몬테소리 학교에서 복도가 활용되는 양상은 가로공간의 가능성을 보여주는 예다.

카스바 주택 430, 431

피에트 블롬Piet Blom(1934~1999)은 누구보다 열심히 주거공간과 가로생활공간의 상호관계를 연구한 사람이다. 특히 카스바 주택은 단위 세대의 배치를 통해 얻을 수 있는 효과에 중점을 두었다. 헹겔로에 만들어진 작은 '도시'에서 주거공간은 가로의 벽이 아니라 '도시의 지붕'을 형성한다. 지붕 아래의 넓은 지면 공간은 모두 공동체 활동과 행사를 위해 비워놓았다. 그러나 이렇게 만들어진 공간은 특정 시기에 임시로 이용되는 것이 고작이다.

우리는 여기에서 하나의 교훈을 얻을 수 있다. 카스바 주택의 주거공간은 아래쪽에 만들어진 가로공간과 지나치게 단절되어있다. 주거공간이 거리에 등을 돌린 채 고개를 위로 치켜들고 있는 격이다. 창문에서는 거리가 일부밖에 보이지 않고, 입구도 거리와 직접 연결되지 않았다. 따라서 가로공간의 형태는 주거공간의 반反형태counterform다. 물론 편의시설이 많지도 않다.

암스테르담의 심장부에, 가로공간에는 사람이 북적대는 시장이 있고 단위 세대별로 배치된 주택단지가 있다고 상상해보라. 얼마나 멋진가. 피에트 블롬은 그런 장면을 상상하면서 설계를 했으리라.

전통적인 블록 배치 원칙에서 벗어난 건축가들, 특히 팀 X와
〈포럼〉의 영향을 받은 건축가들은 새로운 주거형태를 창조하기
위해 심혈을 기울였고 종종 대단히 멋진 결과물을 내놓았다.
하지만 새로운 주거형태의 성공 여부는 주거공간 자체의 질에
의해서만 결정되는 것이 아니다. 건축가가 주거공간을 자신의
건축자재로 삼아 활용도 높은 가로공간을 만드는 방법을
찾아냈는가가 더 중요한 요인이다. 주거공간의 질은 가로공간에
달려있고, 가로공간의 질은 주거공간에 의해 결정된다.
주거공간과 가로공간은 상호보완적인 존재임을 잊지 말라.

종종 공동주택이 실망을 안겨주는 이유는 건축가들이
가로공간이 활용되는 방식을 잘못 이해하고 공간을 설계하기
때문이다. 건축가들은 특정한 시설의 효과에 너무 많이 의존하는
경향이 있는데, 이러한 시설은 상상했던 것보다 실용성이
떨어지는 경우가 비일비재하다. 그 외에 가장 흔한 실수는 공적
공간의 규모와 그곳을 이용할 것으로 예상되는 사람의 수를 잘못
계산하는 것이다.

가로공간이 지나치게 넓은 데 비해 실제로 활용되는 공간은
좁고 활용 빈도도 낮다면, 좋은 의도에도 불구하고 결과는
정반대로 나타난다. 사막처럼 광활한 빈 공간이 생기는 것이다.
한편 과도한 계획을 세우는 경우도 문제가 된다. 가령 날씨 좋은
토요일에 시장이 열린다고 하자. 상상 속에서는 그런 시장이 쉽게
그려지지만, 현실 세계에서 시장은 10만 가구당 하나뿐이다.

건축가는 인구 밀도를 고려하면서 계획안을 지속적으로
점검해야 한다. 자신이 만든 청사진 안에 있는 각각의 장소를
이용하리라 예상되는 사람들의 숫자를 헤아려보면 된다. 그러면
예컨대 오락용 공간이 지나치게 많다는 사실 정도는 파악할 수
있다. 건축가의 상상 속에서는 광활한 공간이 고요한 분위기를
풍기곤 하지만 지역 주민도 똑같은 느낌을 받는다는 보장은 없다.
일반적인 주거지야 건물을 설계할 때는 다채로운 형식을 채택하되
언제나 가로공간이 지역 주민의 일상생활에 촉매 역할을 하도록
하라. 그래서 폐쇄적으로 설계되는 경우가 많은 집합주택의
주민들 사이의 거리가 더 멀어지지 않게 하고, 공간 조직이
사회적 교류와 결속을 높이는 데 기여하도록 하라.

432
433

이탈리아 베로나,
비아 마찬티.

10 대중의 영역, 거리

이탈리아 밀라노의 갈레리아 비토리오 에마누엘레에서 학생들이 행진하는 모습.
'학생 봉기가 일어나자 교육은 다시 시가지와 거리로 뛰쳐나와 풍요롭고 다채로운 경험이 가득한 공간을 발견했다. 낡은 교육제도가 제공하는 것보다 인격 형성에 훨씬 도움이 되는 경험을 거리에서 얻을 수 있다. 우리는 다시 교육과 사람의 총체적인 경험이 일치하는 시대를 향해 전진하고 있다. 그런 시대가 오면 고리타분한 학교는 더 이상 존재할 필요가 없다.'
(1969년 발표된 〈하버드 교육 리뷰〉에 실린 지안카를로 데 카를로Giancarlo de Carlo의 기사 "건축과 교육"에서 인용)

주택이 사적영역이라면 거리는 공적영역이다. 주택과 거리에 똑같이 주의를 쏟는다는 것은 거리를 단순히 주택단지 사이의 나머지 공간이 아니라 궁극적으로 주택과 상호 보완 작용을 하는 공간으로 생각한다는 의미다. 거리가 차량 통행 이상의 역할을 할 수 있도록 하려면 가로공간 조직에 주거공간 못지않은 정성을 기울여야 한다. 건물 블록의 집합으로 이루어진 거리가 대체로 개인적 내지 사적인 요소들이 넘쳐나는 곳이라면, 거리와 광장이 연속되는 공간은 주민들 사이에 대화가 오가는 곳이 될 가능성이 높다.

본래 거리는 행동과 혁명, 축제를 위한 장소다. 역사적으로 건축가는 어느 시대에나 자신이 속한 공동체를 위한 공적 공간을 설계했다는 사실을 발견할 수 있다. 이 장에서는 공적영역의 질을 높이는 데 더욱 신경 써야 하며, 사회적 교류를 촉진시키는 역할을 해야 한다는 내용을 다룬다. 건축가는 도시의 모든 공간에 대해 다음과 같은 질문을 던져보아야 한다.

"이 공간은 누구를 위해, 누구에 의해, 어떤 목적으로 이용되는가?"

건축가는 공적영역의 훌륭한 비례를 보며 감탄만 해서는 안 된다. 사람 사이의 관계에 긍정적인 영향을 미치는 공적영역을 만드는 일에도 기여해야 한다. 어떤 거리나 광장을 보고 아름답다고 느끼는 이유는 단지 치수와 비례가 이상적이어서가 아니라 그 공간이 도시 내에서 수행하는 역할 때문이다. 공적영역의 역할이 순전히 공간적 조건에만 좌우되지는 않지만 공간적인 요소가 도움이 될 때가 종종 있다. 이러한 공간은 건축가와 도시계획 담당자에게 흥미로운 사례를 제공한다.

팔레 로얄[435-437]

1780년, 팔레 로얄 공원의 세 면에 주택단지가 들어서고 지하에는 쇼핑 아케이드가 생겼다. 오늘날 파리 시내에서 가장 '조용한' 공공장소로 손꼽히는 이곳은 루브르 지구에서 국립도서관으로 가는 지름길로 자주 이용된다. 직사각형의 작은 공원이 아름다운 이유는 사방에 정연하게 배열된 건물들의 비례가 훌륭하기 때문이기도 하지만 잔디밭, 의자, 벤치, 놀이터, 노천카페 등 다채로운 공간이 시민들에게 선택의 즐거움을 선사하기 때문이다.

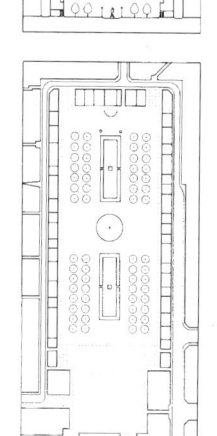

방스 광장[438]

추운 나라에 비해 기후가 온화한 나라에서 가로공간이 사람들의 생활에 중요한 비중을 차지하는 것은 자연스러운 현상이다. 프랑스 방스의 광장은 지중해 인근에 있는 여러 도시와 마을에서 흔히 찾아볼 수 있는 유형이다. 관광산업이 발달하면서 전통적인 생활방식이 심각하게 훼손되고 공적 공간도 본연의 기능을 잃은 곳이 대부분이지만 광장은 여전히 공동체적 활동에 적합한 공간으로 남아 있다. 어쩌면 오늘날의 변화된 사회에서 광장의 공적인 역할은 더욱 강조되어야 할지도 모르겠다. 사진은 방스 광장에서 관광객을 대상으로 하는 야외 음악회가 열리는 장면이다.

436 437
438
439

록펠러 광장[439]

뉴욕 심장부에 위치한 록펠러 광장은 추운 겨울에도 도시의 거실과 같은 역할을 한다. 겨울철이면 한시적으로 아이스링크가 운영되고 스케이트를 타려는 사람들이 각지에서 몰려온다. 스케이트를 타는 사람들은 한껏 솜씨를 자랑한다. 극적인 사건이 벌어지지는 않지만, 이곳을 지나는 사람들은 극장이나 교회처럼 사람이 많이 모이는 곳에서 느끼는 일체감을 경험한다. 이곳에서 즉흥적으로 그런 감정에 휩싸이는 이유에는 여러 가지가 있는데, 건축가가 만든 공간적 환경도 그중 하나다.

델 캄포 광장 440 - 442

닫힌 형태와 예외적인 입지에도 불구하고 도시의 거실 같은 느낌을 불러일으키는 공공장소가 있다면, 단연 이탈리아 시에나의 델 캄포 광장일 것이다. '팔라초 마을Palazzo Communale'이 관리하는 단조로운 건물들 때문에 다소 폐쇄적인 느낌이 나기는 하지만, 접시 모양의 공터에서 사방으로 가파른 골목길들이 뻗어나가는 광장의 전체적인 분위기는 환하고 개방적이다. 볕이 잘 드는 골목길에는 노천카페가 일렬로 늘어서있어 1년 내내 관광객들로 흥성거린다.

그러나 해마다 열리는 승마 경주인 '팔리오 델 콘트라데 Palio dell Contrade' 축제 기간에는 분위기가 180도 달라진다. 하나의 의식인 동시에 경주 대회로서도 손색이 없는 팔리오 축제는 온 도시와 사람들에게 마법을 건다. 예쁜 조개 모양의 광장은 인파로 가득 찬다. 사람들은 중앙에서 열리는 경주가 잘 보이는 자리인 가장자리의 높은 단을 따라 늘어선다. 축제가 열리는 동안에는 노천카페가 있던 자리에 관람석이 만들어진다. 창문으로 광장이 내려다보이는 집들에는 사람이 꽉꽉 들어차는데, 일부는 돈을 내고 오는 관람객이지만 대부분은 친구와 친지들이다. 경주가 열리기 전날에는 1만 5000명에 달하는 사람들이 거리로 나와서 저녁 식사를 즐긴다.

친촌 광장 443 - 444

스페인 마드리드 남부의 작은 마을인 친촌에서는 해마다 투우 경기가 열리는 시기가 되면 시장이었던 중앙 광장이 경기장으로 탈바꿈한다. 언덕 중턱의 분지에 자리 잡은 친촌 광장은 고대 그리스 원형경기장과 비슷한 모양이다. 사방을 둘러싼 건물에는 상점과 식당이 있으며 위층에는 가정집, 지하에는 아케이드가 모여있다. 모든 주택에는 파사드와 파사드를 잇는 목제 발코니가 달려있어서, 층층이 이어지는 발코니가 광장을 둘러싼 모양이다. 투우 경기가 열리는 동

디온 샘 [445]

공동 빨래터는 언제나 인근 주민들이 즐겨찾는 만남의 장이자 온갖 소식과 소문이 오가는 곳이다. 그러나 수돗물과 세탁기가 널리 보급되면서 공적영역으로서 빨래터의 역할도 끝이 났다. '이제 여자들은 자신을 위한 시간을 더 많이 가진다'는 것이 현대화를 옹호하는 사람들의 주장이다. 사진은 유명한 프랑스 토네르의 디온 샘으로, 지하 깊은 곳에서 물이 솟아나는 장소를 투박한 원형 댐으로 둘러싼 모습이다. 원형 댐은 자연 현상의 장엄함을 한층 강조하는 동시에 샘 주변에 사는 사람들이 공동 빨래터로 쓸 만한 공간을 마련해준다.

우리는 더 이상 빨래를 위한 장소를 따로 만들지 않는다. 공적영역에 일상적인 활동을 공동으로 하기 위한 시설을 만드는 곳이 아직도 있을까?

443 445
444

안 발코니는 관람석으로 바뀌고 주민들은 표를 팔아 부수입을 올린다. 이처럼 공동체의 삶에 결정적으로 중요한 장소에 위치한 주택들은 사적 공간임에도 경우에 따라 공적 지위를 띠게 된다.

발코니는 모두 똑같은 원칙을 따라 만들어졌다. 파사드가 상대적으로 닫힌 느낌을 주는 반면 파사드에 수직으로 돌출된 목제 발코니는 열린 느낌으로, 특별한 경우의 공적 기능을 염두에 두고 만들어진 것이다. 발코니는 광장을 둘러싼 공간에 통일성을 부여함으로써 계단식 관람석이 있는 이탈리아의 고전 극장과 흡사한 공간을 형성한다.

11 소비와 공공건물

19세기까지는 공공건물이 많지 않았고, 있다 해도 온전히 대중을 위한 건물은 아니었다. 교회, 절, 사원, 공중목욕탕, 시장, 극장, 대학과 같은 공공건물에 일반인이 접근하려면 관리자 또는 소유주가 정하는 규칙을 따라야 했다. 대개의 경우 진정한 공공장소는 실내가 아닌 야외였다.

그러나 19세기는 공공건물의 황금기였다. 19세기에 개발된 여러 가지 유형의 건축물이 모여 도시의 블록을 구성했다. 지금도 19세기에 지어진 건물을 통해 더 개방적이고 대중이 접근하기 편하게 만드는 건축적·공간적 수단을 배울 수 있다. 산업혁명은 새로운 시장을 탄생시켰다. 상품의 생산과 분배가 가속, 대중화됨에 따라 백화점, 만국박람회 전시관, 아케이드, 철도와 지하철을 비롯한 대중교통 체계가 만들어졌다.

비시 446-447

프랑스의 비시처럼 천연의 샘이 있는 장소는 매우 흥미로운 사례다. 모든 방문객이 나누는 대화에는 비시의 샘물이 건강을 회복시켜 준다는 희망과 기대가 담겨있다. 그러나 방문객은 어느 정도 시간이 지난 후에야 물을 마실 수 있다. 샘에 도달하려면 마을 중심부에 있는 공원을 가로지르는 산책로를 따라가야 하기 때문이다. 가벼운 금속 구조물로 된 지붕이 덮인 산책로를 거니는 사람들은 실내에 있으면서 동시에 실외에 있는 느낌을 받는다.

전체적으로는 노천카페가 끝없이 이어지듯 수많은 의자와 벤치가 놓여있다. 병을 고치러 온 사람들은 이곳에 앉아서 건강에 좋은 비시의 물을 마시곤 한다. 방문객의 발길이 끊이지 않는다는 사실은 도시 생활 전반에 상당한 영향을 미친다. 상점과 식당과 카지노 등 방문객을 대상으로 하는 모든 편의시설은 지역 주민에게 중요한 수입원이 된다. 관광산업의 초기 모델은 이런 모습이었다 해도 과언이 아니다.

시대를 막론하고 사회적 접촉이 이루어지는 이유는 언제나 상업적인 거래다. 지역사회의 형태가 어떠하든, 상업적 거래의 일부가 거리에서 이루어진다. 농부가 도시로 가서 생산물을 판매하고 그 돈으로 다른 물품을 구입한다. 그러면서 소식을 교환하는 식이다.

448 449
450
451

레알 지구 449-451

파리의 마켓 홀은 도시의 상품 분배 과정에 없어서는 안 될 연결고리였다. 말하자면 더 이상 생산자와 소비자가 직접 대면하지 않는 거대한 시스템 속에서 환승역 같은 역할을 하는 존재였다. 건물은 박공牔栱지붕(건물의 모서리에 추녀가 없이 용마루까지 측면 벽이 삼각형으로 된 지붕)이 덮인 하나의 넓은 공간으로 이루어졌고, 짐을 싣고 내리는 공간이 따로 있었다. 마켓 홀은 상업 활동의 중심지로서 일대의 이정표 역할도 수행했다. 예컨대 마켓 홀 주변에는 밤새도록 영업하는 식당이 많았는데, 일부는 아직 남아있다.

마켓 홀은 계속 규모를 확장해야 했고, 특히 식료품 수송량이 크게 늘어나는 바람에 결국 다른 곳(룽기)으로 이전하기에 이르렀다. 건물을 그대로 보존하자는 운동이 대대적으로 벌어졌음에도 1971년 내부 시설이 모두 철거되었으며, 거대한 철제 프레임으로 만든 파빌리온도 파괴되었다. 이런 건물이 남아있다면, 공연이나 운동경기처럼 많은 사람이 모이는 행사를 할 장소를 구하기 쉽지 않은 요즘 활용하기 좋았을 것이다. 마켓 홀을 파괴하고 다른 건물을 세운 것은 도시 생활의 '무대'인 공공의 영역을 파괴한 대표적인 사례다.

함께하는 영역   169

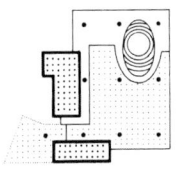
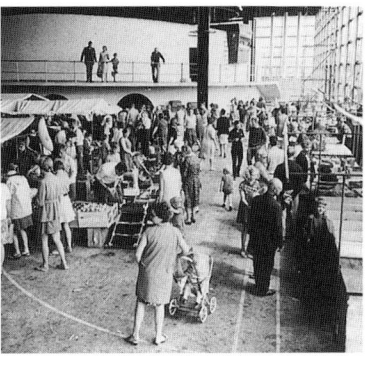

커뮤니티 센터[452, 453]

반 클링헤런은 드론턴과 에인트호번 등의 도시에 커뮤니티 센터를 설계하면서 도시 중심부에서 벌어지는 온갖 활동을 한 건물에 모아놓으려는 시도를 했다. 커뮤니티 센터는 새로운 사회적 역할과 거래를 탄생시킨 복합공간이다. 그러나 요즘은 도시와 도시 근교 마을에 커뮤니티 센터를 설립하려는 사람이 없기 때문에 이런 건물이 좀처럼 만들어지지 않는다.

설계안에 따르면 커뮤니티 센터는 단일한 구조가 아니라 여러 개의 '상자(입방체형 건물)'로 나뉘고 입구도 각각 따로 있다. '상자' 구조는 전체 시설의 활용도에 불리하게 작용하는 측면이 있으며, 역설적으로 각 부분이 제대로 활용될수록 가로공간에서의 삶의 질은 떨어진다. 이렇게 되면 커뮤니티 센터는 기껏해야 도시에 시설이 부족하다거나, 신축 주택가와 기존 도심지 사이에 반드시 있어야 하는 상호작용에 대한 포괄적인 견해가 없다는 사실에서 존재 이유를 찾는 '인공적인' 도심지로 전락한다.

커뮤니티 센터는 1960년대만 해도 상당히 흥미를 끄는 사회적 실험이었지만 인내심과 공동체 정신이 희박해진 오늘날에는 활용도가 낮다. 게다가 가까운 공간에서 들려오는 소음이 방해가 된다고 느낀 사람들이 벽을 만들거나 파티션을 세우기 시작하면서 설계에서 중요한 요소였던 공간의 통일성이 파괴되고 말았다.

에펠탑[454, 455]

파리 만국박람회를 위해 세운 에펠탑은 파리를 찾는 관광객에게 상징적인 존재일 뿐 아니라 19세기 중반에 나타난 새로운 사고를 상징하는 기념물이다. 에펠탑은 규모의 팽창과 권력의 중앙 집중이라는 사회적인 변동을 철골을 통해 함축적인 형태로 표현했다.

에펠탑은 각자 다른 위치에서 다양한 기능을 수행하는 수많은 작은 부속이 모여 중앙에서 착상된 단일한 구조물을 형성하고 그렇게 만들어진 전체는 부분의 총합을 능가한다는 사실을 보여주는 건축물이다. 에펠탑을 똑같은 비율로 축소해서 높이 30센티미터로 만든 모형의 무게가 고작 7그램이라는 사실은 정교한 기술의 승리를 뜻한다. 규모가 큰 구조물을 만들기 위해서는 '능동적 힘active force'을 효과적으로 제어해야 한다. 에펠탑은 작은 힘을 무수히 결합하면 경외심을 불러일으키는 힘을 이끌어낸다는 중앙집중의 원칙을 형상화한 건축물이다. 모든 것을 빨아들이는 무서운 힘이 고삐에서 풀려날 위험은 고려하지 않고 실행에 옮긴 건축물이다.

개인으로 이루어진 집단이 생산한 상품이 미로처럼 복잡한 중간단계를 거쳐 다시 개인에게 분배되는 유통 체계, '투르 드 포스tour de force('역작'을 가리키는 말로, 직역하면 '힘의 탑'이라는 뜻이다—옮긴이)'는 분업과 전문화, 계약으로 이루어진 복잡한 구조를 기반으로 한다. 규모는 점점 커지고 전체적인 상품 유통과정에 개인이 행사하는 영향력은 줄어드는 현상을 몰렉(끔찍한 제물을 요구하는 신—옮긴이)에 비유한다면, 에펠탑은 중앙집권적 조직 기술이 집적된 몰렉의 자양분에 해당된다.

박람회 전시관 456-458

대량생산한 상품의 진열장으로서 새로운 시장을 개척하기 위한 행사였던 만국박람회는 거대한 전시관이 필요했다. 런던의 수정궁(1851) (**456**, **457**)이나 파리의 그랑 팔레와 프티 팔레Grand & Petit Palais(1990) (**458**)는 모두 만국박람회를 위한 건물이었다. 강철과 유리로 만들어진 이들 대형 전시관은 소비의 주체이자 사회에서 소비되는 대상인 소비자를 위한 최초의 궁전이었다.

한편, 19세기 말에는 대량생산 방법과 체계에 의해 새로운 건설 공법이 탄생했다. 강철을 건축자재로 사용하게 되자 스팬이 아주 긴 지붕 구조를 단시간 내에 만들었다. 그리고 강철로 된 지붕 프레임에 판유리를 삽입해 가볍고 통풍이 잘 되는 드넓은 홀 공간을 형성할 수 있었다. 바깥 날씨와 관계없이 실내공간에서 여러 가지 활동도 가능해졌다. 유리 항아리 모양의 새로운 구조물은 일반적인 입방체 건물보다는 브뤼셀 인근 라켄 궁과 런던의 큐 왕립식물원에 있는 거대한 유리온실과 닮은꼴이었다. 물론 긴 스팬 역시 전통적인 의미의 실내공간과는 다른 느낌을 주는 요인으로 작용했다. 강철 구조 덕분에 매우 긴 스팬이 가능해지면서 새로운 건축 공법을 활용한 새로운 시도가 활발하게 이루어진 반면, 그런 공간이 과연 실용적인가 하는 의문도 제기되었다. 거대한 유리지붕으로 인해 빛이 잘 드는 광활한 공간이 생겼다는 사실은 부인할 수 없지만, 중간에 기둥이 몇 개 있더라도 정작 기능적인 면에서는 별 차이가 없기 때문이었다. 결국 순전히 실현가능성 때문에 욕구가 생겨나고 욕구가 다시 새로운 기술과 가능성을 부른 셈이다.

에펠 탑이 하나의 사고방식을 표현한 건축물이었다면 그 사고방식 역시 건축의 새로운 가능성에 의해 고무된 것이 틀림없다. 요컨대 수요가 공급을 낳고, 공급이 수요를 낳는다. 사실 거대한 박공지붕과 분절을 최소화한 공간, 이와 같은 구조가 발달한 과정을 현대사회의 양적 팽창과 중앙집중화를 낳은 새로운 사고방식의 출현과 연결하는 것은 지극히 당연한 일이다.

프렝탕 백화점 (프랑스 파리, 1881–1889), P. 세디유.

봉 마르셰 백화점(프랑스 파리, 1876), L. C. 브알로.

라파예트 백화점 (프랑스 파리, 1900).

파리의 백화점

세계 각국에 들어선 대형 백화점 역시 20세기에 강철과 유리로 지은 전시장과 마찬가지로 소비 증가와 시장의 확대를 표현하는 공간이다. 한 지붕 아래 수많은 상인이 모여들어 각자 상품을 판매하는 '바자'라든가 각각의 지붕을 지닌 가로형 상업공간과 달리, 백화점은 어떤 물건이든 살 수 있는 넓은 상점으로서 단일한 중앙집중적 기업이 경영한다. 실제로는 일종의 잡화점이지만 규모가 엄청나게 크고 다양한 상품을 구비하고 있다.

일반적인 잡화점에서는 계산대 뒤쪽 벽을 가득 메운 진열장에 상품을 보관하기 때문에 점원만 상품에 접근할 수 있는 반면, 백화점에서는 넓은 중앙 홀에서 건물의 각 층이 마치 잡화점의 진열장 선반처럼 한눈에 들어온다. 중요한 차이점은 백화점의 경우 소비자 대중이 상품에 마음대로 접근할 수 있다는 점이다.

거의 모든 전통적인 백화점 건물에는 유리 지붕이 있어서 기본적으로 비슷한 공간이 형성된다. 유리 지붕은 넓은 상점을 단일한 공간으로 엮어주는 효과를 낸다. 물론 중앙 홀 주변의 공간은 여러 부분으로 나뉘어 각기 다른 상품을 판매한다. 라파예트 백화점의 중앙 홀은 대중을 정중히 환영하는 공간이다. 특히 기둥이 없는 독립형 구조로 된 웅장한 계단이 사람을 끌어들인다.

철도역

철도망이 날로 확장됨에 따라 여행과 상품 교환이 활발해지면서 세계는 작고도 큰 곳이 되었다. 도시와 마을에 세워진 철도역은 관문 역할을 하는 다른 건물들과 함께 수송 체계의 기초를 형성했다. 일반적으로 도시 중심부의 유리한 위치에 있던 철도역은 도시에 새로운 건축 양식을 소개하는 데 그치지 않고 호텔과 음식점, 상점 등 철도와 연관된 일련의 새로운 시설을 함께 들여왔다. 대부분의 철도역은 독자적인 사업도 벌였는데, 철도 여객으로 이루어진 단골손님뿐 아니라 모든 시민을 대상으로 했다. 철도역의 홀은 도심의 실내공간으로서 서서히 공공장소의 성격을 띠게 되었다. 철도역은 다른 상점이 모두 문을 닫은 후에도 물건을 살 수 있으며, 환전을 하고, 잡지를 구입하고, 화장실을 쓰고, 부스에서 사진을 찍고, 정보를 얻고, 간단한 식사를 하는 장소였다. 시설이 집중된 구역은 점차 확대되어 역 주변에도 카페와 식당과 호텔이 생기기 시작했다. 실제로 영국에서는 역사에 호텔이 있는 경우도 종종 있다. 기차의 도착과 출발을 둘러싼 혼잡함과 활력 덕분에 철도역 주변은 여러 가지 시설이 집중된 도시의 중심지가 되었다.

지하철역

파리와 런던의 지하철은 철도역과 같은 역할을 한다. 다만 지하철역은 철도역보다 규모가 작고 시내 이곳저곳에 흩어져있다는 점이 다르다. 특히 독특한 모양의 파리 지하철 출입구는 분위기가 제각각인 파리 시내의 매 구역마다 우뚝 솟아있는 하나의 거대한 구조물이자 친숙한 이정표다. 지하철 출입구와 각 구역의 관계는 철도역과 도시의 관계와 같다. 지하철역은 해당 구역의 편의시설과 비즈니스가 모이는 장소다. 특히 환승역에 있는 미로처럼 얽힌 홀과 통로는 길거리 음악가들이 즐겨찾는 곳이다. 특히 겨울에는 음악가들이 추위를 피해 도시의 지하로 들어간다.

중앙역 (스코틀랜드 글래스고).

도핀느 지하철역 (프랑스 파리, 1898-1901), H. 기마르.

12 사적영역과 대중의 접근

최대한 많은 사람이 접근할 수 있게 만든 대형 빌딩이라 해도 언제나 열려있지는 않다. 개방 시간은 일방적으로 결정된다. 그럼에도 불구하고 공공건물은 대중의 영역이 궁극적으로 상당히 많이 확장되었다는 의미를 내포한다.

대중의 영역이 강조되는 가장 독특한 예가 바로 아케이드다. 아케이드는 유리 지붕이 덮인 실내 상점가를 이르는 말로 19세기에 많이 건설되었다. 지금도 세계 각지에서 훌륭한 아케이드를 많이 찾아볼 수 있다. 아케이드는 무엇보다 개방된 실내공간을 창출함으로써 구매자를 끌어모은다. 아케이드는 자동차가 다니지 않는 길이므로 폭을 좁게 만들어 잠재적인 구매자가 양쪽의 상점 진열장을 충분히 들여다볼 수 있도록 한다.

464
465
466 467

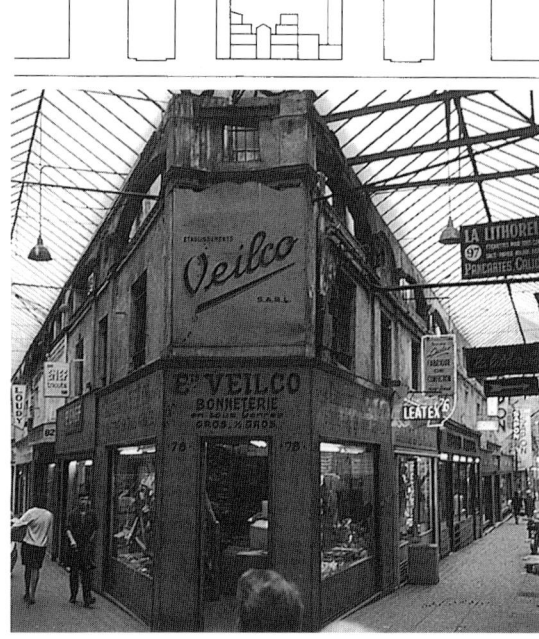

파사주 뒤 케르 464-467

파리에 있는 파사주 뒤 케르Passage du Caire는 아케이드의 기본적인 개념을 보여주는 흥미로운 사례다. 독특한 모양의 실내공간과 외관은 합리적인 질서에 따라 만들어졌는데, 건

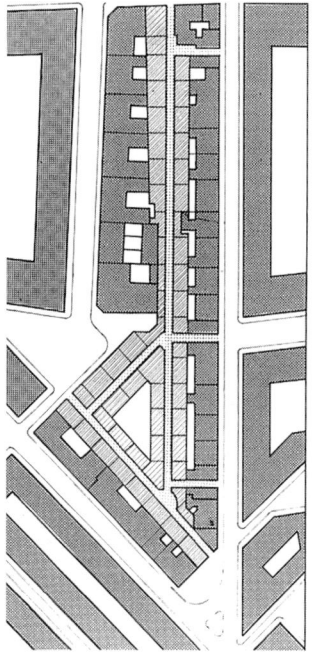

축적 요소가 규칙적이면서도 자유롭게 배치되어있다. 파사주 뒤 케르에 입주한 상점은 대부분 건물 외곽에 있는 상점과 관련이 있기 때문에 공식적인 입구 외에도 상점의 내부를 통과하는 비공식적인 통로가 그물처럼 발달했다.

쇼핑 아케이드

쇼핑 아케이드가 최초로 발명되어 번창했던 파리에는(1구역과 2구역에는 지금도 아케이드가 많이 남아있다) 파사주 세 개의 내부 통로가 서로 연결되어있다. 파사주 베르도Passage Verdeau, 파사주 주프르와Passsage Jouffroy, 파사주 데 파노라마Passage des Panoramas가 그것이다. 이들은 짧은 사슬처럼 연결되어 몽마르트르 대로를 가로지른다. 만약 이 실내거리가 계속 이어졌다면, 주변 거리의 양상과 무관하게 지붕 덮인 보행로가 발달했을 것이다.

쇼핑 아케이드는 해당 지역의 환경에 따라 세계 각지에 다양한 형태와 규모로 존재한다. 고급 쇼핑구역이라는 본래의 매력을 잃은 경우도 있지만, 대부분의 아케이드에는 명품을 판매하는 상점이 여전히 들어서있다. 예컨대 브뤼

468 469
470 471

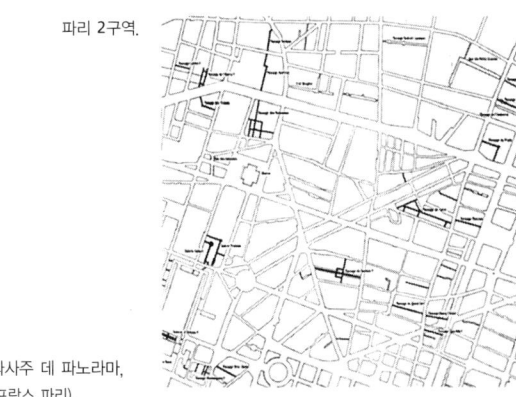

파리 2구역.

파사주 데 파노라마,
(프랑스 파리).

갤러리 비비엔,
(프랑스 파리).

함께하는 영역 175

스트랜드 아케이드,
(호주 시드니)

472 473
474
475

셀에 있는 갤러리 생 위베르Galerie St. Hubert와 밀라노에 있는 갈레리아 비토리오 에마누엘레Galeria Vittorio Emanuele는 도시의 심장부로 널리 인정받는 곳이다(아케이드에 관한 역사적 사실이나 연구 내용을 알고 싶으면 다음을 참조할 것. J. F. Geist, *Passagen, ein Bautyp des 19. Jahrhunderts*, München, 1969).

아케이드 형식이 다시금 주목받은 이유는 도시 중심지 도로의 교통량이 많아지면서 보행자 전용구역의 필요성이 제기되었기 때문이다. 기존의 도로는 그대로 두고 보행자를 위한 '체계'를 별도로 만들어야 하는 상황이었고, 그래서 지름길처럼 블록과 블록 사이를 '뚫고' 지나가는 19세기 양식의 아케이드가 곳곳에 건설되었다. 일차적으로는 실내공간을 활용하려는 목적에서 만든 구조물이었다.

하지만 건물을 가로지르는 아케이드가 만들어져도 건물 외관에는 별다른 영향을 미치지 못했다. 건물의 외부와 거리와의 경계를 이루는 공간은 여전히 독립적으로 존재하면서 각기 다른 기능을 수행했다. 근래 설계된 지붕 덮인 보행로는 대부분 내부에 활동이 집중되고 외관은 마치 건물의 후면 벽처럼 황량한 모습이다. 이처럼 건물의 내부와 외부가 거꾸로 된 공간은 아케이드의 기본 원리를 완전히 왜곡한 것이나 다름없다.

갤러리 생 위베르,
(벨기에 브뤼셀).

갤러리아 델 인두스
트리아 수발피나,
(이탈리아 토리노).

유리로 된 지붕을 통해 위에서 빛이 들어오는 높고 긴 파사주 안에 있으면 실내에 있는 느낌이 든다. 파사주는 '실내'인 동시에 '실외'인 공간이다. 실내와 실외는 지극히 상대적인 개념이므로 건물의 내부에 속하는 공간과 두 건물을 연결하는 공간을 정확히 구분하기란 불가능하다. 건물과 가로공간의 대비가 사적영역과 공적영역의 구분에 막연하게나마 이바지하는 경우에는 아케이드가 폐쇄된 사적영역을 침범하게 된다. 그러면 내부공간에 접근하기가 쉬워지고 거리의 조직은 더욱 조밀해진다. 도시는 공간적인 면에서나 접근성 면에서나 안팎이 역전된다.

아케이드는 접근성의 변화를 포함하는 개념이다. 접근성이 변화하면 공적영역과 사적영역의 경계선도 변화하고 일부는 지워지며 공간적인 측면에서는 대중이 사적영역에 접근하기가 쉬워진다.

경계 구역을 닫힌 공간으로 설정했던 20세기형 도시계획을 탈피하려면 거리 패턴에 따라 구분되던 공간의 뚜렷한 경계선을 해체해야 한다. 건물의 독립성이 증가하면 건물들의 상호관계는 소멸한다. 그래서 현대의 건물은 일직선을 이루지 않고 마치 광활한 평지에 석기시대 유물처럼 불규칙하게 흩어져있다. '복도형 거리rue corridor'가 '복도형 공간espace corridor'으로 변질된 격이다.

478 479

476 477

473-477 :
갈레리아 비토리오
에마누엘레,
(이탈리아 밀라노).

함께하는 영역 177

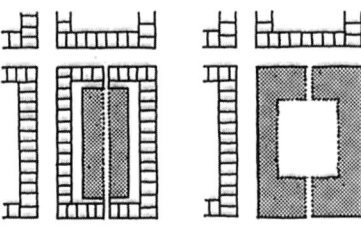

이튼 센터,
(캐나다 토론토).

불과하며 항상 '실외'에 있다는 느낌을 준다. 이미 제2차 세계대전 전부터 건축가와 도시계획 담당자들은 도시의 통일성을 깨뜨리기 시작했다. 전쟁은 도시를 파괴했고, 전쟁 후에는 자동차에 대한 열광이 '최후의 일격'을 가했다. 이제는 누구나 도시 실내공간을 구축하고 건물 외관에도 흥미와 관심을 불러일으켜야 한다는 사실을 인정한다. 그렇다고 해서 건축에서 가로만 중시하고 실제 주거공간은 단순한 구두점이나 무대장치의 소품처럼 취급해도 된다는 이야기는 아니다. '근대주의운동Modern Movement'이 목표로 삼은 것은 건축 환경의 개선, 특히 주거공간의 개선이지 않았던가. 근대 건축가들이 채광조건과 전망이 좋고 쾌적한 외부공간을 갖춘 위치에 주거를 배치한 이유도 여기에 있었다.

도시의 얼굴은 절반의 진실일 뿐이다. 나머지 절반은 편안한 주거공간이며, 두 가지는 서로를 보완해준다.

20세기의 새로운 대지구획 방법은 주거건축의 '물리적' 환경에 혁명적인 변화를 일으켰지만, 전체적인 환경의 통일성에는 재앙과도 같았다. 대다수 도시가 부정적인 영향을 받았다. 개별화된 파사드와 사적인 입구공간을 가지고 독립된 실체로 서있는 건물이 많아질수록 환경의 통일성은 줄어들고 공적영역과 사적영역의 대비는 강화된다. 주택단지에 공용 진입로가 있거나, 실내 가로공간이 있거나, 사적 공간으로 둘러싸여 있다고 해도 달라지지 않는다. 도시의 건물들이 자유롭게 흩어진 기념물처럼 서로 무관하게 존재하는 경우 건물의 외부공간은 넓어진다. 하지만 외부공간은 기껏해야 기분 좋은 공원에

480 481
       482

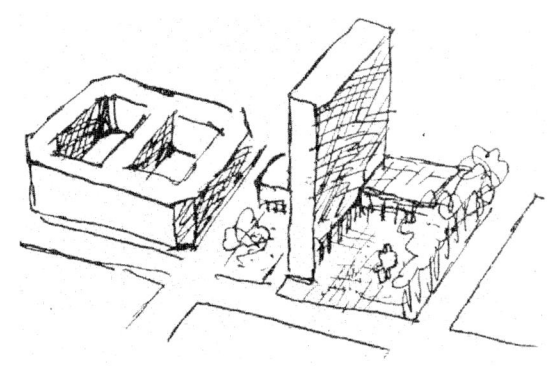

리우데자네이루 교육보건부 청사 482-485

르코르뷔지에는 도시계획안을 구상할 때와 마찬가지로 블록을 구획할 때도 전통적인 방식을 따르지 않았다. 그는 사방에서 대지를 둘러싸는 거대한 매스를 만드는 대신 기둥 위에 높은 건물을 세우는 '자유로운 형태'를 선택했다. 이 설계안에 따르면 블록을 빙 둘러서 걸을 필요 없이 건물 아래를 대각선으로 가로지를 수 있다.

기둥의 높이와 기둥 사이의 거리도 자유로운 공간 창조를 염두에 두고 결정되었다. 부근에 이런 식으로 설계된 건물이 드물기 때문에 자유로운 느낌은 더욱 강조된다. 이곳에 오는 사람들은 특별한 자극과 감흥을 느낀다. 이러한 맥락에서 르코르뷔지에가 남긴 중요한 말이 있다. 사적영역에 속하기 때문에 일반적인 경우에는 접근이 불가능한 넓은 공간을 대중에게 개방하면 도시 환경이 개선된다는 것이다. 하지만 주위 블록이 모두 같은 원칙에 따라 설계되었다면, 이런 방법도 빛을 잃고 구역 전체가 흔해빠진 도시 풍경이 되어버린다는 사실에 유의해야 한다. 대조야말로 설계안의 원칙을 돋보이게 하는 요인이다.

우리는 가로공간의 질과 건물의 질을 연관시켜 생각해야 한다. 우리가 상상하는 이상적인 도시생활인 상호관계의 모자이크를 이루기 위해 필요한 공간은 어떤 것인가? 건축공간과 외부공간(우리가 가로라고 부르는)이 공간적인 의미에서 서로를 보완하고 서로의 형성을 돕는 것은 물론이고(우리가 가장 우선시하는 관심사는 이것이다), 그 건축공간과 외부공간이 서로에게 최대한의 접근성을 허용하기 때문에 내부와 외부의 경계가 흐려지고 사적영역과 공적영역의 날카로운 경계선도 무뎌진다. 어떤 건물에 천천히 진입하는 경우 현관문을 통과하는 유일하고 갑작스러운 순간의 중요성은 사라진다. 현관문은 아직 실내의 성격이 분명하지 않으며 공적 성격도 분명하지 않은 영역이 연속되는 공간으로 확장된다. 이와 같은 접근성의 메커니즘이 가장 뚜렷하게 표현되는 공간이 바로 아케이드인 만큼, 오늘날까지도 아케이드가 중요한 사례로 활용된다는 것은 당연하다.

483
484 485

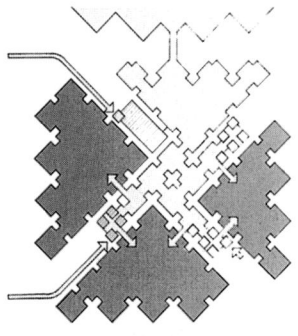

센트랄 베헤이르 빌딩 486-489

센트랄 베헤이르 빌딩에서 금세기 초반을 풍미한 '전통적인' 열린 건축 경향에 전적으로 부합하는 도시계획안을 찾아볼 수 있다. 전통적인 열린 건축에서는 건물들이 일직선으로 늘어서지 않고 모여 가로를 형성하지도 않으며, 주변 건물들과 아무런 연관성 없는 자기완결적인 설계안이 요구된다. 센트랄 베헤이르 빌딩은 하나의 거대한 덩어리가 아니라 여러 개의 작은 공간이 합쳐진 투명한 복합체다. 빌딩 공간은 다소 독립적인 성격을 띠는 작은 블록들로 나뉘며 블록과 블록 사이에 아케이드와 비슷한 실내거리가 있다.

곳곳에 출입구가 있는 까닭에 이 빌딩은 하나의 건물이라기보다는 도시의 한 구역에 가까워 보인다. 집단 부락과 비슷한 모습이라고 말할 수도 있다. 설계안에 따르면 직원들은 자기 업무공간을 벗어나 빌딩의 중앙 홀로 가서 휴식을 취하거나 커피를 마실 수 있다. 도심지에서 산책을 하는 것과 비슷한 느낌이다. 중앙 홀은 문자 그대로 공공장소로 쓰일 수 있는 공간이다.

원래의 설계안대로 실행되었다면 대중의 접근을 보장하는 공공장소로서의 가능성이 충분히 살아났을 것이다. 설계안에서는 빌딩 바로 옆에 아펠도른 철도역이 새로 들어선다는 점을 감안해, 사람들이 센트랄 베헤이르 빌딩을 거쳐 플랫폼으로 이동할 수 있다. 건물 안에 매표소를 설치하기 위해 네덜란드 철도청과 협의하기도 했다. 센트랄 베헤이르 빌딩은 독립적인 건축물로서 형태적인 측면에서는 다수의 작은 건축공간으로 분절되어있으며, 실용적인 측면에서는 일정한 원칙에 따라 접근성을 조절함으로써 분절의 효과를 달성했다. 접근은 어느 방향에서나 가능하며 서서히 단계적으로 진입하도록 되어있다.

486 487
488
489

공공장소의 안전에 대한 우려가 나날이 증가함에 따라 센트랄 베헤이르 빌딩도 대중의 접근에 일정한 제한을 두기 시작했다. 현재 모든 출입구에는 감시 카메라가 설치되어있고, 주출입구 하나만 남기자는 의견이 설득력을 얻고

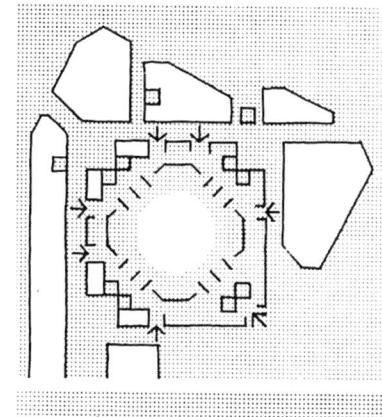
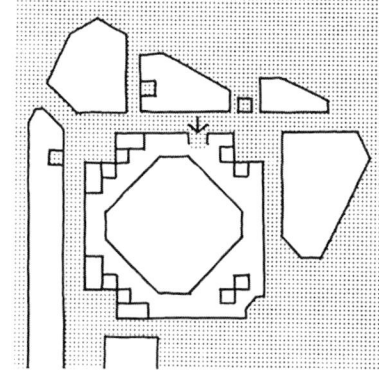

있는 상황이다. 게다가 두 채의 건물을 하나로 합치고 나서부터는 출입문 찾기도 어려워졌다.

브레던뷔르흐 음악당 490-492

우리는 '음악의 사원'이라고 불리는 음악당의 전통적인 형태에서 벗어나, 음악에 조예가 깊지 않은 사람도 기꺼이 들어가고 싶어질 정도로 편안하고 위압감이 적은 건물을 만들고자 했다. 그래서 건물의 '이미지'는 물론 건물에 접근하는 '메커니즘'에도 극적인 변화를 주었다. 우선 웅장한 정문으로 들어가는 대신 여러 단계를 밟으며 진입하도록 했다. 실내통로를 지나면 여러 개의 출입문이 나오고, 안으로 들어가면 음악당 로비에 도착하며, 로비에서 다시 강당으로 갈 수 있다. 실내통로 혹은 아케이드를 따라 늘어선 문들은 바로 광장으로 통하기 때문에 이 문들이 모두 열려 있을 때는 음악당 건물 전체가 일시적으로 거리의 일부가 된다. 실제로 무료 연주회가 열리는 동안에는 모든 문을 열어 놓는다. 거리에서 쇼핑을 하던 사람이 건물 안으로 들어가 음악 소리에 귀를 기울이는 모습도 가끔 볼 수 있다. 연주를 들으러 온 사람들이 아니라 지름길을 통해 맞은편 거리로 가려는 사람들이다.

493
494
495

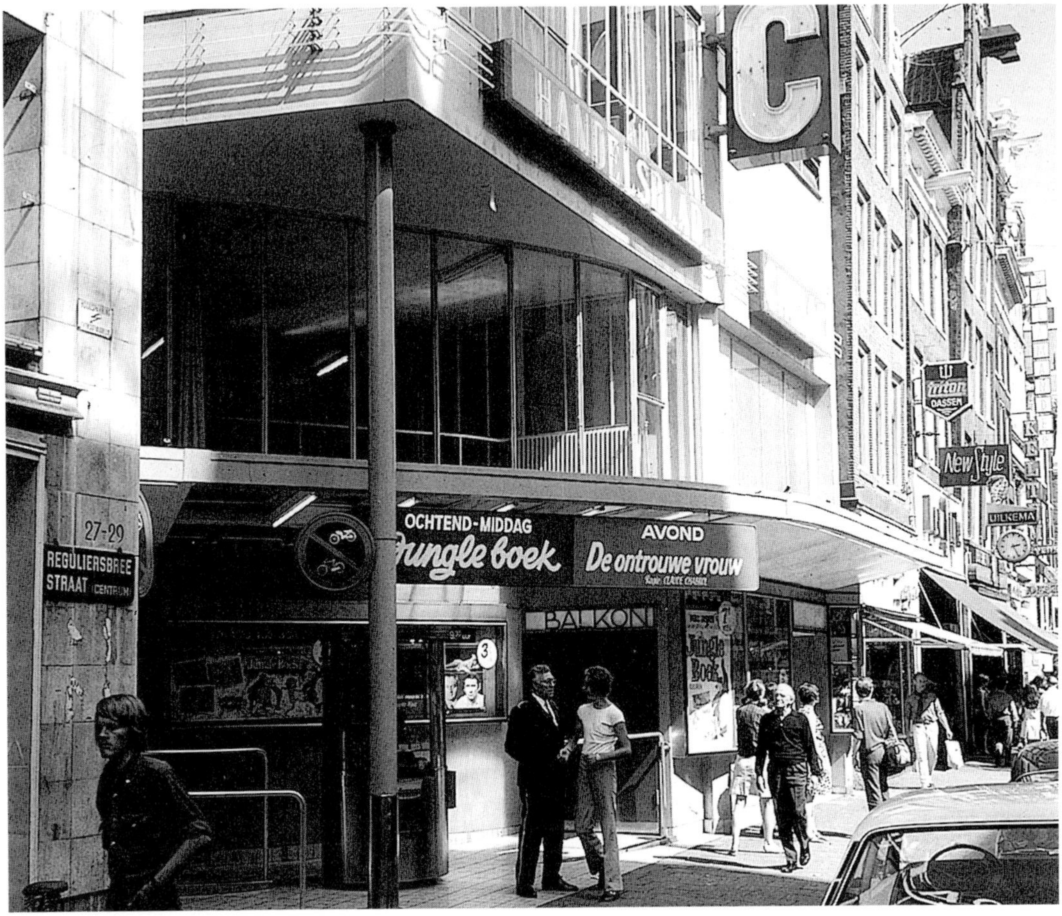

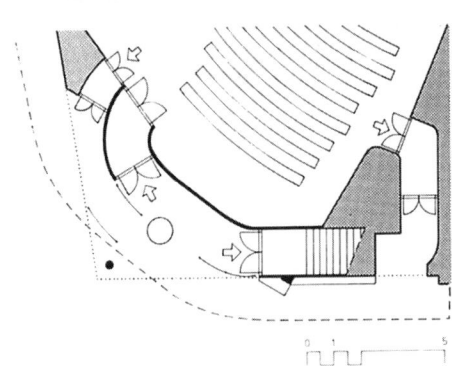

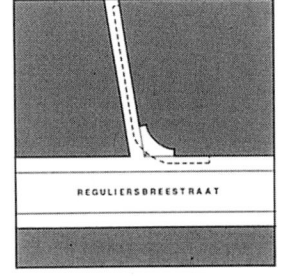

시네악 시네마 493 - 495

도이커는 건물을 사선으로 1센티미터도 놓치지 않고 배치해 좁은 대지에 모든 시설을 집어넣는 데 성공했다. 뿐만 아니라 건물 입구가 있는 모퉁이를 열린 공간으로 남겨놓아, 길모퉁이가 계속해서 공공장소 구실을 할 수 있도록 했다. 길모퉁이로 들어온 사람들이 높은 기둥 뒤를 지나고 곡면 유리 차양을 따라가다 보면 연속 상영 영화표를 사고 싶어질지도 모른다. 1980년에는 유리 차양에 나무를 덧씌웠고, 번쩍이는 간판도 치워버렸다. 도이커가 마지막으로 남긴 걸작을 훼손한 것이다. 위치라든가 건축 재료의 선택 등으로 볼 때 거리에 내준 모퉁이 공간은 엄연히 건물의 일부다. 건물의 나머지 부분과 같은 바닥재를 사용했고 유리 차양도 동일하다. 결론적으로 이곳은 사적인 동시에 공적인 성격을 띠는 이중적인 공간이다.

내부와 외부라는 상대적인 개념을 표현하는 것은 공간 구획의 최우선 과제다. 하지만 어떤 영역의 분위기가 거리와 실내공간 중 어느 쪽과 더 비슷한가는 공간의 성격에 달려있다. 게다가 사람들이 어떤 영역을 실내공간이나 실외공간, 실내와 실외의 매개공간으로 간주하느냐에 따라서 해당 공간의 면적과 형태와 재료가 결정된다.

센트랄 베헤이르 빌딩(496)과 브레던뷔르흐 음악당(497)의 경우 '거리에 준하는 영역semi-street area'으로 의도된 공간들은 폭이 좁고 천장이 매우 높으며, 전통적인 쇼핑 아케이드처럼 위에서 빛이 들어오는 구조다. 이러한 공간의 횡단면도를 보면 오래된 도시의 골목길이 떠오르는데, 흔히 야외에서 보는 재료가 바닥과 벽에 사용되었기 때문에 그런 분위기가 한층 강해진다. 브레던뷔르흐 음악당은 바닥과 벽이 목재로 되어있어서 이러한 느낌이 강하다. 반면 음악당에 인접한 상업지구인 '후흐 카타리느Hoog Catharijne'는 바닥에 대리석이 깔려있고 폭이 훨씬 넓은데다 위에서 들어오는 빛이 보조적인 역할만을 수행한다. 후흐 카타리느는 원래 공공장소임에도 공간의 수평적 성격, 인공 조명, 매혹적으로 빛나는 대리석이 결합되어 넓은 백화점처럼 보인다.

솔베이 호텔 498-501

건물 정면에 있는 문이 주출입문이라는 사실은 의심의 여지가 없다. 그러나 주출입문을 열고 들어가면 고풍스러운 홀이 아니라 건물 내부를 곧장 가로지르는 실내통로가 나오고, 그 끝에는 한 쌍의 문이 더 있어서 뒤뜰로 나갈 수 있다. 실내통로가 있는 이유는 비가 올 때 사람들이 마차를 탄 채 안으로 들어와 현관문 바로 앞에 내릴 수 있도록 하기 위해서였다.

진짜 현관문은 정면 파사드와 수직을 이루는 면에 위치해있으며, 그곳에서부터 현관홀과 계단을 거쳐 2층으로 올라가게 된다. 2층에는 객실들이 전면 벽과 후면 벽을 꽉 채우고 있으며, 오르타 특유의 유리 내벽이 있어서 계단과 이어지는 느낌을 준다. 건물을 가로지르는 실내통로는 엄밀히 말하면 사적 공간이며 건물의 일부임에도

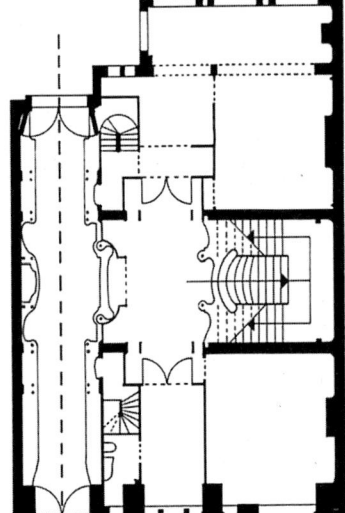

거리의 일부라는 인상을 준다. 바닥에 깔린 돌과 단을 이룬 경계석 등 거리와 똑같은 재료가 사용되었기 때문에 그런 인상은 더욱 강해진다.

파사드와 가로공간의 매끄러운 전환은 오르타 건축의 특징이다. 오르타가 설계한 건물에서는 건물과 거리의 경계선, 사유지와 공공장소의 경계선이 분명치 않다. 파사드와 거리에 사용된 재료까지 똑같기 때문에 사실상 경계선이 존재하지 않는 것처럼 보인다. 언제나 사적 공간과 공적 공간을 엄격히 구분해야 한다고 주장하는 행정당국을 어떻게 설득했는지는 알 길이 없다.

파사주 폼므레 502-504

대다수 아케이드에는 실외공간에 '속하는' 재료와 형태가 활용되었으나 낭트에 있는 파사주 폼므레처럼 정반대 경우도 있다. 파사주 폼므레는 높이가 다른 두 거리 사이의 블록을 가로지르는 통로로서 현존하는 가장 아름다운 아케이드 가운데 하나다. 이곳의 아름다움은 무엇보다 공간의 높이가 서로 다르다는 데서 비롯된다. 두 거리는 중앙공간에서 동시에 바라볼 수 있으며, 커다란 나무계단으로 연결된다.

보통 이런 상황에서 예상하기 어려운 재료인 나무를 사용함으로써 실내와 같은 느낌을 강화한다. 겉으로 보이는 모습은 물론이고 계단을 오르내리는 소리도 실내공간을 연상시킨다. 이렇게 실내와 실외가 이중으로 상대화된다는 점에서 이 아케이드는 실내와 실외의 대비를 완화하는 데 성공한 사례다.

502
503 

함께하는 영역 185

〈편지〉, 피터 드 호흐(1629-1684)⁵⁰⁵

피터 드 호흐의 그림은 '실외'와 '실내' 개념의 상대적인 성격을 보여준다. 이 그림은 공간 구획을 통해서뿐 아니라 재료, 빛의 밝기 변화, 온도의 표현을 통해 실내 또는 실외의 느낌을 묘사하고 있다.

바닥에는 광택이 나는 차가운 타일이 깔려있고 뒤쪽 벽에는 소박한 유리창이 있는 실내공간은 실외처럼 서늘해 보이는 반면, 맞은편 건물의 외부 파사드는 햇빛을 받아 따스하게 빛난다. 문지방도 없는 열린 현관문은 실내공간과 양탄자 같은 질감으로 이루어진 가로공간 사이를 매끄럽게 연결한다. 실내와 실외의 역할이 뒤바뀐 느낌 덕분에 공간 전체가 하나로 어우러지고, 특히 접근성의 표현이 두드러진다.

실외를 연상시키는 공간 구획과 재료를 실내공간에 적용해서 사적인 느낌을 완화하듯, 실내를 연상시키는 공간적 장치를 실외공간에 적용해서 아늑한 느낌을 강화할 수도 있다. 그러므로 접근성이 높으면서도 친밀한 느낌을 주는 공간을 만들기 위해서는 실내와 실외라는 개념은 물론, 실내와 실외의 구분이 명확하지 않은 경우도 고려해야 한다.

점진적인 입장과 퇴장을 가능하게 하려면 건축적 수단에 의해 한 단계씩 차례대로 표현해야 한다. 총체적인 경험을 형성하는 것은 높이와 폭과 밝기(자연광 및 인공 조명)에 단계적인 변화를 주고 재료와 바닥 높이를 다르게 하는 등의 건축적 수단이다. 사람들은 이렇게 순서대로 경험하는 감각들에서 여러 가지를 연상하며, 이전의 비슷한 경험을 토대로 각각의 감각이 '실내성과 실외성'의 어떤 단계에 상응하는가를 판단한다.

감각은 점진적으로 변화하는 실내성과 실외성의 단계를 구체적으로 지시하며 나아가 그 단계에 상응하는 공간 사용법을 알려준다. 이 책의 앞부분에서 어떤 공간이 어떻게 활용되느냐, 사람들이 그 공간에 어떤 책임감을 느끼느냐, 얼마나 애정을 쏟느냐는 모두 영역 표시와 관리의 문제라고 서술한 바 있다. 하지만 건축은 공간을 특정한 방식으로 사용할 것을 촉진하는 힘을 가지고 있다. 건축에는 확실한 연상 효과를 낳는 공간적 이미지와 형태와 재료가 있기 때문이다. 그러므로 공적이니 사적이니 하는 개념은 단순히 행정적 구분일 뿐이다.

1960년대 말에는 사회의 개방성에 더해 건축물의 개방성을 확대하고 가장 우수한 공적영역인 가로공간을 부활시키려는 시도가 주류를 이루었다. 반면 요즘은 공공의 접근성을 제한하고 자기만의 '요새'에 깊숙이 들어가려는 경향이 늘고 있다. 타인의 침해를 싫어하고 자기 공간에서 안정감을 느끼고 싶어하기 때문이다.

함께하는 영역 187

1 구조와 해석

2 구조에 관한 다양한 해석
　　암스테르담의 운하
　　멕스칼티탄(멕시코)
　　에스타젤(프랑스)
　　아우더 흐라흐트(네덜란드 위트레흐트)
　　랑부예 고가교(프랑스 파리)
　　디오클레티안 궁(크로아티아 스플리트)
　　아를과 루카의 원형극장
　　발리의 사원들
　　록펠러 광장(뉴욕)
　　콜롬비아 대학(뉴욕)

3 구조는 척추다
　　포르 랑페르 계획안(알제)
　　'지지대 : 집합주거의 대안'(N. J. 하브라켄)
　　주거용 보트 계획
　　데번터르-스테인브루허 주택단지 계획
　　마을회관 계획안
　　지하보행로 계획안(네덜란드 아펠도른)
　　베스트브룩 집합주택
　　베를린 자유대학(칸딜리스, 요지크, 우즈)
　　베를린 주거단지 계획(S. 베베르카)

4 도시 개발과 그리드
　　도시 개발계획(스페인 바르셀로나, I. 체르다´)
　　맨해튼(뉴욕)

5 건물의 질서, 통일성의 획득
　　고아원(네덜란드 암스테르담, A. 반 아이크)
　　린미(네덜란드 암스테르담)
　　드리 호번 요양원(네덜란드 암스테르담)
　　센트랄 베헤이르 빌딩(네덜란드 아펠도른)
　　브레던뷔르흐 음악당(네덜란드 위트레흐트)
　　사회복지부 청사(네덜란드 헤이그)
　　아폴로 학교(네덜란드 암스테르담)

6 기능성, 유연성 그리고 다원자성

7 공간과 사용자

8 공간 만들기와 공간 남기기
　　베이스퍼르스트라트 학생 기숙사(암스테르담)
　　몬테소리 학교(델프트)
　　브레던뷔르흐 광장(위트레흐트)
　　디아곤 공동주택(네덜란드 델프트)

9 동기 부여
　　기둥
　　받침기둥
　　베를린 집합주택(B. 타우트)
　　구멍 뚫린 블록

10 형태는 악기다

C 공간 만들기, 공간 남기기

강제의 대립적 개념은 자유가 아니라 연대다. 강제는 부정적인 현실이고 연대는 긍정적인 현실이다. 자유는 빼앗겼다 다시 찾은 선택권이다. 강제는 운명의 손에 있고, 자연의 손에 있고, 사람의 손에 있다. 강제의 대립적 개념은 운명과 자연과 사람으로부터의 해방이 아니라 운명과 자연과 사람과의 연대다. 하지만 연대를 실현하려면 우선 사람이 독립적인 존재가 되어야 한다. 독립은 집처럼 편안한 곳이 아니라 좁은 길을 의미한다.

―마르틴 부버, 《인간의 문제Reden uber Erziehung》, 하이델베르크, 1953

1 구조와 해석

이번 장에서는 형태와 공간 사용의 상호관계를 다룬다. 형태는 공간의 사용과 경험을 결정한다. 그리고 해석이 가능하고 다른 것에 영향을 받는 공간이라면, 그 공간의 형태 역시 사용과 경험에 의해 결정된다. 모든 사람을 위해 설계된 공간은 집단적인 출발점이 될 수 있으므로 우리는 그 공간에 관한 모든 개인적 해석에 각별한 관심을 기울여야 한다. 더구나 공간은 계속 변화하기 때문에 지속적인 관심이 필요하다.

집단의 해석과 개인적 해석의 관계는 언어와 말의 관계에 비유할 수 있다.

언어는 일정한 집단에 속한 사람들이 자기 생각을 표현하고 서로에게 전달하기 위해 사용하는 집단적인 도구요 공동의 자산이다. 소통을 가능케 하려면 관례로 굳어진 문법과 구문을 따라야 하고 듣는 사람이 이해할 수 있는 단어, 즉 듣는 사람에게 약속된 의미를 전달하는 단어를 써야 한다. 놀라운 사실은 지극히 개인적인 감정이나 관심사를 지극히 개인적인 방식으로 표현할 때조차도 약속된 언어를 사용하면 상대방을 이해시킬 수 있다는 점이다.

말은 언어를 해석하는 행위이며, 언어 역시 사람들이 자주 쓰는 말에 영향을 받는다. 꾸준히 영향을 받다 보면 자연히 언어도 변화하게 된다. 다시 말하면 언어가 말을 결정하고, 말이 언어에 영향을 준다. 언어와 말은 서로 변증법적 관계다.

구조는 명백하다기보다는 모호한 개념이다. 여러 가지를 모아 놓은 것이면 아무리 조잡해도 무조건 구조라고 일컫는 경우가 많다. 관료 사회나 회사 조직, 정치권에서 쓰는 '구조적 사고'라는 말은 부정적인 느낌을 준다. 그러나 여기서 '구조'란 힘을 행사하는 새로운 주체에 의한 새로운 형태의 압력을 뜻한다. 건축과 관련된 모든 것은 좋든 나쁘든 간에 무조건 구조주의로 분류된다. 건축에서 구조는 특별히 중요한 자리를 점하고 있다. 건축은 미리 조립해놓은 요소를 반복해서 사용하며 그리드 또는 프레임을 사용하기 때문이다. '구조'와 '구조주의'는 결코 공허한 용어가 아니지만, 그 본연의 의미는 건축계에서 쓰는 전문용어의 홍수에 휩쓸려 가라앉기 직전이다. 원래 '구조주의'란 문화인류학에서 유래한 하나의 사고방식을 의미한다. 레비스트로스 Claude Lévi-Strauss(1908~1991)가 창안한 문화인류학은 1960년대 파리에서 탄생한 이래 사회과학의 여러 분야에 지대한 영향을 미친 사조다. 그래서 구조주의라는 용어는 곧바로 레비스트로스와 연결된다. 레비스트로스의 사상은 앞에서 이야기한 집단의 해석과 개인적 해석의 관계를 다룬다는 점에서 건축가에게 시사하는 바가 크다.

레비스트로스는 언어학자 소쉬르 Ferdinand de Saussure(1857~1913)의 영향을 많이 받았다. 소쉬르는 '랑그 langue'와 '파롤 parole', 언어 Language와 말 Speech을 구분하는 연구를 최초로 수행한 사람이다. 언어는 탁월한 구조물이다. 언어에는 말로 소통이 가능한 모든 것을 표현할 수 있도록 하는 구조가 있다. 어떤 생각이 있다고 말하려면 적어도 단어로 표현할 수 있어야 하므로, 언어는 생각하는 능력을 갖기 위한 전제 조건이 된다. 우리는 생각을 전달하기 위해 언어를 사용할 뿐 아니라 생각을 체계적으로 정리할 때도 언어에 의존한다. 생각하는 과정과 생각을 체계적으로 정리하는 과정은 동시에 진행된다. 우리는 생각하면서 정리하고, 정리하면서 생각한다.

이렇게 가치가 계속 팽창하는 체계에서는 다양한 상호관계가 일정한 규칙의 제한을 받는다. 하지만 그 체계 내에서도 행동의 자유는 충분하다. 역설적이지만 자유의 한계를 정하는 확고한 규칙 덕분에 자유가 보장되는 것이다.

구조주의 철학에서는 이러한 사고를 확장하여, 사람은 고정불변의 잠재력을 가진 존재이며 마치 어떻게 섞느냐에 따라 게임의 내용이 달라지는 한 벌의 카드와 같다고 본다. 레비스트로스는 《야생의 사고 La Pensée Sauvage》(1962)에서 소위 원시적인 문화든 고도로 발달한 문화든 간에 서로 다른 문화는 모두 같은 게임의 변형이라고 주장한다. 해석은 그때그때 달라질 수 있으나 기본적인 방향은 고정되어있다는 뜻이다.

레비스트로스는 언어학의 '변형 규칙 transformation rule'을 적용하여, 다양한 문화권의 신화와 전설을 비교 연구한 결과, 똑같은 주제가 여기저기서 되풀이되고 구조적으로도 상당히 비슷하다는 결론에 도달했다. 레비스트로스의 주장에 따르면 여러 사회에서 발달한 다양한 행동 양식은 모두 다른 행동 양식이 변형된 결과다. 설령 서로 비슷한 점이 전혀 없더라도 각각의 행동 양식이 사회와 맺고 있는 관계는 기본적으로 모두 동일하다.

미셸 푸코 Michel Foucault(1926~1984)는 '같은 이치에서, 어떤 사진과 그 사진의 음화(네거티브)를 비교해보면 이미지는 다르지만 각 구성 요소 사이의 관계는 동일하다는 사실을 발견하게 된다'고 말했다.

이를 더 대중적 표현으로 옮기면, 각기 다른 환경에 있는 서로 다른 사람들은 본질적으로 같은 일을 서로 다른 방식으로 하거나 서로 다른 일을 같은 방식으로 한다는 것이다.

또 사르트르 Jean-Paul Sartre(1905~1980)는 '사람은 원래 어떤 존재인가도 중요하지만 무엇을 하느냐가 더 중요하다'라는 말을 남겼는데, 사람이 제한된 가능성 속에서도 일정한 자유를 찾는 능력을 지니고 있다는 의미다.

구조주의 사상을 단순화하면 체스 게임에 비유할 수 있다. 체스 게임에는 말의 자유로운 움직임에 제약을 가하는 단순한 규칙이 있지만, 훌륭한 체스 선수는 무한한 가능성을 창조해낸다. 선수의 실력이 좋을수록 게임은 풍부해지며, 공식적으로 정해진 규칙 내에서 경험을 토대로 비공식적인 작은 규칙들이 형성된다. 비공식적인 규칙은 노련한 선수의 손에서 공식적인 규칙으로 발전하며, 선수들이 실전에서 쌓은 경험은 다시 기존의 규칙에 영향을 미친다. 결국 경기 규칙에 선수가 참여하게 된다. 체스는 확고한 규칙이 자유를 제한하지 않고 오히려 자유를 불러오는 상황을 보여주는 좋은 예다. 미국의 언어학자 노암 촘스키 Noam Chomsky(1928~)는 레비스트로스가 신화를 비교했던 것처럼 각국의 언어를 서로 비교한 후 인류의 언어 능력에 보편적인 유사성이 있다는 결론을 내렸다. 그는 '생성 문법 generative grammar'을 이론의 출발점으로 삼았다. 생성 문법이란 모든 언어의 기원에서 발견되는 공통적인 법칙이며 모든 사람이 선천적으로 지닌 능력에서 비롯된다. 생성 문법 이론에 따르면 다양한 언어는 레비스트로스가 이야기했던 다양한 행동 양식과 마찬가지로 서로의 변형이라고 볼 수 있다.

큰 틀에서 보면 레비스트로스나 촘스키가 전개한 이론은 모두 융 Carl Jung(1875~1961)이 주장한 '원형 archetype' 개념과 연결된다. 그리고 땅 위에 형태를 창조하고 공간을 구획하는 일 역시 다양한 문화권에 사는 모든 인류에게 공통으로 내재된 능력의 발현이며 본질적으로는 동일한 '건축형태 arch-forms'를 각기 다르게 해석한 결과라고 볼 수 있다. 또한 촘스키는 '랑그'와 '파롤'을 일반화하여 '언어능력 competence'과 '언어활용 performance' 개념을 정립했다. 언어능력은 자기가 구사하는 언어에 관한 지식이며, 언어활용은 구체적인 상황에서 그 지식을 활용하는 행위를 가리킨다. '언어능력'과 '언어활용' 개념 역시 건축과 연계시켜 생각할 수 있다. 건축적 용어로 바꾸면, '언어능력'은 공간의 해석 가능성이며 '언어활용'은 구체적인 상황 속에서 공간이 해석된 방식 또는 과거에 해석되었던 방식이다.

2 구조에 관한 다양한 해석

대체로 '구조'는 집합적이고 일반적이며 (상대적으로 말해서) 객관적인 의미로 쓰는데, 구체적인 상황에서 예상되거나 요구되는 바에 따라 여러 가지로 해석이 가능하다. 건물이나 도시계획은 구조물이라고 이야기할 수 있다. 거의 변하지 않거나 아예 변하지 않으며 새로운 사용자들에게 몇 번이고 다시 기회를 주기 때문에 다양한 상황을 수용하기 적합한 대규모 건축물은 모두 '구조'와 밀접한 관련이 있다.

암스테르담 운하 506-510

암스테르담에 길게 이어진 운하는 도심 공간에 독특한 색채를 부여한다. 반원형의 동심원으로 이루어진 운하 덕분에 시내 어디에서든 위치를 파악하거나 길을 찾기가 쉽다. 동심원은 나무의 나이테처럼 시간의 경과를 나타내기도 한다. 운하를 독특한 반원형으로 배치한 이유는 원래 방어용 구조물로 만들었기 때문이다. 쓰이지 않는다. 하지만 운하는 예나 지금이나 도시에 큰 혜택을 제공한다. 방어용 구조물로 쓰이는 것 외에도 암스테르담에 들어오고 나가는 상품을 수송하는 데 사용되어 경제적인 측면에서 지대한 공헌을 했고, 공동 하수도 시설이 생기기 전에는 도시의 폐기물을 버리는 하수시설로도 쓰였다. 오늘날 운하는 도심지의 녹지대로서 중요한 역할을 한다. 수많은 관광객이 운하에서 배를

506
507
508

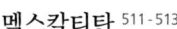

헤렌흐라흐트, (암스테르담, 1962), G. 반 베르크헤이더.

타고 암스테르담의 아름다운 건축물을 특별한 각도에서 감상하기도 한다. 한때 운하를 메워 도시 공간을 추가로 확보하려는 시도도 있었다. 특히 도시의 팽창이 화두였던 시대에는 운하를 메워서 토지를 얻는 것이 대단히 매력적으로 보였다. 1950~1960년대에 심각한 교통 문제를 해결할 방책으로 여겨졌기 때문이다. 그래서 여러 운하를 메웠고 결과적으로 지역사회에 돌이킬 수 없는 피해를 입혔다. 다행히 암스테르담은 몇 개의 방사형 운하만 없어지고 독특한 반원형으로 배치된 중요한 운하는 그대로 보존되었다.

오래된 사진을 보면 상품 수송 때문에 운하가 사람들로 북적거렸음을 알 수 있다. 어디나 마찬가지지만 암스테르담 도심이 아름다운 건축물로만 형성되지는 않았다. 수많은 배가 화물을 싣고 도시의 심장부로 들어올 때 들리는 온갖 활기찬 소리 역시 도심지를 형성하는 데 중요한 기여를 했다.

도시 풍경을 가장 빠르게 변화시키는 요인은 계절이다. 특히 운하 주변에서는 여름과 겨울에 완전히 다른 풍경이 만들어진다. 여름이 지나면 하늘을 배경으로 건물들의 파사드가 형성하는 예리한 윤곽선이 마치 도시 공간의 한계선과 같은 효과를 낸다. 가장 극적인 변화가 일어나는 시기는 당연히 운하가 얼어붙는 계절인 겨울이다. 이때 사람들의 시선은 곳곳에서 너도나도 스케이트를 타는 운하 한가운데로 옮겨간다. 공간의 분위기와 느낌이 완전히 달라진다.

멕스칼티탄 511-513

'지역의 구체적인 상황 때문에 다양한 용도로 쓰이는 환경이 만들어지는 경우도 있다. 멕시코의 산페드로 강 유역에 자리한 마을 멕스칼티탄Mexcalititán은 수위가 주기적으로 변한다. 여름이 끝날 무렵이면 강우량이 급증해 거리가 운하로 바뀌기 때문에 마을 전체가 엄청난 변화를 겪는다. 이러한 자연 환경은 마을 사람의 생활에 막대한 영향을 미친다. 각각의 상황에 맞는 방법을 찾아서 활용하기 때문에, '골재aggregate'가 달라져도 교통과 운송이 언제나 정상적으로 이루어진다'. ④

일부 운하는 지금도 '주거용 보트houseboat'를 허용하고 있다. 주택난이 심각한 시기에 주거용 보트가 대체 주거지로서 유용하다는 사실을 행정당국도 알고 있다. 그러나 행정당국은 빠른 시일 내에 주거용 보트를 모두 없앨 계획이다. 그들은 수시로 변화하는 다양하고 비공식적인 풍경이 도시에 생기를 불어넣는다는 점을 고려하지 않는다. 암스테르담의 운하 주변과 같이 기하학적이고 엄숙한 건물이 가득한 곳에서는 그런 점을 더욱 신경 써야 하는데도 말이다.

509 510

511

프랑스 에스타젤 514-515

지중해로 흘러들어가는 강은 대부분 계절에 따라 수위가 급격하게 변한다. 페르피냥 시 근처의 에스타젤Estagel은 계절 따라 아글리 강이 나타나기도 하고 사라지기도 한다. 강이 아예 존재하지 않을 때도 있는가 하면 물이 세차게 흐를 때도 있다. 건기에는 시멘트를 바른 강바닥이 마을 아이들에게 특별한 놀이공간이 된다. 강바닥 한가운데에는 거리의 빗물을 모으는 배수로가 있다. 배수로와 강의 관계는 강과 마을의 관계와 같다. 물의 흐름에 따라 번갈아 건기와 우기가 반복되기 때문에 배수로는 강의 축소판인 셈이다. 이러한 변화 덕분에 아이들에게 더욱 흥미로운 놀이터가 된다. 아이들은 자신만의 작은 강인 이 배수로에서 재미를 느낄 뿐 아니라 자연스럽게 강으로 인해 생기는 문제도 경험한다. ④

512 513
514 515

196 헤르만 헤르츠버거의 건축 수업

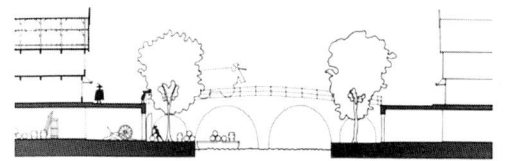  

아우더 흐라흐트 516-524

위트레흐트 시내에는 거리와 운하의 자연적인 높이 차이 때문에 매우 특이하면서도 유용한 공간이 만들어졌다. 운하에서 바지선을 이용한 상품 운송이 시작된 것은 14세기였는데, 상품을 싣고 내리는 작업은 거리보다 높이가 낮은 창고 앞 부두에서 이루어졌다. 창고는 거리 밑으로 계속 이어졌으므로 바로 위의 거리에 위치한 상점의 지하실로 쓰였다. 상품을 쉽게 올리고 내리기 위해 부두와 위층의 거리를 수직으로 연결하는 장치가 만들어졌다. 경사진 터널도 있어서 마차가 거리에서 부두로, 또는 부두에서 거리로 이동하면서 시내 곳곳으로 상품을 수송했다.

지금은 운하를 이용하는 전통적인 방식으로 상품을 나르지 않고 부두도 원래의 기능을 상실했지만, 창고가 있던 자리에 카페와 식당이 들어서면서 부두가 테라스로 쓰이기 시작했다. 수로를 이용한 상품 수송이 중단되었을 때만 해도 창고는 대부분 위층의 상점과 분리되어있었고 부두도 거의 쓰이지 않았다.

오래된 부두가 비록 용도는 다르지만 오늘날 다시 활용되고 있으며 날씨가 좋을 때는 사람들로 북적인다. 층고가 높은 벽이 바람과 자동차 소음을 막아주기 때문에 운하를 따라 이어지는 부두는 아주 유용한 공간이다. 또한 운하 양쪽의 벽이 적당한 거리를 두고 있어서 거리 밑의 부두에 형성되는 공간은 비례가 훌륭하다. 이 지점에서 운하가 굽어지기 때문에 풍경이 아름답고, 시야가 트인 아늑한 공간이 생긴다.

마침내 거리 아래의 낮은 공간에 아름다운 나무들이 자라기 시작했다. 오래된 도심지의 일부인 이곳이 독특하고 유쾌한 분위기를 내는 데 나무가 가장 크게 기여하고 있다. 처음에 이 공간은 다른 목적으로 만들어졌지만, 한 세기가 지난 지금 전혀 근본적인 변화를 거치지 않고도 성격이 완전히 다른 장소로 바뀌었다. 운하의 물이 꽁꽁 얼어서 천연 아이스링크로 바뀌는 모습을 상상해보라. 부두는 스케이드

516 517 518
519
520 521 522

공간 만들기, 공간 남기기 197

끈을 묶는 장소가 되고, 위쪽 거리에는 구경하는 사람들이 모인다. 이러한 변화는 도시 공간이 상황에 맞는 적절한 방식으로 이용될 때 얼마나 많은 기능을 수용할 수 있는가를 보여주는 증거다. 규모가 훨씬 크긴 하지만 파리 센느 강의 둑도 비슷한 사례다. 예전에 다리 밑을 보금자리로 삼았던 노숙자들은 떠나가고, 지금은 간선도로가 강 옆의 가장자리 공간을 점유하고 있다.

523 524
525
526
527 528 529

드 라 바스티유 고가교 525-535

드 라 바스티유는 철로로 쓰기 위해 건설된 아치형 고가교로, 간선도로가 건물 밀집지역까지 들어가는 많은 도시에서 흔히 볼 수 있는 구조물이다. 현재 하부에 있는 72개의 아치는 시민들에게 유익한 각종 시설로 채워진 상태다. 확실히 구분되는 공간들의 연속으로 이루어진 고가교는 자유

자재로 채워넣을 수 있는 골조와 같은 역할을 했다.

드 라 바스티유 고가교는 별다른 변화를 겪지 않고 과거의 모습을 그대로 보존하고 있다. 영구적인 구조물은 언제든지 새로운 목적을 수용할 수 있으며, 그럼으로써 주위 환경에 새로운 의미를 부여한다. 드 라 바스티유에서 놀라운 점은 아치 속에 들어선 시설들이 반원형의 골조를 전혀 고려하지 않은 듯 보인다는 점이다. 반원형은 건물을 집어넣기 불편하고 반형태 counterform를 만들기에도 유리하지 않은 모양인데 말이다. 여기서는 아치에 들어간 모든 구조물이 독립적인 건물과 똑같은 방식으로 설계되어서 지극히 당연한 것처럼 느껴진다. 원래의 고가교가 설계의 출발점이 되지는 않았지만, 그렇다고 방해가 된 것도 아니다. 좁은 골목길도 고가교 때문에 가로막히는 일 없이 교각 사이로 자연스럽게 이어졌다. 고가교가 다른 건물을 관통하기도 하고, 도시의 길이나 건물이 고가교에 걸쳐있기도 하다. 지금은 철로로 사용되지 않는 이 고가교는 산책로로 지정되었으며, 예전 뱅센 역Gare de Vincennes이 있던 자리에 오페라 극장을 새로 지었다. 모두 똑같은 정면을 보여주는 아치가 양식과 질서에 관한 세련되면서도 상투적인 오늘날의 견해와 맞아떨어진다. 지루한 도시 구조물이 독특한 모범답안을 들이밀었다고나 할까.

530
531 532
533
534 535

원래는 드 라 바스티유 철교(1859)로 불렸던 랑부예의 고가교. 지금은 새로 지은 오페라 극장이 들어섰다.

공간 만들기, 공간 남기기   199

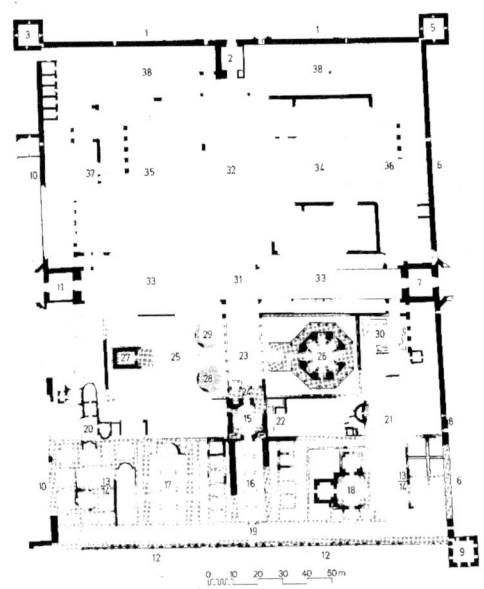
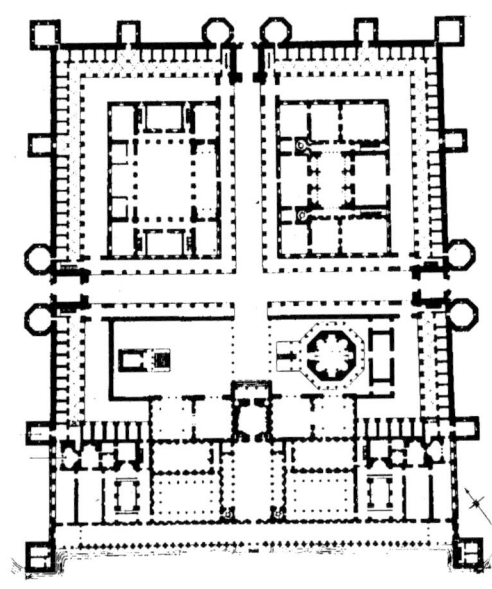

디오클레티안 궁 536-543

로마시대 왕궁이었던 디오클레티안 유적지의 전면에는 건축가 바케마J. B. Bakema(1914~1981)가 '황제가 살던 집이 이제는 3000명이 사는 마을 스플리트로 바뀌었다'라고 쓴 글이 보인다. 이곳은 여전히 스플리트의 중심지에 해당한다(《포럼》 2호, 1962).

과거에 궁궐의 일부였던 구조물이 이제는 주택의 벽으로 쓰인다. 과거에 벽감이었던 곳은 이제 방이 되고, 홀

536　537
538
539　540

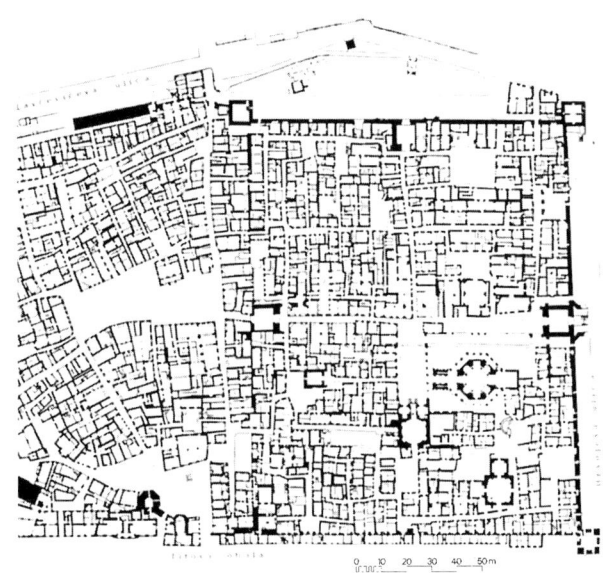

은 집이 되었다. 이곳이 원래 궁궐이었음을 연상시키는 요소를 여기저기서 쉽게 찾아볼 수 있다. 거대한 궁궐은 주변의 도시에 완전히 흡수되어 과거와 다른 새로운 목적을 수용했고, 도시 역시 궁궐 유적지와 조화를 이루는 데 성공했다. 오늘날 우리가 보는 디오클레티안 궁은 변형된 구조물이다. 물론 안쪽에서는 원래의 구조도 볼 수 있다. 하지만 옛 것이 새 것에 잠식당한 모습을 보고 있노라면, 나중에 덧붙인 구조물을 제거할 때 과연 무엇이 남을까 의문이 생긴다. 그러나 구조적인 이유 때문에 덧붙인 구조물을 철거하기란 불가능하다. 궁궐의 내부는 온전히 남아있지만 과거

541 542

543

공간 만들기, 공간 남기기

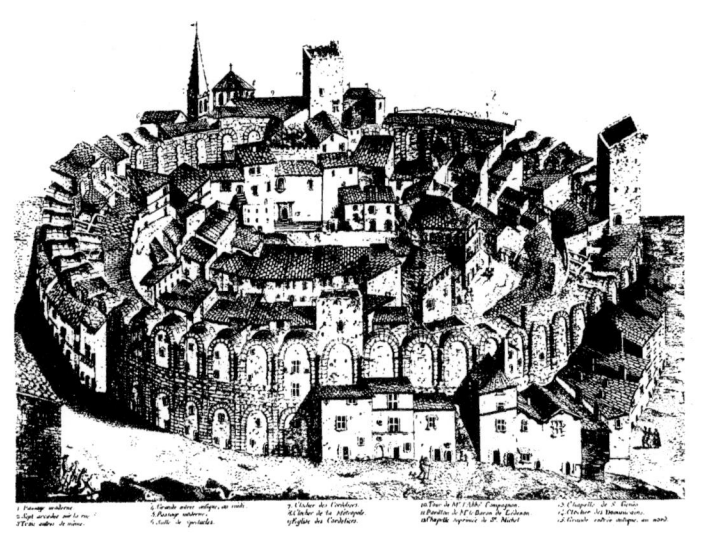

같은 목적으로 건설된 두 원형극장은 환경이 바뀔 때마다 다른 역할을 떠맡았다. 둘 다 환경에 흡수되고 환경에 영향을 받으면서 새로운 색채를 띠었다. 원형극장 주위의 도시 환경 역시 오래된 건축물인 원형극장과 같은 색채로 물들었다. 결론적으로 두 원형극장은 새로운 형태로 도시 조직에 통합된 구조물이었다. 아를과 루카의 원형극장은 모두 타원형 구조물과 주위 환경이 서로를 변화시킬 수 있다는 사실을 입증한 사례다. 타원형은 공간의 원형原型에 해당하는데, 이 경우에는 닫힌 실내공간으로서 일터와 놀이터, 광장과 주거공간의 역할을 수행할 수 있는 커다란 방의 원형이다. 원래의 목적은 사라졌어도 원형극장의 형태는 여전히 유의미하다. 언제나 새로운 공간으로 탈바꿈할 기회를 암시하기 때문이다.' ①

아를과 루카의 원형극장은 내용 면에서 커다란 변화를 겪는 동안에도 닫힌 공간으로서의 정체성을 성공적으로 유지했다. 환경이 변화하면 공간의 형태와 외관은 일시적으로 달라지지만 구조는 본질적으로 동일하다. 이제 원래 상태로 복원된 원형극장은 이러한 변화가 기본적으로 가역적可逆的이라는 사실을 보여준다. 이것이야말로 건축에서의 '능력'과 '활용'이 서로 상응하는 사례다. 두 원형극장이 똑같지 않다는 사실은 우리 주장을 오히려 강조해주는 근거가 된다. 형태의 변화가 타원형의 독립성을 부각시키듯이, '원형'에 해당하는 형태가 스스로를 부각시킨다.

앞에서 살펴본 예에서 다음과 같은 결론을 이끌어낼 수 있다.

'님과 아를의 원형경기장은 작고 후미진 촌락으로 변했다. 두 개의 갈리아-로마 읍이 있었던 터에 뱀과 도마뱀만 우글거리는 광경은 로마 몰락 이후 나타난 황폐화된 도시를 보여주었다. 님에서는 비시고트 족이 원형경기장을 2000명이 거주하는 작은 마을로 바꾸었다. 네 개의 주요 지점에 위치한 네 개의 문은 읍의 입구로 쓰였고 원형경기장 내에 교회가 들어섰다. 아를에서도 똑같은 일이 벌어져, 원형경기장이 요새로 탈바꿈했다.'
(미셸 라공이 다음 문헌에서 인용. Pierre Lavadan, 《Histoire de l'urebanisme, antiquitmoyen Age》, Paris 1926)

의 모습을 되살릴 수는 없는 것이다. 설사 조건이 달랐다 해도 원래 구조물 가운데 남아있는 부분이 완전히 다른 방식으로 현재에 적응했으리라 상상하기는 어렵다. 적어도 디오클레티안 궁궐의 잔해에서는 그런 가능성을 전혀 발견할 수 없다.

스플리트는 형태와 기능이 완전히 분리된 모습을 보여준다는 점에서 특별히 흥미로운 사례다. 지금 스플리트를 언급하는 이유는 1962년 우리가 원형극장의 건축공간에 관한 생각을 정리할 때 스플리트를 참조했기 때문이다. 하지만 스플리트의 궁궐 유적지와 달리 원형극장은 새로운 용도를 수용했을 뿐 아니라 특유의 형태와 구조에 힘입어 새로운 효용을 창출하기도 했다.

아를과 루카의 원형극장 544-546

'아를의 원형극장은 중세 시대에는 요새로 이용되었고, 그 후부터 19세기까지는 건물이 들어서고 사람이 거주하는 마을의 역할을 했다. 루카의 원형극장은 마을에 흡수되어 열린 광장으로 존재했다. 익명성을 띠는 도시조직 속에서 이 타원형의 공간은 주위 공간에 이름을 붙이고 정체성을 선사하는 하나의 이정표가 되었다.

이탈리아 루카의 원형극장.

프랑스 아를의 원형극장.

• 여러 가지 예에서 하나의 구조물이 다용도로 쓰인 이유는 의도적으로 기능을 삽입했기 때문이 아니다. 오히려 구조물 자체의 고유한 '능력' 덕분에 상황이 달라질 때마다 다양한 기능을 수행했던 것이다.

• 특정한 목적에 부합하는 형태가 언제나 하나로 정해져있다는 생각은 틀렸다. 어떤 공간은 다양한 해석을 허용하고 상황이 달라질 때 새로운 해석을 유발하기도 한다. 그러므로 하나의 형태가 다양한 해결책을 내포할 수도 있다.

• 새로운 기능 때문에 실제 구조가 변경된 사례가 없었다는 점이 중요하다. 공간은 다양한 기능에 적응하고 다양한 외관을 취하면서도 본질적으로는 똑같은 공간으로 남을 수 있다.

• 공간은 다양한 해석을 수동적으로 수용하기도 하고, 원형극장의 경우처럼 그 자체로 암시적인 형태를 이루어 능동적인 해석을 유발하기도 한다. 어떤 건축이 수동적이냐 능동적이냐는 상황에 따라 달라진다.

• 앞에서 구조물이라고 표현했던 대규모 건축물은 원래 집단적인 성격을 띠며 행정기구의 통제를 받는 공적 공간이다. 통제는 공간 사용에 공적 또는 사적 성격을 강화하는 것을 뜻하는데, 상업적 이해관계에 따라 달라진다.

• 오랫동안 지속된 건축물의 변화에는 확장 공사나 추가적인 분할이 뒤따르게 마련이며, 증축한 공간으로 보존되는 건물도 종종 있다. 기능의 변화는 아주 오랜 기간에 걸쳐 일어나기도 하고 몇 년이나 몇 달, 1주일이나 1일 단위로 일어나기도 한다.

특정한 상황이 지속되는 기간이 짧을수록 확장 또는 개조 공사는 일시적인 성격을 띤다. 가령 하루 동안 사용하기 위한 공사인 경우 다음날이면 변경된 부분이 완전히 사라져 버리는 경우가 대부분이다. 따라서 건물을 실제로 개조 또는 확장하는 공사가 진행되는 경우와 '소프트웨어'에 해당하는 '충전재filling'를 일시적으로 덧붙여 사용한 경우를 구분할 필요가 있다. 이제부터는 짧은 시간 동안 공간을 사용하기 위해 일시적인 개조가 실행되는 사례를 살펴보기로 한다.

545 546

발리의 사원 547-551

기독교 문화권에서 단 하나의 중요한 기념물을 집중적으로 강조하는 반면 발리 같은 힌두교 문화권에서는 의식이 열리는 장소가 '탈집중화'하는 경향이 있다. 발리 섬에는 수천 개에 달하는 사원이 곳곳에 흩어져있다.

발리에는 조상에게 감사하는 의식, 풍작을 기원하는 의식 등 여러 의식이 있으며 각각의 성격에 따라 시간적·공간적 집중도가 달라진다. 어느 사원을 이용하느냐 역시 구체적인 사안에 따라 다르다. 모든 사원을 동시에 이용하는 경우는 없지만, 의식이 거행되는 사원은 언제나 있다고 보면 된다. 사원은 가구 몇 점에 불과한 경우부터 작은 집에 이르기까지 규모가 다양하다. 가끔은 석조 건물도 있지만, 대개 석조 기단 위에 한 칸짜리 정교한 목조 건물을 올리고 초가지붕을 덮은 구조다. 지붕 있는 제단이 야외에 단독으로 서 있는 모습은 대지에 점이 찍힌 듯 보인다. 사용되지 않는 텅 빈 사원은 뼈대만 덩그러니 서있는 느낌이다. 그러다 어느 순간 그런 건물 한두 채가 아름다운 천, 대나무와 야자수 잎으로 만든 장식물, 각각의 경우에 적합한 부속물 그리고 언제나 빠지지 않는 제물로 장식되곤 한다. 요컨대 모든 사원이 일종의 뼈대 역할을 하며, 특별한 의식이 필요할 때마다 의식의 내용을 표현하기 알맞게 꾸며지는 셈이다. 모든 사원은 일시적으로 특정 목적에 사용될 수 있으며, 그 역할을 맡기에 적합한 차림새를 했다가 의식이 끝나면 원래의 수동적인 상태로 되돌아간다.

물론 이것은 실제 상황을 단순화한 설명이다. 실제로는 하나의 사원 안에 몇 개의 작은 사원이 포함되어있기도 하고, 작은 사원이 다시 몇 개의 더 작은 사원을 거느리는 경우도 있다. 구조물 내에 구조물이 있는 이러한 상황은 개인과 공동체의 의식이 서로 다르다는 사실을 보여준다. 발리 섬의 의식은 사원을 장식하는 데서 끝나지 않는다. 갖가지

547

색깔의 짐을 머리에 인 여인들의 행렬이 여기저기서 불쑥 나타난다. 여인들이 가져온 짐은 쌀과 코코넛과 설탕으로 만든 형형색색의 제물이다. 작은 사원 안에 모든 제물을 내려놓으면 의식은 마무리되고, 제물은 먹을 수 있는 음식이 된다. '하드웨어'에서 '소프트웨어' 순으로 진행되는 의식에서 가장 짧고 기분 좋은 순간이다.

의식이 끝나고 신들에게 제물을 바치고 나면 사람들은 음식을 다시 집으로 가져가서 나눠먹고, 사원에 남아있는 음식은 개들이 먹어치운다. 서구적인 사고방식으로는 이해할 수 없는 이야기처럼 들릴 수 있다. 음식을 신에게 바치는 동시에 자기가 먹기란 불가능하니까. 하지만 문자 그대로의 의미에서 벗어나 따져보면 두 가지 일은 동시에 이루어질 수 있다. 종교 행사에 한 번 쓰인 제물은 사람들과 개들에게는 맛있는 간식거리일 뿐이다. 이렇게 해서 하나의 물건이 여러 역할을 수행할 수 있음이 명백해진다. 발리 종교 의식에 쓰이는 제물은 특정한 의식을 위해 어떤 물건에 종교적 해석을 부여했다가 의식이 끝나면 종교적 해석을 제거하고 다시 일상으로 돌아온다. 반면 기독교 교회에 있는 모든 종교적인 비품은 교회에서 예배가 거행되지 않을 때조차도 항상 신성한 의미를 가진다. 발리에서는 아이들이 늘상 사원을 놀이터인 양 드나들지만, 서구 사회에서는 예배 드리는 건물에서 아이들이 숨바꼭질하는 일은 상상할 수도 없다. 상상력이 풍부하지 못해서인지 실용적이지 못

548
549
550 551

공간 만들기, 공간 남기기 205

해서인지 모르지만, 서구인들은 제단 따로 정글짐 따로 만들기를 고집한다. 아이들이 제단에 기어오르면 신이 노하기 때문일까? 아니다. 서구인은 모든 물건이 단정하고 깔끔하게 제자리에 놓여있기를 바라는 마음이 크기 때문에 의미와 관련된 혼란을 인정할 수 없는 것이다.

록펠러 광장 552·553

뉴욕 맨해튼의 록펠러 센터 한가운데 위치한 록펠러 광장은 겨울과 여름의 모습이 판이하게 다르다. 겨울에는 사람들이 스케이트를 타지만, 여름이면 빙판은 간데없고 나무와 파라솔 사이로 의자가 잔뜩 놓인 테라스로 바뀐다. 경계가 명확한 록펠러 광장은 철따라 다른 환경을 만끽하기에 부족함이 없는 공간이다.

콜롬비아 대학 554

건물의 주요 구성 요소인 거대한 계단은 중요한 장소라는 인상을 줌으로써 건물에 들어오는 모든 사람에게서 존경심과 경외심을 불러일으키기 위해 만들어졌다. 이 건물은 대학의 정신적 중심지이자 축적된 지식의 전당이라 할 수 있는 도서관이다. 경외심을 불러일으키는 이 건물의 입구는 간편하고 즉흥적인 방문을 유도하는 장치가 전혀 없는데다 걷기가 힘든 사람을 낙담하게 만든다. 어느 모로 보나 사람을 환영하는 도서관은 아니다.

이 건물은 마치 그 안에 간직된 지식을 얻기를 바라는 사람이면 누구든 대가를 치러야 한다고 이야기하는 듯하다. 하지만 사진에서 보듯이, 아무리 위풍당당한 인상을 주려는 의도로 만든 계단이라 할지라도 비공식적으로도 사용될 수 있다. 예컨대 연설이 있다든가 하는 경우 계단은 특별 관람석으로 이용된다. 이것은 건축물이 전혀 기대하지 않은 용도로 사용될 수 있다는 사실을 입증하는 예다. 때로는 원래 목적과 정반대로 사용되기도 한다. 사진에서 학생들이 도서관에 등을 돌리고 앉은 모습처럼. 이럴 때 계단은 공간적인 면에서 원래 의도된 사용법에 따른 의미를 완전히 잃어버리며, 다른 쓰임새에 따라 정반대의 의미를 획득한다.

552 553

대규모 공간이 의도와 관계없이 여러 가지 해석을 수용할 수 있다는 사실을 입증하는 예는 이 밖에도 얼마든지 있다. 하지만 여기서 우리는 확립된 원칙의 다양한 적용 가능성에 주목하고자 한다. 구조물과 충전재의 차이, 다른 말로 표현해서 '능력'과 '활용'의 차이가 의미하는 바를 이해하는 건축가는 공간의 가능성과 관련해서 잠재 가치가 더 큰, 즉 해석의 여지가 더 많은 해결책에 도달할 수 있다. 시간적 요인이 그의 해결책에 녹아들기 때문이다. 시간을 위해 더 많은 공간을 할애하는 셈이다. 구조물은 집단적인 것을 상징하지만, 구조물이 해석되는 방식은 개개인의 필요를 대변함으로써 개인과 집단을 화해시킨다.

554

3 구조는 척추다

앞에서 살펴본 내용과 달리 여기서는 시간이 경과하면서 달라지는 해석이 아니라 동시에 일어날 수 있는 해석의 다양성에 초점을 맞춘다. 구조는 온갖 다양한 표현 양식을 화해시키는 공통분모처럼 개별적인 해석들을 하나로 엮어주는 역할을 한다.

이제 살펴볼 사례에 포함된 건축 메커니즘은 다양한 이미지를 연상시킨다. 날실과 씨실로 이루어지는 직물에 비유한다면 날실은 직물의 기본 양식을 확립하고 씨실은 그로 인해 다양한 형태와 색채를 형성할 기회를 얻는다.

날실은 무엇보다도 튼튼하고 팽팽해야 하지만 색채를 형성하는 과정에서는 기초적인 역할을 할 뿐이다. 짜는 사람의 상상력에 따라 직물에 색채와 무늬와 질감을 부여하는 것은 씨실의 역할이다. 날실과 씨실은 전체를 구성하는 불가분의 관계.

포르 랑페르 계획안 555 - 561

포르 랑페르Fort l'Empereur는 해안을 따라 긴 띠 모양으로 위치한 대형 구조물로서, 고속도로와 주거시설을 결합한다는 아이디어를

555
556

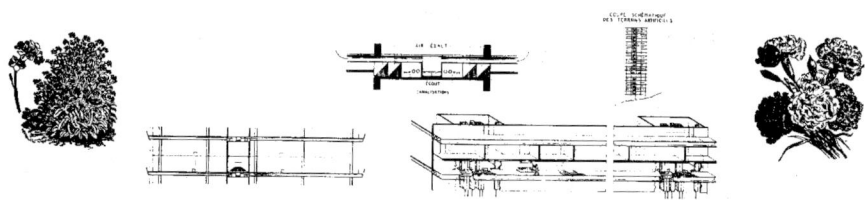

'빛나는 도시La Ville Radieuse' 계획안, (247쪽, 1933, 파리), 르코르뷔지에.

담고 있다. 고속도로 아래에 여러 층으로 이루어진 인공대지를 만들고 그 위에 개별 소유주들이 각자 선호하는 양식으로 주거공간을 만든다는 계획안이다.

이른바 '지지대bearer'로 일컬어지는(르코르뷔지에는 상부 구조물superstructure이라는 용어를 썼다) 이러한 '인공 건축물sols artificiels'을 건설하려면 당연히 국가가 나서야 하며, 고속도로의 일부로서 단일한 사업계획에 따라 집행해야 한다. 르코르뷔지에의 드로잉을 보면 최대한 다양한 공간을 추구했음을 알 수 있다. 모더니즘과 구조주의 건축의 전성기였던 1930년대에도 이것은 가히 혁명적인 계획안이었다. 훗날 일부 비평가들이 주장처럼 르코르뷔지에가 차량 통행 문제를 다소 안이하게 생각한 면이 있는지 몰라도, 포르 랑페르가 특출한 계획안이었다는 사실에는 변함이 없다. 50여 년이 지난 오늘날에도 수많은 건축가에게 감명을 준다.

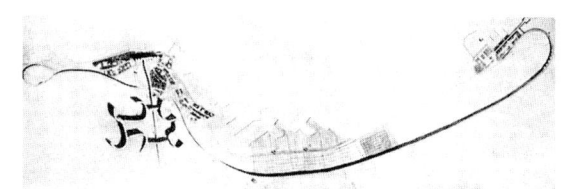

르코르뷔지에의 알제 계획안은 모든 주민에게 스스로 '건축가'가 되어 각자 원하는 대로 주거공간을 창조할 기회를 명시적으로 주는 거대 고층건물이라는 점에서 특별한 의미를 갖는다. 실제로 집합적인 구조물은 개별적인 주거공간의 공간적 한계를 지정할 뿐이고, 개별 주거공간이 모두 합쳐져 전체 외관을 결정한다. 집단적인 방식을 통해 주민 개개인이 특별한 자유를 누릴 수 있는 조건을 만드는 '상부 구조물'인 셈이다.

르코르뷔지에가 남긴 드로잉 가운데서도 특히 풍부한 의미를 담고 있는 포르 랑페르 드로잉은 다양한 설계와 시공 방법이 조화롭게 공존할 수 있으며, 대형 구조물을 이용해 다양성이 보장될 뿐 아니라 제아무리 뛰어난 건축가도 만들지 못할 무한한 가능성을 지닌 공동주택을 만들 수 있음을 보여준다. 나아가 이 드로잉은 대형 구조물에서 부분의 다양성이 커질수록 전체의 질이 높아진다는 사실을 보여준다. 여기서 우리는 혼란과 질서가 상보관계에 있음을 알 수 있다.

어떤 드로잉은 평범한 주거공간 몇 개를 보여준다. 사람들이 자기가 사는 집의 설계와 시공 과정에 발언권을 전혀 행사하지 못하는 사회에서 흔히 나타나는 대중적인 주거 유형이다. 르코르뷔지에의 드로잉에서 이러한 주거공간은 주변의 활력에 묻혀 눈에 띄지 않는다. 기껏해야 과거를 연상시키는 신기한 공간으로 보일 뿐이다. 하지만 바로 그런 공동주택이야말로 우리가 자주 접하는 현실이며 실제로 우리를 괴롭히는 근본적인 문제다. 요즘 사람들은 자기 생활방식을 표현하는 데 고민하지 않는다.

하지만 개개인이 공간을 통해 자신을 표현하는 능력이 언어를 통해 자기를 표현하는 능력과 본질적으로 다르지 않다. 따라서 우리가 더 이상 공간을 통해 자기 자신을 표현하지 못한다면, 사회적 인간관계의 파괴가 오늘날 건축이 무기력한 원인이라는 추론이 가능하다. 공공 주택은 우리의 산업화된 환경과 외관상 잘 어울리는 건축이며, 우리 사회를 지배하는 획일적인 문화와 행동 양식은 공동 주택에 최고의 권위를 부여한다. 이 같은 상황에서 건축가는 사람들을 무기력한 상태에서 깨어나게 하는 방법을 이미지를 통해 개략적으로라도 제시할 책임이 있다.

르코르뷔지에의 계획안은 명백히 눈에 보이는 해결책을 제시하고 있지만, 오늘날 우리는 해결책으로부터 너무 멀어져버렸다. 그 방향으로 아주 조금만 전진하려 해도 곧 중앙집중화된 우리 사회의 권력 구조와 충돌이 빚어지기 때문에 우리의 목표를 실현하는 길은 멀기만 하다. 그러나 드물게나마 우리가 성공을 거둘 때도 있기 때문에, 비록 실제적이지 못하고 이론적인 방식일지라도 사람들에게 우리의 원칙을 보여줄 수는 있다.

지지대: 집합주거의 대안

같은 맥락에서 하브라켄John Habraken(1928~)이 남긴 업적을 살펴보자. 어떻게 보면 하브라켄의 계획안에 담긴 생각은 르코르뷔지에가 포르 랑페르 계획안을 작성할 때 했던 생각과도 일치한다. 하브라켄은 우리 모두의 소유인 사회의 산업 기반을 이용해 사람들에게 각자가 원하는 생활 방식을 선택할 자유를 제공하려고 시도했다. 기본적인 기술을 완비하고 있는 국가가 특별히 설계된 골격skeletal unit 인 '지지대'를 제공하면 주민들은 그곳을 건축부지로 조립식 주택을 짓거나 기업이 시판하는 부품으로 집을 짓는다는 계획이었다. 주민들은 제시된 여러 가지 주거 유형 가운데 마음에 드는 안을 선택할 수 있으며 취향에 맞게 변경할 수도 있다. 사용자가 다시금 주택 설계 및 건설 과정에 적극 참여하면서 잃어버린 발언권을 되찾는 것이다.

그러나 이런 식으로 보급하는 주택 역시 머잖아 완전히 상업화되고 경쟁 논리와 시장의 부침에 종속되는 문제가 발생한다. 상업화가 이루어지면 주택은 가장 저급한 공통분모를 찾다가 중산층의 수준에 맞춰진다. 그래도 하브라켄의 제안이 흥미로운 이유는 사회에 넘쳐나는 산업화의 동력을 더욱 효과적으로 현명하게 활용하는 방안을 찾으려 했기 때문이다. 모두 한번쯤은 질문을 던져보았을 것이다. 주택을 자동차처럼 대량으로 생산할 수는 없을까? 기계화된 주택 생산이 이루어지지 않는 이유는 무엇일까? 순전히 기술적인 시각으로만 보면 모든 사람이 주택 때문에 어려움을 겪는 이유를 이해하기 힘들다.

질문이 간단한 데 비해 대답은 복잡하다. 그래도 한 가지만은 확실하다. 가장 큰 문제는 '대지 구획'이다. 대지는 끝없이 다양한 조건과 규칙을 요구하기 때문에 현대적 공업기술의 기초인 '반복'을 일체 거부한다. 국가가 제공하는 복잡한 도시의 일부인 '대지'의 문제와 주거공간의 문제를 분리할 수만 있다면 이론적으로 20세기의 꿈은 현실이 되었을지도 모른다. 사실 그 꿈을 현실화하려는 시도가 몇 차례 있었지만 아직도 르코르뷔지에가 구상했던 시적인 이미지를 만드는 데는 성공하지 못했다.

주거용 보트 계획 562-565

주거용 보트는 보통 행정당국의 지시에 따라 한 무리로 서로 바짝 붙어 정박한다. 네덜란드에서 주거용 보트는 오늘날까지도 주민들이 상당한 발언권을 행사하기 때문에 매우 다양하고 풍부한 외관을 지니고 있는 독특한 숙박시설이다.

이처럼 자유로운 표현이 가능한 이유는 주거용 보트가 전통적인 양식이나 기하학적인 형태를 따르지 않기 때문이다. 주거용 보트는 주택문제를 해결하기 위해 네덜란드에서 고안된 대책이었으므로 처음부터 자유로운 성격이 보장되었다.

주거용 보트가 극심한 혼란을 초래하지도 않고, 행정당국이 우려하는 지저분한 모습을 보이지도 않는 이유는 전체적인 규모와 형태가 보트 밑에 있는 바지선에 의해 결정되기 때문이다. 바지선은 규모와 형태가 일정한 편이며, 부두 측면에 한 줄로 정박해있으면서 부두에서 식수와 가스와 전기를 끌어다 쓴다. 그래서 주거용 보트는 영구적인 정박지에 있는 공공 편의시설과 연결되는 표준적인 요소들을 개별적으로 자유롭게 해석한 모습을 보여준다.

도시 외곽 지역에서는 주거용 보트의 집합체가 모여 수상 촌락을 형성하는 경우가 종종 있는데, 수상 촌락에서는 대개 공공시설의 일환으로 방파제가 건설된다. 방파제는 통행과 에너지 등의 기본적인 생활시설을 제공하는 최소 규모의 척추라 할 수 있다. 이러한 '공공의 척추'는 다양한 요소를 조정함으로써 일정한 질서를 형성한다.

강이나 호숫가에 수상 주거단지를 설계한다고 상상해보자. 아예 수상 도시를 설계한다고 해도 좋다. 하부구조는 일반적인 가로가 아니라 널빤지로 만든 통로로 이루어진다. 물 위에 있는 주거단지는 육지의 일반적인 도시나 마을에 위치한 주거단지보다 외관이 다양하다. 게다가 때때로 주거용 보트를 다른 장소로 자유롭게 옮길 수 있다.

562 563
564 565

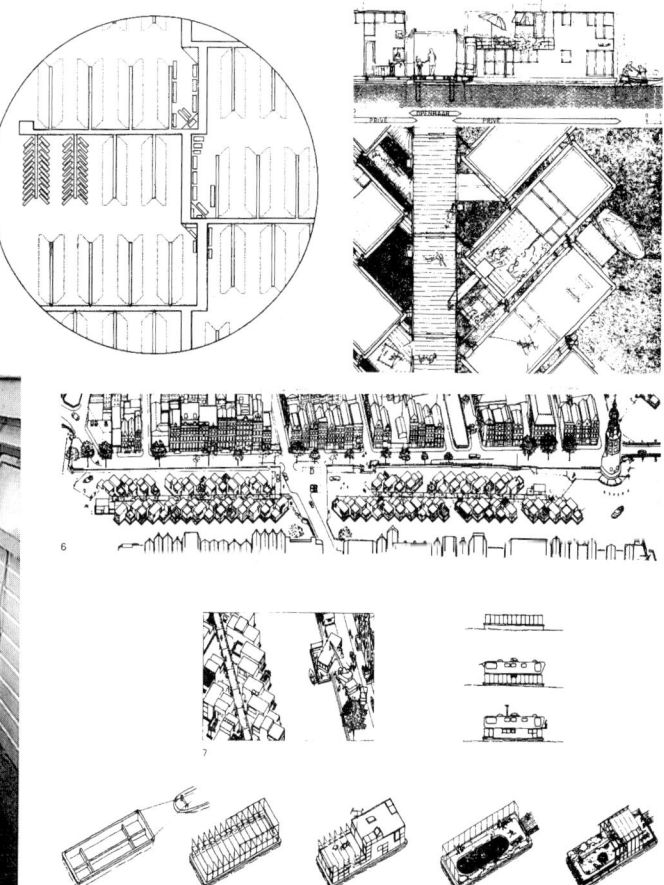

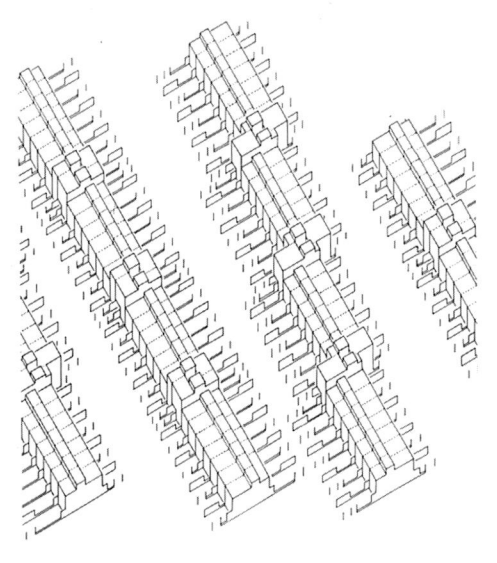

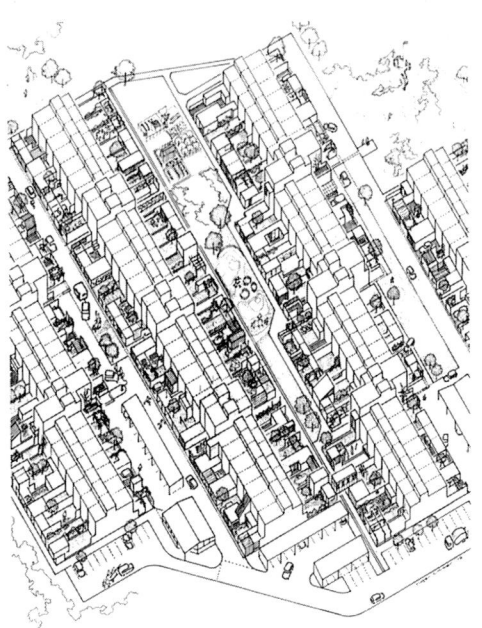

데번터르-스테인브루허 주택단지 계획 566

건축가가 설계한 것은 가로의 패턴과 각 세대의 영역을 설정하는 열린 그리드가 전부였다. 각 세대는 앞뒤로 다른 가로에 닿아있었으므로 과도한 사회적 통제를 방지하려 현관문을 두 개로 했다. 계획안을 작성할 때 기대한 결과는 모든 가로가 주민의 활동으로 고유한 성격을 획득하는 것이었다. 즉 똑같은 패턴으로 설계된 가로공간에서 다양하고 광범위한 해결책이 저절로 모습을 드러내는 것이었다.

각 세대의 전면과 후면이 개조하기 쉬운 공간으로 설계되었다. 주민들은 직접 자기 집을 확장해 차고, 헛간, 작업실, 침실 등을 추가하거나 정원이 보이는 방 또는 작은 가게를 만들 수 있었다. 개조 작업을 용이하게 하기 위해 세대와 세대를 구분하는 양쪽 경계선에는 낮은 벽을 세웠다. 낮은 벽은 주민 개개인이 공간을 활용할 수 있다는 사실을 상기시키고 격려하는 장치였다.

가로공간은 주민들이 서로를 위해 남겨두거나 서로를 위해 만든 공간이 모여 이루어진다. 모든 주민이 개별적으로 가로공간 형성에 이바지한 셈이다. 사적영역의 경계를 설정하는 데 결정적인 영향을 미친 상호 의존mutual dependency은 가로공간에서도 중요한 요인으로 작용한다. 하나의 가로에 면한 모든 세대의 주민들은 자신들과 관련된 문제를 스스로 결정할 수 있어야 한다. ④

데 스할름, 마을회관 계획안 567-576

가로공간에서는 사람들의 상호작용이 저절로 이루어진다. 따라서 우리는 마을회관을 가로공간으로 계획했다. 앞으로 필요한 일이 생길 때마다 재정 규모에 맞게 만들어질 다양한 시설을 수용할 수 있는 공간을 만들었다. 마을회관은 구체적인 요구에 적응하는 과정을 거치며 오랫동안 진화하는 공간이어야 한다. 다시 말하면 항상 변화하는 요구에 맞추기 위해 새로운 요소를 첨가하거나 기존의 요소를 변경 내지 제거하는 일이 가능해야 한다.

그래서 우리는 '척추'라고 부를 만한 공간에서부터 시작했다. '척추'란 투명한 지붕이 덮인 거리였다. 여기에 수

 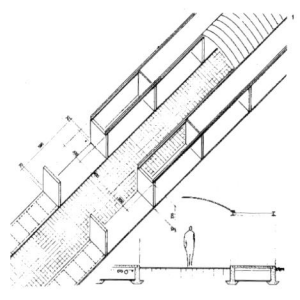 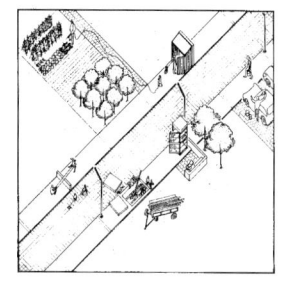 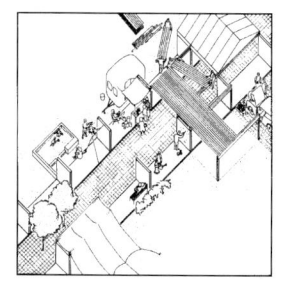

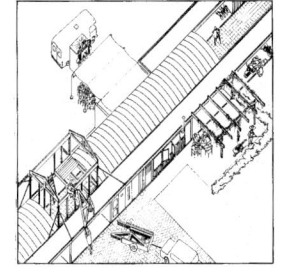 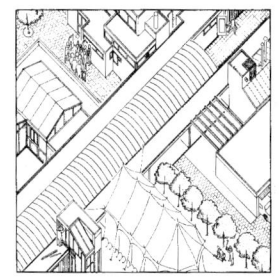

직으로 작은 벽들을 세워 중앙의 가로공간과 앞으로 증축될 공간 사이의 매개영역을 만들었다. 여러 요소가 복잡하게 얽힌다 해도 척추 역할을 하는 가로공간의 존재가 마을 전체에 변하지 않는 '질서'를 형성하리라 생각했다. 축하행사, 바자회, 전시회 같이 특별한 행사를 위해 일시적으로 공간이 필요할 때에는 대형 천막, 임시 구조물, 간이 판매대 등을 활용해 임시변통하는 편이 낫다. 임시 시설은 영구적인 구조물보다 많은 가능성을 열어준다. 영구적인 구조물은 크기가 맞지 않을 수도 있고 신선한 느낌이 없을 수도 있다. 그보다 오래 사용할 시설이 필요하다면 시중에서 쉽게 구할 수 있는 조립식 건물을 활용해 창고, 사무실, 오두막 등을 만들어도 된다. 중요한 것은 주민들이 주변 환경을 자신의 손으로 만든다는 사실이며, 그동안 건축가는 주민에게 적절한 도구를 건네주기만 하고 작업에 관여하지 말아야 한다. 데 스할름 마을회관은 전형적인 1970년대 초기의 설계안으로, 결과가 완전히 성공적이지 않았다고 밝혀진 지금에 와서 몇 가지 질문을 던져준다. 우선 사용자들은 우리가 기대했던 대로 생활하지 않았다. 그들이 한 일은 조립식 건물을 주문한 후 완성된 건물을 세우고 페인트칠을 하는 것이 고작이었다. '빛의 거리light-street'는 일정한 형태가 없는 공간이 되었다. 공식 모티브로 작은 벽들을 세운 가로공간은 원래 의도대로 가로와 수직을 이루는 구조물을 생성하지 못했고, 씨실 역할을 하는 수직 구조물의 충격을 이겨낼 정도로 강력하지 못했다.

567 568 569 570
571 572
574 575 576

이 계획안은 분명 광범위한 요소를 하나로 모아 마을 주민이 집단으로 참여한 실험이라는 점에서는 성공이었다고 할 수 있으나, 형식적인 통일성은 완전히 결여되었다. 개개인이 사적영역에서 달성하는 것이 집단에게 맡겨진 공적영역에서도 똑같이 달성된다는 법은 없다. 이 계획안은 사용자에게 지나치게 많은 자유를 제공할 때 무슨 일이 벌어지는가를 보여주는 예다. 건축가가 더 많은 공간적 가능성을 제공할 수 있었음을 생각하면 다소 실망스러운 결과였다.

 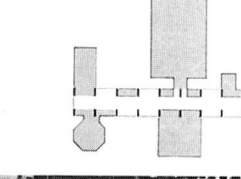  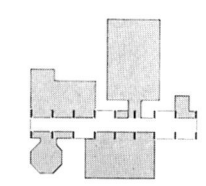 

공간 만들기, 공간 남기기

지하 보행로 계획안⁵⁷⁷⁻⁵⁸⁰

넓은 간선도로 아래 위치한 지하도는 도시 중심부를 철도역과 연결하는 지하 보행로의 일부다. 이 지하 보행로는 센트랄 베헤이르 빌딩을 설계할 때, 아펠도른 시를 담당했던 도시계획가가 구상했다. 당시로서는 지하 보행로와 빌딩을 연결할 이유가 충분했다. 통로 외에 다른 목적으로도 이용하도록 지하도의 폭을 넓히자는 아이디어도 나왔다. 폭을 넓히면 일반적으로 지하도에서 풍기는 황량한 느낌을 줄이고 공공 편의시설을 수용할 수 있다는 제안이었다.

공간은 필요하지만 임대료를 지불할 능력은 없는 시설, 예컨대 청소년 센터라든가 극단의 연습공간을 수용하고, 채산성이 한계에 달한 상점도 받아들일 생각이었다. 당연히 실내 시장을 만드는 방안도 고려했다. 그러나 다양한 실내 공공장소의 사례를 살펴보면 이 견해가 현실적이지 않으며 도시계획과 마찬가지로 실행 가능성을 과대평가했음을 알 수 있다.

결국 계획안은 조정을 거쳐야 했다. 필요한 지지점의 수를 줄이기 위해 우리는 지하도에 흔히 쓰이는 긴 스팬을 사용하지 않고 비교적 굵은 기둥을 많이 쓰기로 했다. 그래서 다른 장치를 추가하지 않고도 기둥만으로 폐쇄적인 단위공간spatial unit, 모서리, 벽감 등의 경계를 표시했다. 간단히 말하면, 기둥이 칸막이 역할을 한다는 아이디어였다. 모든 기둥은 작은 기둥 두 개를 벽으로 둘러싼 구조로 이루어져있어서 기둥을 이용한 벽감이나 진열장을 만들 수 있다. 우리는 '접착력 있는' 거대한 기둥을 보행자가 걷는 방향과 나란히 일직선으로 배열함으로써 그 기둥의 활용을 촉진할 수 있다는 사실을 보여주려 했다.

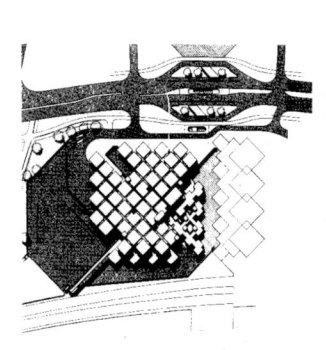
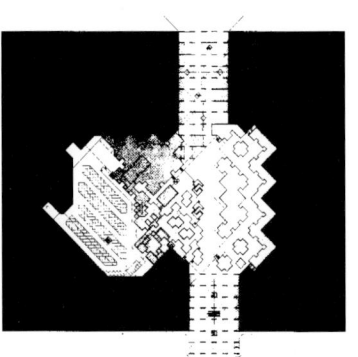
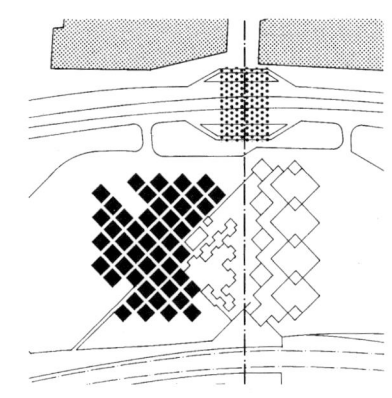

577 578 579
580

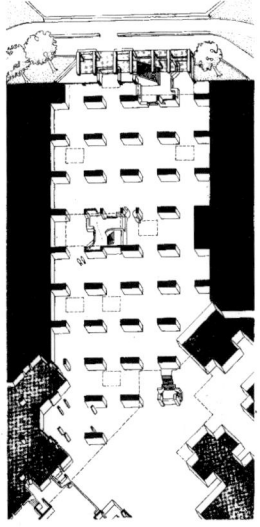
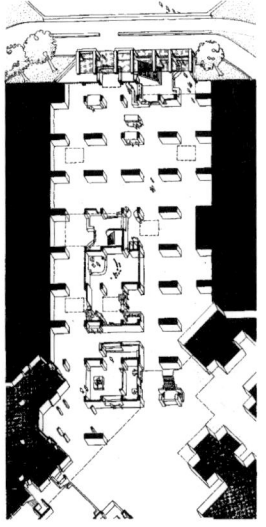
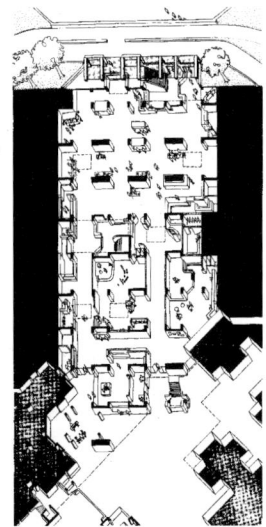

베스트브룩 집합주택 581-588

아직 완공되지 않은 소규모 공동 주택인 베스트브룩 집합주택의 구조설계는 시공의 원칙이 아니라 대지의 성격에 근거해서 이루어졌다. 이 지역은 수백 년 전부터 서로 평행한 좁고 긴 수로들로 이루어진 토지관리 체계에 의해 인위적으로 나뉘어있었다. 이것은 어떤 대가를 치르더라도 반드시 보존해야 할 전통적이고 특색 있는 풍경이었다.

네덜란드에서는 대지가 건축에 적합하지 않을 경우 우선 몇 미터 두께로 모래층을 만들어 도로와 하수관을 수용하는 것이 일반적인 관행이다. 그러면 대지에 원래 남아있던 흔적이 말끔히 지워진 새로운 땅에서 원래 부지의 성격과 무관하게 완전히 추상화된 설계안을 실현할 수 있다. 하지만 베스트브룩 집합주택의 경우 '천연'의 대지구획을 기꺼이 받아들여 도시계획의 기초로 활용했다.

계획안의 요지는 수로 사이 좁은 띠 모양의 땅에 건물을 앉히는 것이었다. 띠 모양의 땅은 폭이 넓지 않아 주택과 정원이 양쪽에 있는 가로를 만들 수 없었으므로 건물을 빡빡하게 배열했다. 그리하여 부분적으로 겹치는 건물 사이를 누비듯 빠져나가는 매우 좁은 도로가 형성되었다.

이러한 해결책을 선택한 결과 모래층과 하부구조(거리와 하수도 등)를 만드는 데 필요한 공간은 최소한으로 줄어들었다. 다시 말해, 수로와의 간격을 최대화함으로써 측압 때문에 제방이 흔들리는 것을 방지할 수 있었다. 베스트브룩 집합주택의 독특한 배치는 순전히 부지의 한계와 가능성에 의해 탄생했다.

수로 내지 작은 운하들은 그대로 설계안에 포함되었다. 여러 방법으로 보강된 둑은 사적영역인 정원의 경계선 역할을 하면서 다채로운 외관을 형성했다. 기존의 구획과 분절 때문에 독특한 배치가 탄생했다.

대지의 조건은 건물 배치에 결정적 역할을 했으며 건물 역시 대지에 지대한 영향을 미쳤다. 대지와 건축물이 서로의 형태에 긍정적인 역할을 했다. 지금 생각해 보면 계획안이 실현된 모습이 도시생활에 관한 우리의 의도를 제대로 보여주지 못한다는 의견도 나올 법하다. 그것은 주택단지가 아직 완공되지 않았기 때문이며, 계획안 작성을 한 명이

도맡았기 때문이기도 하다. 아쉽게도 단지의 규모가 작아서 여러 건축가가 참여할 수 없었고, 수로 제방에서 발견한 기본 모티프를 건물에 충분히 활용하지 못했다.

팀 X로 대표되는 1960년대 건축가들의 계획안은 대부분 구조와 충전재를 철저히 구분한다는 원칙을 따랐다. 고정된 목적에 따라 서로 분리되는 공간의 경직성을 효과적으로 제거한 이러한 계획안은 오늘날 우리가 말하는 구조주의 건축을 예고하는 듯하다.

베를린 자유대학 589-593

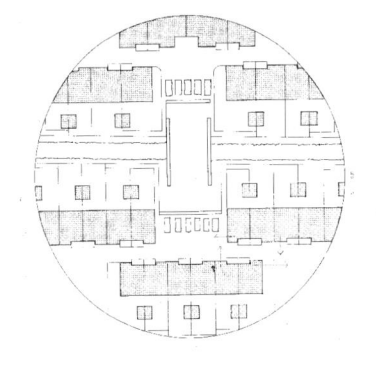

베를린 자유대학 계획안은 사람들의 상호관계와 소통 기회가 그물망처럼 얽힌 공간으로 만드는 방법을 제시했다. 일반적인 방식대로 시설별로 공간을 분할해 도서관 등의 각종 시설을 각각 하나의 건물로 나누는 대신, 분절이 없는 단일한 구조물로 만들겠다는 의도에서 출발했다. 말하자면 한 덩어리의 실내공간으로 이루어진 대학 안에 모든 구성요소가 합당한 연관 관계에 놓이도록 배치했다. 그리고 시간이 흐르면 필요한 시설도 더불어 변화하게 마련이므로 내부 가로공간의 고정된 구조 안에 훗날 추가로 건설하거나 해체할 공간을 남겨두자는 안이 나왔다.

샤드라 우즈Shadrach Woods(1923~1973)는 이를 다음과 같은 글로 설명했다.

583 584
585
586
587
588

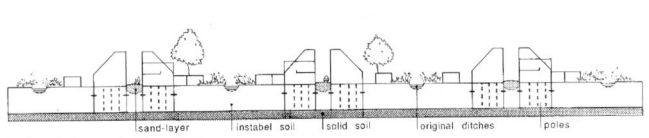

- 이 계획안에 담긴 의도는 공간 조직을 최소화하여 대학의 존재 이유인 사람들 사이의 접촉과 상호작용, 피드백의 기회를 최대한 제공하면서도 개별적인 업무가 원활히 이루어지도록 하는 것이다.
- 여러 시설 또는 활동을 각기 다른 건물에 배치하는 분석적인analytic 평면을 넘어설 필요가 있다고 생각했다. 우리는 기능과 부서의 종합을 꿈꾸고 있었다. 모든 학문 분야가 서로 연관되기를 원했다. 또 공간을 분절함으로써 전체를 희생시킨 각 부문이 얻게 된 파편화된 정체성 때문에 심리적·행정적 장벽이 더 두터워지지 않기를 원했다.

- 초기 단계에서 형성되는 통행과 업무의 네트워크는 효율적 활용을 위해 변경될 가능성을 내포한다. 최초의 계획안에는 간단한 통로의 네트워크가 있을 뿐이다. 업무상 통로가 필요할 때에만 새로 짓는다. 따라서 거대한 구조물이 아니라 최소한의 구조로 만들어진다. 기술과 경제적 여건이 허락하는 한 이 조직에는 언제나 성장과 변화의 가능성이 있다.
- 계획안에는 여러 개의 통로가 있지만 주변에 배치한 활동이나 규모를 봤을 때 특별히 중요성을 부여한 곳은 하나도 없다. 처음부터 중요한 기능을 중앙에 집중하지 않은 점이 이 계획안 고유의 특징이다. '중심지'의 성격과 위치를 건축가가 독단적으로 결정하지 않고 실제로 공간을 사용하는 사람이 선택하도록 했다.

(샤드라 우즈, 《세계 건축 World Architecture》, 런던, 1965, 113~114쪽.)

우즈는 '변화와 성장'에 집착하고 있었다. 그는 우리와 정반대로 변화와 성장을 가장 중요한 상수常數로 취급해야 한다는 견해를 제시했다. 그렇게 완공된 베를린 자유대학이 보통의 경직된 건축물에 불과했다는 점에서 우즈는 나름대로 대가를 치렀다고 할 수 있다.

하지만 '최소한의 질서 minimal ordering'는 여전히 진지하게 고려해야 할 이유가 충분한 기본 개념이다. 베를린 자유대학의 경우 '최소한의 질서'는 상호교체를 용이하게 하고 기본적인 구조를 채울 때 일정한 법칙에 따라 자유로운 선택이 가능하도록 해준다.

베를린 주거단지 계획안 594-597

'가로는 도시계획에서 가장 오래된 요소 가운데 하나다. 가로는 '거실'과도 같은 공간이었다. 이 계획안은 익숙한 도시공간인 가로를 다시 사용 가능하게 만들자는 생각에서 출발했다. 공간 조직을 개선해서 까마득한 옛날부터 공공

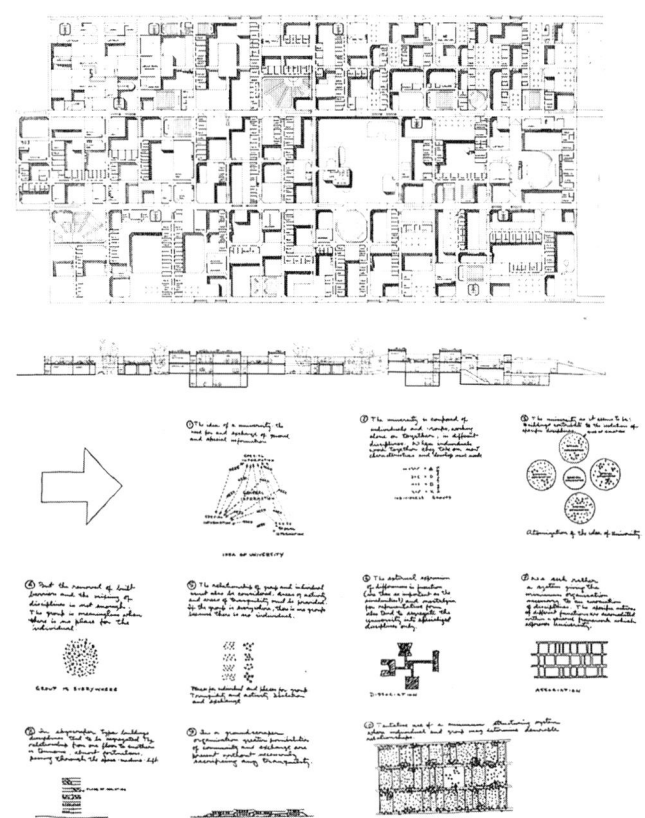

S. 우즈의 설명과 도해.

589
590
591
592 593

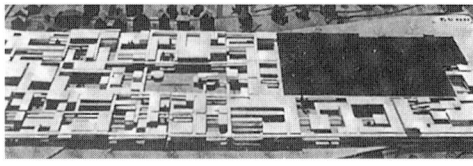

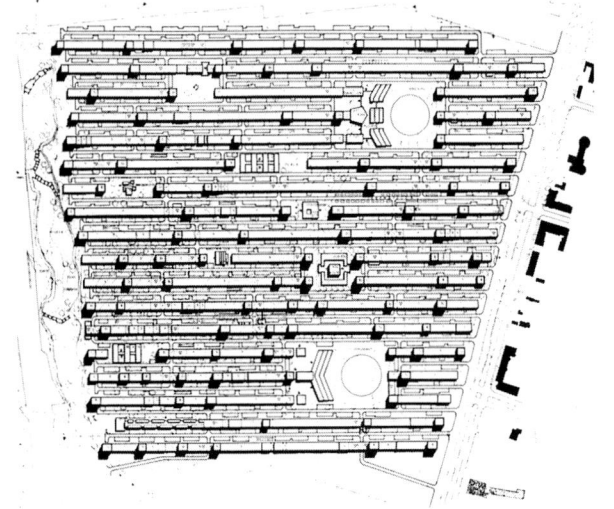

건축물(주택과 가로공간 구조물 등)이 들어선 영역은 거대한 용기에 비유할 수 있다. 용기 안에서는 옛날 도시에서 일어났던 모든 일이 옛 모습 그대로 활기차게 재현될 것이다.

차량 통행에 가장 편리한 방도를 먼저 찾는 대신 자동차에게 적합한 위상을 찾기 위한 진지한 고민이 있었다. 고정관념을 없애버리자 문제가 매우 단순해졌다. 분리하고 세분화해서 주민은 어디에서든 걷거나 휴식을 취하고 자유롭게 운전과 주차를 할 수 있게 되면서 소속감을 느끼며 생활하게 되었다.'
(스테판 베베르카, 1964)

장소에서 이루어졌던 모든 활동이 다시금 일어나는 무대를 만든다는 것이었다.

흔히 말하는 '건축 계획'과는 달리 베를린 주거단지의 배치도에는 용도와 접근성만 표시되어있을 뿐 건물의 형태를 비롯한 제반 사항이 빠져있다. 다양한 형태의 주거공간과 가로공간이 형성되게 하려는 의도에서 일부러 남겨둔 것이었다.

특정한 영역의 구체적인 기능은 나중에 바뀔 수 있으며 경우에 따라 개조가 수반될 가능성도 있다. 그러나 전체적인 구조나 통일성을 해치지 않고도 개조가 가능하다. 주택단지 전체에 도로 위를 지나는 육교라든가 보행자와 자동차가 모두 다니는 지붕 덮인 교차로가 산재해있기 때문이다.

이 계획안은 본질적으로 벽과 흡사한 건물 블록에 의해 이루어진 철저한 부지 구획 작업에 지나지 않으며, 특정한 '게임의 법칙'에 의해 정해지는 가능성의 범위 내에서 앞으로 계속 채워넣어야 할 그리드다. 그리드와의 만남은 건축가에게 무궁무진한 가능성의 세계를 열어준다. 그리드에는 해결책을 만들어내고 때로는 해결책을 유도하는 힘이 있다.

미리 정해진 주제로 작업해야 한다는 조건은 궁극적으로 작업을 제한하는 요인이 되지 않고 오히려 촉매로 작용해 작업 의욕을 북돋아준다. 자유와 제약이 서로를 생성한다는 말이 모순처럼 보일 수도 있으나 제약이 더 많은 자유를 보장한다.

여러 명의 건축가가 독립적으로 작업할 때도 그리드를 '기본계획master plan'으로 활용할 수 있다. 그리드를 활용

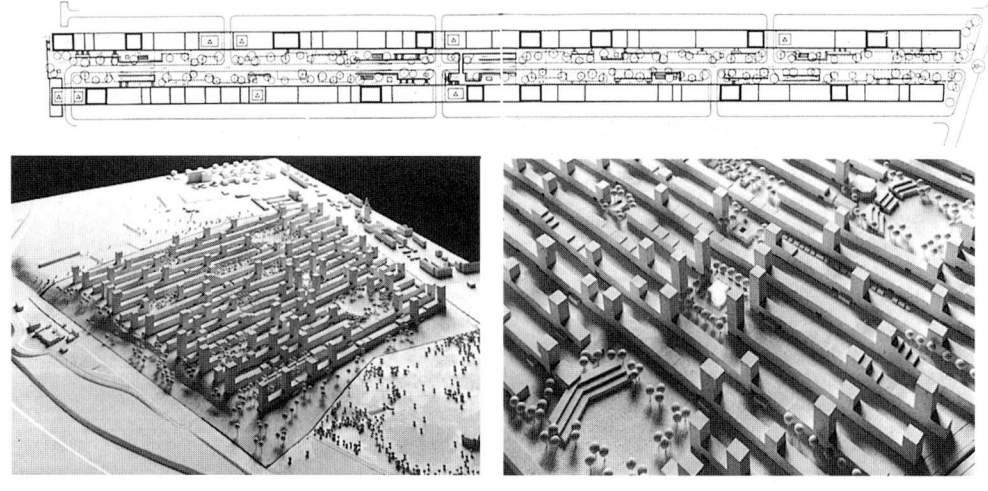

와츠 타워, (로스앤젤레스, 1921–54), S. 로디아.

하면 각자가 내놓은 해결책을 합치기에 좋고 매우 다양한 프로그램을 수용하기도 용이하다. 배치도에 있는 여러 가지 구성 요소는 각각 나름의 기준에 따라 발달할 수 있다. 이렇게 만드는 계획안은 매우 다양한 해석을 허용하기 때문에 무엇에 의해 대체되느냐와 관계없이 전체 공간이 언제나 일정한 질서를 가지게 된다.

무엇보다 중요한 사실은 그리드가 참으로 다양한 층위에서 해석될 수 있다는 것이다. 그리드는 객관적이고 기초적인 패턴, 즉 원형proto-form을 제공할 뿐이다. 해석이 부여될 때 비로소 진정한 정체성을 획득한다. 특히 내부가 어떤 내용으로 채워지며 어떤 방식으로 채워지느냐가 정체성에 결정적인 영향을 미친다. 무엇이든 간에 그리드에 채워지는 내용물은 항상 '종속'이라기보다는 '충동'에 가까운 명령에 의해 정해진다.

그리드는 각각의 해결책을 향해 나아가려는 기본적인 충동을 내재한 '생성하는 골조'라 할 수 있다. 그리드는 모든 구성 요소에 보편적인 충동을 부여하기 때문에, 각각의 부분이 전체의 정체성을 결정할 분 아니라 전체 또한 부분의 정체성을 결정하게 된다. 즉 부분의 정체성과 전체의 정체성이 서로를 생성하게 된다. ③

우즈와 베베르카의 설계안이 무척 탁월한 안이라는 사실과는 별개로 우리는 그들로부터 특별한 교훈을 얻을 수 있다. 다른 모든 것을 제쳐놓고 변화에만 신경을 써서는 안 되며 변화를 흡수하는 항상성을 가진 구조에도 관심을 기울여야 한다는 사실이다.

앞에서 살펴본 예에 날실과 씨실의 비유를 적용하면, 집합적인 구조물은 날실이고 구조에 끼워넣는 개별적인 해석은 씨실에 해당한다. 개별적 해석을 유도하는 집합적인 구조물은 그 자체로는 거의 의미가 없거나 아예 의미가 없으며, 개별적 해석은 전체적 맥락이 없었다면

598 599
600

꿈의 궁전Le Palais Idéal, (오뜨리브, 1879–1912), 페르디낭 슈발.

공간 만들기, 공간 남기기 219

존재하지도 않았을 것이다. 또한 구조는 일관성을 상징하는데, 일관성이 없다면 개별적인 해석은 거대한 표현의 덩어리로만 존재할 것이다.

1960년대에는 마치 대형 창고처럼 모든 단위세대를 획일화하는 아파트의 억압적 성격에 대한 자각이 절정에 달했다. 결과적으로 위에서 부과한 제도와 질서라고 하면 무조건 극단적으로 반발하면서 개별적 표현의 풍부한 성격을 강조하는 경향이 있었다. 사이먼 로디아Simon Rodia(1879~1965)가 설계한 와츠 타워Watts Towers 라든가 우체부 슈발Ferdinand Cheval(1836~1924)이 설계한 꿈의 궁전Palais Idéal 그리고 사람들이 맨손으로 창조해낸 온갖 환상적인 건축물을 떠올려보라. 하지만 개인의 창조성과 책임감이 언제나 권력자가 부과한 모든 질서를 누르고 승리를 거둔다는 생각은 현실을 지나치게 단순화한 이상이다.

우리의 뜻을 구조적이고 집합적으로 표현하려면 언어가 필요한 것과 마찬가지로, 개개인이 자기 환경 속에서 자신을 공간적으로 표현하려면 집합적이고 공식적인 구조가 필요하다. 지금까지 살펴본 모든 사례를 통해 우리는 구조를 만드는 원칙에 대한 제약(날실, 척추, 그리드)이 결과적으로는 응용 가능성과 개별적 표현의 가능성을 위축시키지 않고 오히려 증가시킨다는 역설적인 결론을 얻는다. 잘 선택된 구조적 틀은 자유를 제한하는 것이 아니라 창출한다.

날실과 씨실이라는 비유로 돌아가보자. 날실은 직물의 올이 풀어지지 않고 유지되도록 하는 데 크게 기여하지만 완성된 직물의 모양새는 분명히 씨실이 좌우한다.

구조와 충전재는 대등한 개념이며 나아가 보완하는 관계다. 그러므로 구조와 충전재에는 더 이상 날실과 씨실이라는 개념이 적용되지 않는다. 언어가 말을 형성할 뿐 아니라 말도 언어를 형성하므로 언어와 말이 서로를 '생성'하는 관계인 것과 같은 이치다. 그리고 서로의 질이 높아질수록 둘 사이의 구분은 중요하지 않게 된다.

빌라 사보아 601-603

르코르뷔지에가 설계한 푸아시의 빌라 사보아는 '밝은 시간Les Heures Claires'이라는 별명을 가진 주택으로, '자유로운 평면'을 보여주는 대표적인 사례다. '자유로운 평면'은 콘크리트 골조의 사용이 열어준 새로운 가능성에 대한 일관된 탐색의 결과물이다. 빌라 사보아 같은 '자유로운 평면' 초기작의 특징은 독립적으로 서있는 기둥과 하중을 지탱하는 기능으로부터의 해방을 과시하듯 당당하게 서있는 곡면 벽이 많다는 점이다. 이와 같은 콘크리트 골조를 접하면 으레 기둥이 구조적인 기준에 따라 이곳저곳에 규칙적으로 배열되어있으리라고 기대하게 된다. 그리고 얼핏 보면 기둥이 그림 (601)의 a와 같이 배열되었다고 여기기 쉽다. 하지만 실제 기둥 배열은 전혀 다르다.

르코르뷔지에도 실제로는 규칙적인 배열에서 출발했을지도 모른다. 하지만 설계하는 도중 단순히 기둥 위치에 맞춰 벽을 세우기 싫다는 생각이 들었을 것이다. 나아가 벽의 위치에 따라 기둥을 옮겨서 마음에 드는 평면을 얻으려는 충동을 느꼈음직도 하다. 자유로운 평면 안에서 벽과 기둥은 서로를 위해 공간을 마련해주고 '서로의 안에서' 자유로운 환경을 창조한다. 백색 기계 같기도 하고 다른 행성에서 날아와 초원 한복판에 착륙한 우주선 같기도 한 빌라 사보아는 20세기 건축의 메커니즘을 보여주는 뛰어난 사례다.

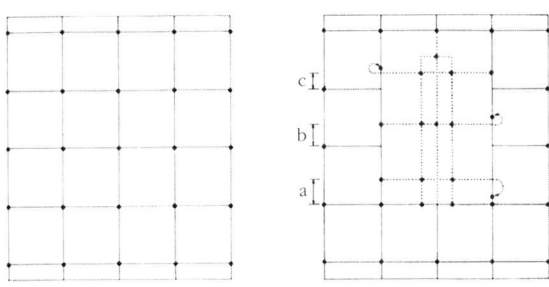
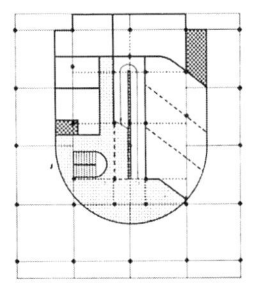
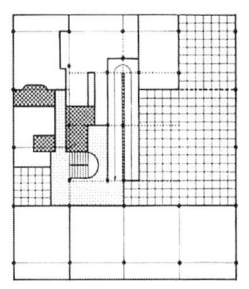

601
602
603

공간 만들기, 공간 남기기   221

4 도시 개발과 그리드

평면도, 알제리 팀가드.

그리드를 활용해 도시에 질서를 부여하는 방법은 도시 계획이 시작되면서부터 알려진 방법이다. 여러 가지 사건을 겪으며 점진적으로 성장한 것이 아니라 미리 정해진 계획에 따라 발달한 도시에서는, 어떤 질서를 형성하는 요인이 주변 환경에 의해 저절로 형성되지 않을 때면 항상 그리드를 활용해서 무언가를 하자는 요구가 나왔다. 다음에 해야 할 일의 '청사진'이 필요했기 때문이다.

최초의 출발점은 각자 달랐겠지만 같은 주제가 약간씩 변형된 듯한 모습은 어느 시대에나 공통적으로 발견된다. 토지 분배의 조건과 각 영역에 대한 접근성을 단 하나의 공식으로, 대규모로, 장기적인 견지에서 정해 놓은 것이다. 출발점은 거의 항상 사각형 또는 직사각형의 땅이었고, 거리로 둘러싸인 블록의 규모는 건축가가 구상한 건축 공법에 따라 결정되었다. 이론적으로는 다양한 방식으로 채워질 수 있었지만 충전재의 성격은 시대의 성격에 따라 정해졌다.

604

605 606

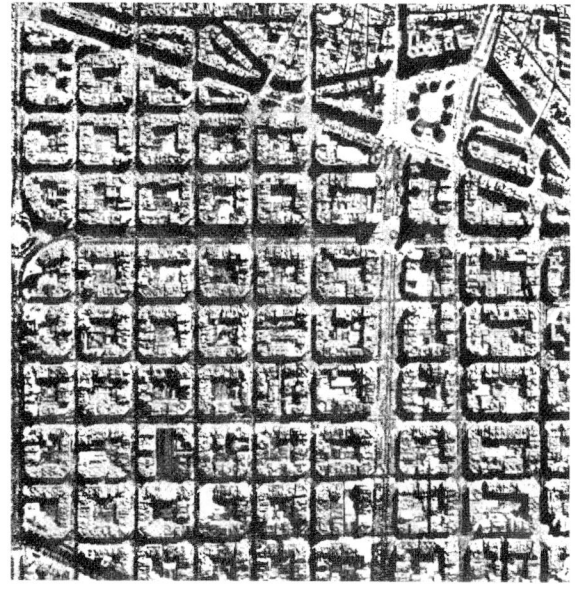

도시 개발계획 605-612

도시계획가 일데폰소 체르다가 19세기 후반에 작성한 바르셀로나 시 계획안은, 사람들이 상당히 자유롭게 활동하던 기존의 거리와 블록보다 더 질이 높은 공간을 제공하는 것을 목표로 했다. 체르다는 모든 건물에 적절한 생활 환경을 보장하려는 의도에서 엄격한 기준에 의해 광장의 크기를 정했다. 또 블록의 일부 공간은 건물을 세우지 않고 남겨두자고 제안했다.

그러나 막상 계획안의 내용 가운데 어떤 것도 실행하지 못했다. 흔히 그렇듯 생활상의 필요는 토지 소유주와 개발자의 막강한 힘에 비하면 아무것도 아니기 때문이다. 블록 단위로 방향을 달리해 띠 모양으로 건물을 짓는다는 체르다의 계획안은 일견 단순해 보이지만, 실제로는 무한한 변형의 가능성을 창출하며 믿을 수 없을 만큼 풍부한 패턴을 형성한다. 이러한 원칙은 추상적인 덩어리에만 적용되지 않는다. 그 자체가 공간을 규정하고 변주하는 요소인 녹지

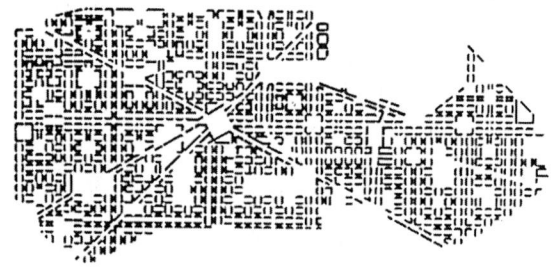

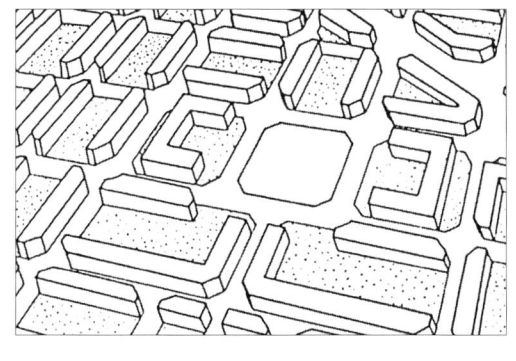
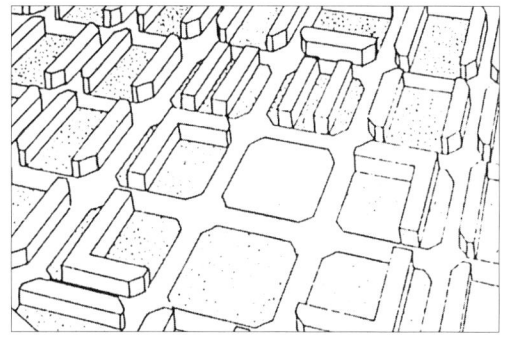
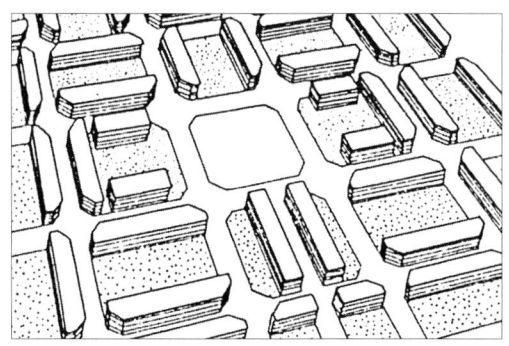
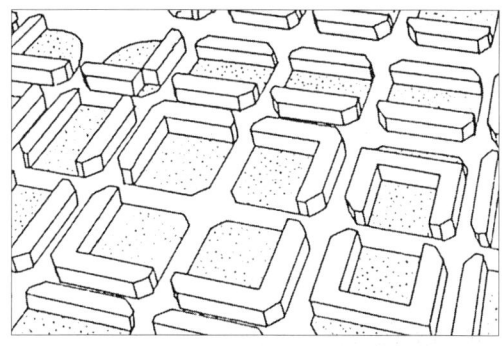
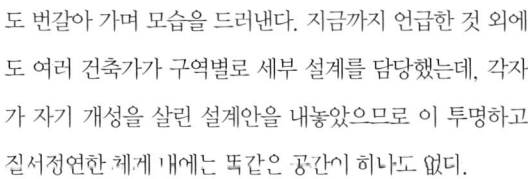

607 608
609 610
611 612

카사 밀라Casa Mila, (바르셀로나, 1906~10), A. 가우디.

도 번갈아 가며 모습을 드러낸다. 지금까지 언급한 것 외에도 여러 건축가가 구역별로 세부 설계를 담당했는데, 각자가 자기 개성을 살린 설계안을 내놓았으므로 이 투명하고 질서정연한 체계 내에는 똑같은 공간이 하나도 없다.

이 계획안의 가장 독창적인 점은 모든 모서리가 명확하게 정의되고, 모서리에 위치한 건물의 교차로에 접하는 입면을 사선으로 처리했다는 점이다. 교차로마다 네 개의 사선이 공간을 넓혀 작은 광장을 형성함으로써 길쭉한 거리의 단조로움을 덜어주는 유쾌한 효과를 냈다. 비록 이 계획안이 실현되었을 때는 블록이 폐쇄적인 형태로 바뀌고 건물들이 원래 의도보다 훨씬 높게 지어지긴 했지만, 전체 평면에서도 모서리 설계의 효과는 확실히 눈에 들어온다. 체르다의 계획안은 건축가들에게 딱딱한 모서리라는 가장 쉬운 해결책에서 벗어나라는 메시지를 전했다. 그에게서 영향을 받은 대표적인 건축가가 가우디Autoni Gaudi(1852~1926)였다.

뉴욕 맨해튼 613-616

빠른 속도로 발달한 미국의 대도시는 그리드 체계가 가장 기본적 형태로 적용되어 매우 독특한 결과를 낳았다. 아파트부터 초고층 건물에 이르기까지 다양한 건축물이 모인 야생의 공간을 길들이는 방법으로 과연 그리드보다 나은 것이 있을까? 기업이 거침없이 자유롭게 활동하는 세상에서 건축물의 형태에 재갈을 물리기란 거의 불가능하다.

맨해튼은 흥미로운 본보기임에 틀림없다. 훌륭하고 다채로운 풍경처럼 눈앞을 스치는 기막히게 매력적인 건물들은 물론이고, 기묘하게 길쭉한 반도의 모양 덕택에 언제나 두 가지 상반되는 요소를 감상할 수 있다. 하나는 소실점이 수평선에 위치할 정도로 길게 뻗은 세로축 방향의 폭이 넓은 거리들이고, 다른 하나는 반도를 가로 방향으로 가로지르는 상대적으로 길이가 짧고 폭이 좁은 거리들이다. 따라서 맨해튼에서는 도시의 광활함을 체험하는 한편, 골목길에 들어가면 시가지 너머로 강을 볼 수 있다. 그리드가 도시 공간 체험에 매우 특별한 방식으로 기여하는 것이다.

맨해튼을 처음 방문한 사람은 그리드가 냉혹하리만치 정확하게 적용되어있다는 사실에 깜짝 놀란다. 그리드는 적용 가능한 영역의 한계에 이르러 가장자리가 무뎌진 부분이 여기저기 보여도 아무렇지 않게 느껴질 때까지 계속된다. 하지만 놀랍게도 바로 이런 지점에서 가장 흥미로운 해결책들이 발명된다.

일반적으로 이토록 엄격한 직사각형 체계에서는 끝부분도 그리드가 제공한 가능성에 어울리는 방식으로 마무리되리라고 예상하게 된다.

하지만 흔히 그렇듯 서로 다른 원칙이 충돌하면 각각의 본성이 드러난다. 이러한 현상은 세로 방향 패턴이 브로드웨이에 의해 잘리는 곳에서 가장 확연하게 나타난다. 브로드웨이는 마치 원래부터 풍경의 일부였던 것처럼 큰 변화를 겪지 않고 그대로 남아있는 오래된 시골길이었는데, 불가항력적으로 그리드와 합쳐지게 되었다. 그러자 브로드웨이는 그리드와 만나는 곳마다 그리드를 파괴하며 건축가로 하여금 상상력을 동원해 불규칙성에 대한 해결책을 찾도록 했다. 건축가들이 내놓은 해결책 가운데 유명한 사례가 메디슨 스퀘어에 있는 플랫 아이언 빌딩Flat-Iron building이다. 그리드의 본성은 바로 이런 장소에서 가장 설득력 있게 표현된다.

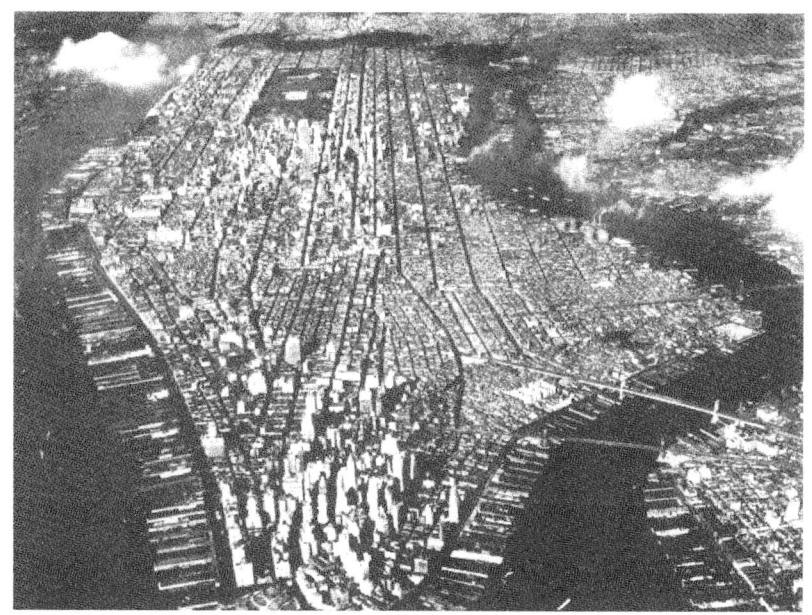

613 614

그리드 체계에 관한 가장 큰 오해는 그리드는 항상 단조로움을 낳고 억압적인 결과를 초래한다는 것이다. 물론 그런 위험도 분명히 존재한다. 하지만 여러 사례를 통해 입증된 바에 의하면 팽창하는 거대한 빌딩 숲 속에서는 그리드의 부정적 측면이 완화된다. 그리드로 이루어진 질서를 통해 다양화의 가능성을 위축시키지 않고 확장하기 위해서는 무엇보다 규제와 선택의 자유 사이에서 적절한 균형을 찾아야 한다.

그리드는 극도로 단순한 원칙을 기반으로 움직이는 손과 같다. 전체를 포괄하는 규칙을 정하지만 부지의 세부 설계에 있어서는 유연하게 적용된다. 그리드는 도시 공간의 위치를 정하는 객관적 토대가 되는데, 그리드를 기반으로 배치 작업을 하면 따로따로 결정해야 할 수많은 사항이 몇 가지 가능성으로 압축되므로 혼란이 줄어든다. 단순하기 때문에 수없이 세분화된 규칙으로 이루어진 시스템, 겉보기에는 유연하고 개방적이지만 상상력 넘치는 사람을 질식시키기 일쑤인 시스템보다 그리드는 효과적인 규제 수단이 된다. 이런 '규칙의 효율성 economy of means'에 관한 한 그리드는 체스판과 매우 유사하다. 직선으로 이루어진 간단한 체계가 체스 경기 규칙보다 더 많은 가능성을 낳으리라고 누가 짐작이나 했겠는가?

5 건물의 질서, 통일성의 획득

'건물의 질서'를 간단하게 표현하면 통일성이다. 건물에 통일성이 있다고 하려면 각 부분이 합쳐져 전체를 형성하며 똑같은 논리에 의해 전체가 각 부분을 결정해야 한다. 언제나 부분이 전체를 '결정하는' 동시에 전체에 의해 '결정된다'는 호혜적互惠的인 설계안에서 비롯되는 통일성은 어떤 의미에서는 구조와 동일시된다. 재료(정보)는 주어진 상황과 요구 사항에 맞게 신중하게 선택되며, 다양한 상황에서 나오는 설계의 모든 해결책(예컨대 건물 내의 장소들이 서로 관계 맺는 방식)은 원칙적으로 다른 해결책의 변형이거나 다른 해결책에서 직접 파생된 것이다. 그 결과 설계안의 모든 부분이 한 가족처럼 명백한 연관 관계에 놓이게 된다. 이런 식으로 생각을 전개하는 과정에서 우리는 구조와 언어의 명백한 유사성을 발견한다.

모든 문장은 그것을 구성하는 단어들로부터 의미를 도출하며, 각각의 단어는 문장 전체로부터 의미를 도출한다.

훌륭하게 설계된 건물에는 반드시 일관된 아이디어가 있으며 그 이면에는 주제의 통일성이 있다. 주제의 통일성이란 건축 어휘, 자재, 건축 공법의 통일성이기도 하지만 일관된 전략에 기초한 설계다. 건축가는 개별적인 구성 요소에서 시작해 건물 전체를 여러 번 검토하면서 크고 작은 온갖 요소들이 하나의 공통분모 아래 엮이는지 확인해야 한다. (이것은 가설을 시험하는 단계에 해당한다) 그리고 계속 연구하며 가설이나 주제를 수정해 나가야 한다.

이것은 건축가가 자신이 설계한 구조물을 채워나가는 방식이다. 건축가는 결과에 대한 피드백을 얻음으로써 최종적으로는 어떤 충전재든 사용 가능한 환경을 형성하는 어떤 질서에 도달한다. 예상 가능한 모든 충전재를 수용할 수 있도록 설계된 구조물을 얻는 것이다. 이런 방식으로 작업을 진행하면 공간 활용에 있어서 최대한의 다양성을 보장하면서도 공간의 성격과 세부 구성 요소, 재료와 색채의 통일성을 의식적으로 추구하는 일이 가능하다. 이러한 사고 과정은 구조주의의 영향을 받은 것으로, 각각의 기능에 맞는 특정한 형태와 특정한 공간 조직을 찾는다는 다소 모순되는 기능주의적 노력과 균형을 이루려는 시도다.

특정한 업무와 관련해서 논의되는 모든 요구 사항이 완비된 가장 큰 공통분모(가장 넓은 의미의 프로그램)를 추구하는 설계를 위해서는 새로운 전략이 필요하며 건축가의 시각이 근본적으로 달라져야 한다.

암스테르담 고아원 [617-622]

알도 반 아이크가 설계한 고아원은 부분과 전체가 서로를 결정하는 통일성이라는 의미의 '질서'에 따라 만들어진 최초의 건축물이다. 자체의 '거리'와 '광장'을 가진 이 건물의 공간 조직은 자기완결적인 작은 도시와 흡사하다. "모든 것을 하나의 장소로 만들고, 모든 집과 도시를 장소의 집합체로 만들라. 집은 작은 도시이고 도시는 커다란 집이다"라는 반 아이크의 말을 들어보지 못한 사람도 이 건물을 보면 작은 도시를 연상할 것이다.

건물이 '작은 도시'와 비슷해지는 현상은 매우 창조적이고 의미 있는 발전이다. 설계 과정에서 이러한 '연관'이 일단 형성되면 자연히 여러 가지 연상이 추가되면서 '공적'인 공용공간의 성격에 새로운 규모를 부여한다. 이를테면 복도는 '거리'가 되고, 실내조명은 '가로 조명'이 되는 식이다. 하나의 건물이 도시가 된다거나 도시와 건물의 중간에

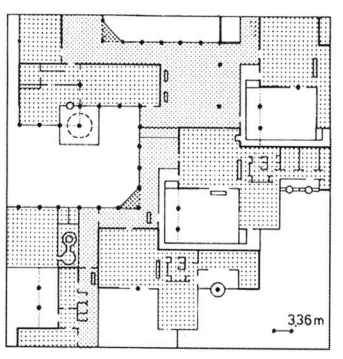

있는 어떤 것이 되기는 불가능할지라도, 도시와 비슷해지고 그로 인해 더 나은 건물이 될 수는 있다. 호혜적인 '주택-도시house-city'의 이미지는 크고 작은 실내외 공간의 일관성 있는 분절로 이어지고, 그 안에서 일련의 부수적인 단위공간들이 특별한 압력이나 노력 없이도 서로 맞물린다. 분절이 최소 단위까지 이루어지고 나면 건물과 도시의 관계는 물론이고 건물과 가구의 관계 역시 호혜적인 의미를 획득한다. '건설된' 대형 가구는 작은 집과 비슷하고, 작은 집은 커다란 방보다도 실내에 있다는 느낌이 더 강한 공간이기 때문이다. 이런 식으로 모든 부분이 목적에 가장 부합하는 규모를 획득하게 된다. 각 부분이 스스로 정확한 규모에 도달한다고 할 수도 있을 것이다.

이러한 원리가 이제는 상식으로 자리 잡았기 때문에 이에 영향을 받지 않는 사람은 없다 해도 과언이 아니다. 그러나 가장 작은 부분까지 이루어지는 분절이 아무리 흥미롭다 해도 여전히 강력하게 유지되는 전체의 본질이 언제나 나를 놀라게 한다. 전체는 극도로 복잡한 형태와 공간을 단 하나의 이미지에 망라해서 평형 상태를 보여준다. 내가 보기에 비결은 재료, 형태, 규모, 공법의 확고한 통일성에 있다. 이 네 가지가 결합된 건물의 질서는 너무나 명료하기 때문에 나는 질서를 생각할 때마다 카스바(집들이 다닥다닥 붙은 아랍풍의 거리-옮긴이)보다는 고전 건축의 양식과 결부시킨다. 물론 반 아이크는 둘 다를 원했다. 명료하면서도 미로 같고 카스바와 비슷하면서도 정돈된 공간, 이 둘을 모두 충족하려면 총체적인 메커니즘이 필요하다.

인방引枋도 건물의 질서와 무관하지 않을 것이다. 특히 가늘고 긴 수평 방향 개구부가 눈에 띄는데, 개구부들이 배치된 모양 때문에 마치 주두capital처럼 맨 위에서 기둥이 넓어지는 느낌이 난다. 길게 이어지는 인방은 실내와 실외를 통틀어 건물 전체에 수평선을 형성한다.

여기서 명확하게 드러나는 사실은, 수평선에 의해 풍경이 자유로워지는 방식과 건물의 질서가 지닌 응집력이 건물에 수평선을 부여하는 방식이 유사하다는 것이다. 이상한 역설이지만 건물 역시 수평선을 통해 자유를 얻는다.

돔처럼 생긴 둥근 지붕, 둥근 기둥 그리고 연속된 인방은 실내와 실외 공간이 건물 경계선을 넘어 서로 침투할 수 있게 만든다. 실외 공간을 안으로 들어오게 하고 실내공간을 밖으로 내보내면서 주위에 있는 벽의 유희를 유도하는 셈이다. 이것은 도이거가 설계한 '개방 학교'를 떠올리게 하는 특징이다. 개방 학교에서는 교실 바깥 면을 둘러싼 유리

벽이 안쪽으로 꺾이면서 로지아(야외 교실)로 쓸 수 있는 공간을 넉넉히 확보해준다. 그럼에도 콘크리트 골조는 계속되기 때문에 전체 건물 매스mass를 '읽는' 데는 지장이 없다. 건물 모서리는 도이커 특유의 절묘한 방식으로 사용된 캔틸레버Cantilever 덕택에 한결 가볍고 투명하게 표현되었다. 반 아이크의 고아원 건물에서도 외벽이 안쪽으로 방향을 틀어 주변에 포치, 로지아, 또는 베란다로 불릴 만한 공간을 형성한다. 하지만 여기서는 정반대의 일도 벌어진다. 세 군데에서 실내공간이 밖으로 뛰쳐나오는 것이다. 그렇게 하지 않았다면 내부에 코너가 형성되어 움직임을 제약하고 전망도 좋지 못했을 것이다. 정말로 놀라운 해결책이 아닌가?

나는 아직 완공되지 않은 상태의 고아원 건물과 어설픈 첫 대면을 한 순간부터 이 놀라운 건물이 완전히 새로운 건축, 지금까지와는 다른 메커니즘에 기초한 다른 종류의 건축으로 발전하리라고 확신했다. ⑧

린미LinMij⁶²³⁻⁶³³

20세기 초에 지은 세탁 공장 건물의 지붕 위에 만든 작업공간은 처음에는 시설을 확장하려는 의도로 만들었다. 당시 여러 부서들이 확대되면서 잇따른 확장 공사가 요구되리라 예상했다.

- 언제 어느 부서가 확장할지 예측이 불가능했다.
- 회사의 성격과 투자 역량을 고려했을 때 동시에 건설할 수 있는 단위 요소의 개수에 한계가 있었다.
- 기존 시설이 보존할 가치가 있을 정도로 상태가 좋았고, 건물은 약간 음침하고 공간 배치가 비효율적이었지만 일부를 개조하고 나서도 이용 가능할 것으로 예상되었다.

추후의 확장 가능성에 대비하고 여기저기 아무렇게나 확장이 이루어지는 사태를 방지하기 위해, 모든 단위 요소를 서로 연관된 여러 가지 모티프에 근거해 설계하기로 했다. 그렇게 하면 단위 요소를 여러 가지 방법으로 결합해 더욱 넓은 공간과 다양한 공간을 만들 수 있을 것으로 예상되었다. 설계에 적용된 기본 원칙은 다음과 같다.

- 사업에 수시로 변화가 생기는 상황에 적응하기 위해 각각의 단위 요소는 포괄적인 산업의 요구를 만족시켜야 했다. 다시 말해서 특정한 프로그램에 정밀하게 맞추어진 공간이 아닌, 단위 요소 자체에 변화를 가하지 않고도 다양한 기능을 수용할 정도로 유연한 공간이어야 했다.
- 공장은 확장이 이루어질 때마다 다음 공사와 관계없이 완결적이어야 했다. 즉 새로운 공간을 추가할 때마다 완결된 전체가 형성되어야 했다.

그러므로 단위요소는 어떤 환경에 놓이든 자기 색깔을

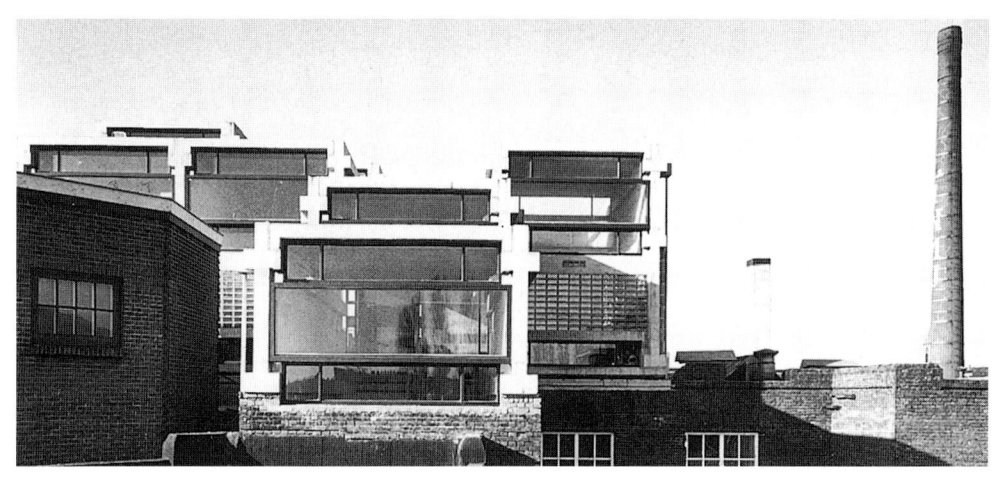

잃지 않으면서 전체 건물의 정체성에도 기여할 만큼 정체성이 뚜렷해야 했다. 이 경우 조립된 요소를 명시적으로 사용한 것은 반복이 필요해서가 아니다. 역설적인 이야기처럼 들리긴 하지만, 실제 모든 요소를 개별화하려는 욕구에서 나온 결과였다. 모든 요소는 독립적인 성격을 띠고 다목적으로 활용 가능해야 했고, 형태를 선택할 때는 단위 요소들이 항상 서로 어울려야 함을 고려해야 했다.

원래 있던 공장은 지붕 위에 한 층을 더 얹을 수 있는 구조였으므로, 한 단계씩 확장하며 덮어나가도 될 정도로 튼튼한 인공 대지가 있는 셈이었다. 새로운 구조물은 옛 구조물의 색채를 더욱 빛내주고, 옛 구조물 역시 새로운 구조물의 탄생과 형성에 기여한다. 옛것과 새것이 자기 정체성을 유지하면서 서로 받쳐주는 셈이다.

그러나 확장 공사는 결국 완성되지 못했고, 안타깝게도 1990년대 초 공장 전체가 철거되었다.

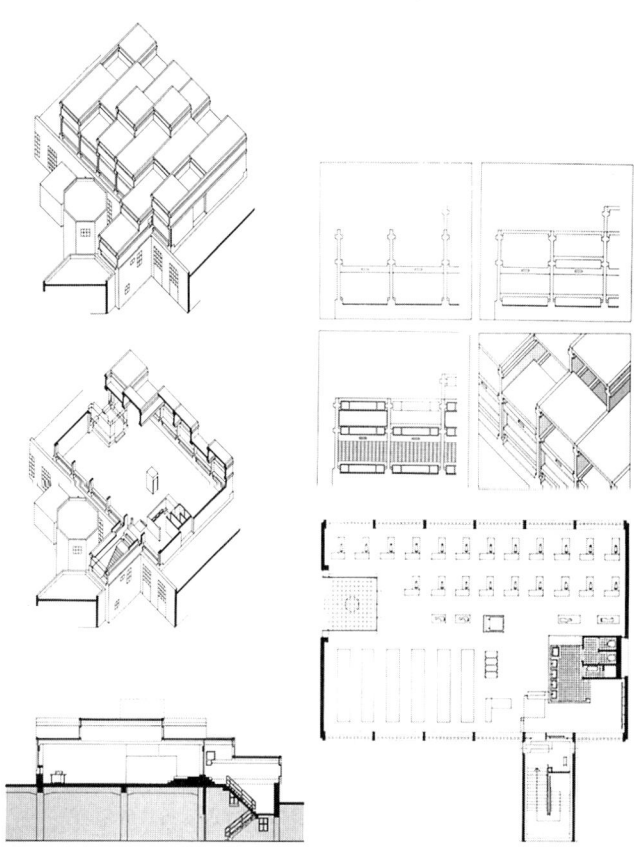

626
628
627 629
630 631 632
633

공간 만들기, 공간 남기기 229

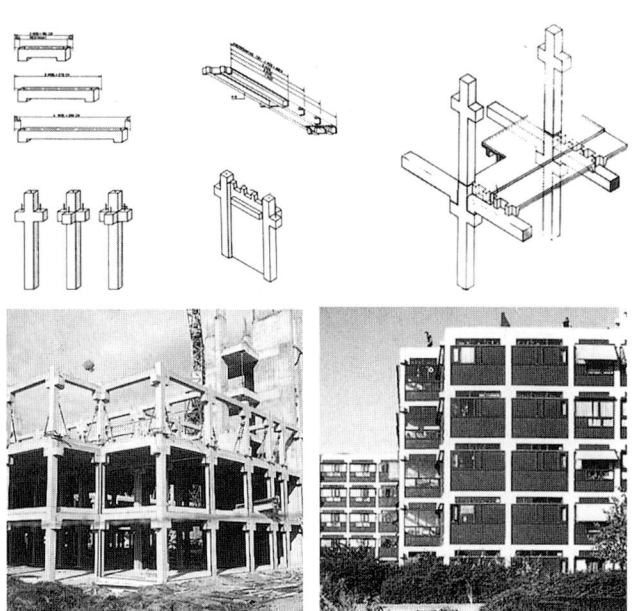

드리 호번 요양원 634-644

노인과 장애인을 위한 이 시설은 간호가 이루어지는 요양원 영역과 개별 주거공간 및 중앙의 편의시설이 결합된 형식이다. 각 영역을 책임지는 부서가 서로 다른 규칙을 가지고 있기 때문에 복도와 방과 층의 폭과 높이가 무척 다양한 공간을 수용해야 했다. 다양한 종류의 시설을 결합하는 목적은 서로의 호환성을 최대한 높여 상태가 개선되거나 악화된 거주자들이 다른 구역으로 이동하는 거리를 최소화하는 데 있었으므로, 요양원 시설은 따로따로 떨어진 건물들의 복합체가 아닌 하나의 도시가 되어야 했다. 말하자면 모든 주민이 모든 편의시설에 접근하고 이용할 수 있는 미니어처 도시였다. 이러한 요구를 고려한 결과 다양하고 복잡한 각종 프로그램의 요구 조건을 맞추기 위해 똑같은 규격의 단위 요소를 기반으로 하나의 연속적인 골조를 만든다는 아이디어가 나왔다. 계산에 따르면 모든 방에 쓸 수 있는 가장 작은 기본 단위는 92센티미터였다. 따라서 기둥과 보와 바닥으로 구성되는 건물의 구조적인 질서는 단위의 크기가 92센티미터라는 조건을 따르면서 광범위한 요구를 수용하도록 했으며, 건물 전체의 질서에 맞게 각 부문에 요구되는 프로그램을 배치했다.

요양원 내부 공간 규격의 동기화synchronization와 표준화는 이용의 호환성을 보장하기 위해서도 중요했지만, 가장 합리적이고 신속한 시공 방법을 찾음으로써 비용을 줄이기 위한 목적도 있었다.

건설에 필요한 '부품'의 개수를 최소로 하기 위해 세 가지 인방 치수를 선택함에 따라 기둥과 기둥 사이의 거리는 184센티미터(2×92), 276센티미터(3×92), 368센티미터(4×92)로 정해졌다. 이 수치를 더하면 다시 5×92, 6×92 같은 표준 치수가 나왔다. 5센트, 10센트, 25센트 동전으로 여러 가지 금액을 만드는 것과 비슷한 방법이다.

따라서 우리는 다양한 크기의 부품으로 이루어진 '건설 키트'를 가지고 공간과 건물 매스를 자유자재로 결합할 수 있었다. 처음에 내놓은 계획은 순차적인 크기로 나열된 세 개의 뜰을 둘러싼 형태로 건물을 배치하는 것이었다. 가장 큰 뜰을 2층과 3층 건물이 둘러싸고, 3층과 4층 건물이 중간 크기의 뜰을 둘러싸고, 5층과 6층 건물이 가장 작은 뜰을 둘러싸는 식으로 공간의 대조 효과를 강조했다. 건물은 2층에서부터 시작해 점점 높아지다가 요양원 한가운데에서 최고 높이인 6층에 도달하며, 강당 위의 바깥쪽으로 난 창문을 통해 공간적 표현을 시도했다. 나는 그 창문을 매우 중시했고 세 개의 뜰을 가로지르는 대각선이 직각을 이룬다는 사실에도 큰 의미를 부여했다. 우리가 이와 같은 특징에 신경을 많이 썼던 이유는 프로그램을 만족시키기 위함이었다. 그러나

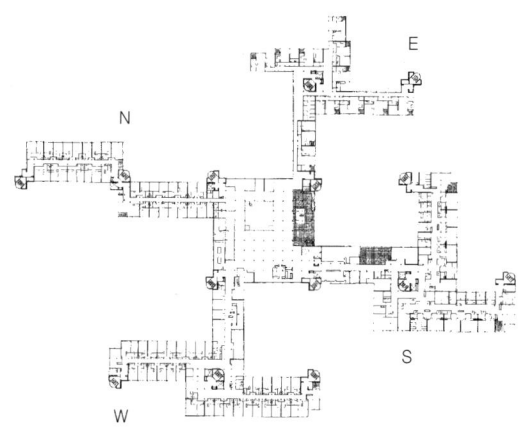
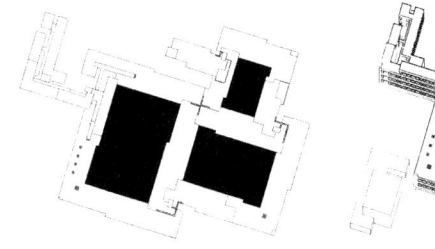
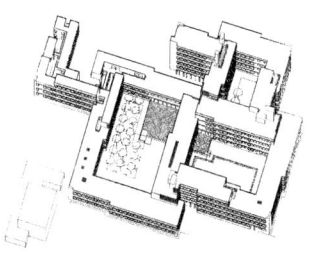

갑자기 노인 간호라는 개념과 접근 방식이 획기적으로 발전하는 바람에 프로그램이 바뀌고 말았다.

처음에는 원래 계획을 근본적으로 변경하지 않은 채 세부적인 변화를 주는 것만으로도 여러 가지 새로운 프로그램을 채택할 수 있었다. 하지만 얼마 후에는 계획안의 핵심인 뜰을 둘러싼 공간이 유연하지 못하고 폐쇄적이어서 새롭게 요구되는 모든 변화에 적응할 수 없으니 결국 평면 전체를 포기해야 했다. 이러한 경험으로부터 주요 공간을 지나치게 독특하고 명확한 형태에 묶어놓으면 계획안이 실패할 확률이 높다는 교훈을 얻었다. 열려있고 유연한 기본 형태에서 출발해 필요할 때마다 조정이 가능하게 하는 편이 훨씬 낫다는 결론을 얻었다. 실패를 통해 새로운 콘셉트를 개발했고, 그 콘셉트에 따라 마침내 요양원이 완성되었다. 이번에는 모든 공간에 계단, 승강기, 배전반, 배관 샤프트, 통기관, 기계실과 같은 일반적인 설비가 합리적으로 갖추어지도록 하는 데서 출발했다. 우리는 모든 설비를 집중시킨 수직 샤프트를 전체 공간에 일정한 간격으로 위치시켰다. 그 결과 구조 면에서 요양원 시설의 유지·관리 기능을 수행하는 타워들이 별자리의 별처럼 이곳저곳에 배치되기에 이르렀다.

필요한 프로그램은 공간 계획으로 번안해서 타워가 놓여있는 '객관적인' 그리드 위에 배치한 후 건물 부지의 면적에 맞게 조정했다. 고정된 지지점에 놓인 타워들은 결과적으로 공간 전체에 일정한 질서를 형성했고, 콘크리트 부품으로 이루어진 '건설 키트'는 '내부에서' 형성된 다양한 구성 요소의 궁극적인 응집력과 통일성을 보장했다.

드리 호번 요양원 건물의 구조는 건물 전체에 똑같은 보와 기둥을 사용해 일목요연하게 표현되어있다. 하지만 구조를 채운 방식은 장소에 따라 다르다. 설계의 핵심 개념은 전체의 시각적·조직적 응집력을 훼손하지 않고도 각기 다른 용도를 반영하는 다양한 충전재를 사용할 수 있다는 것이었다. 혹시 새로운 견해가 도입되어 개조가 필요해지더라도 구조의 골격 내에 수용하기가 쉽고, 벽, 문, 천장 등을 변경한다 해도 구조 자체는 거의 영향을 받지 않고 하중

638 639 640

641 642

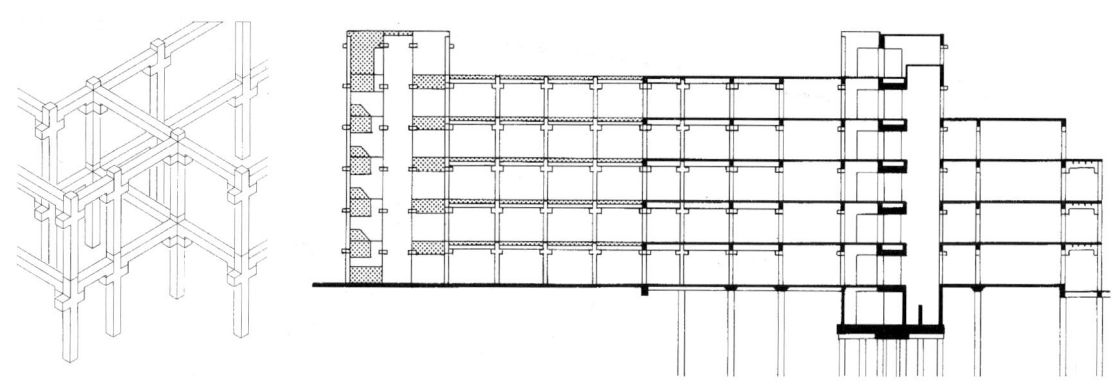

공간 만들기, 공간 남기기 231

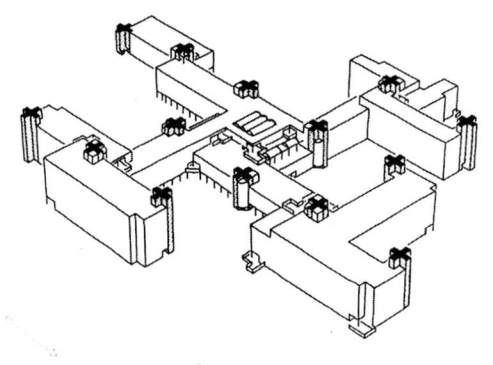

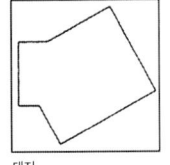

대지

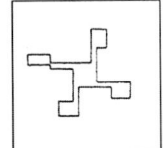

프로그램

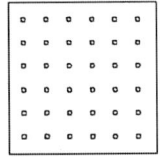

이론적으로 가능한
타워 배치를 적용한 그리드

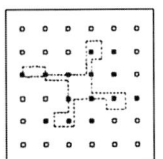

겹쳐놓기

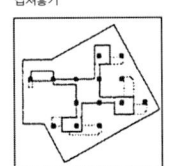

최종 계획안

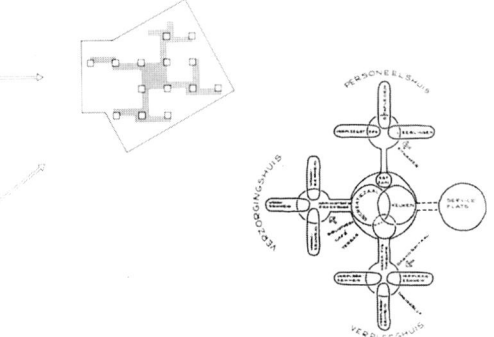

을 받는 구조의 기능도 변함이 없다.

자기가 정성 들여 설계한 공간이 나중에 다른 누군가에 의해 원래 모습을 찾아보기 힘들 정도로 개조되거나 없어진다면 건축가로서 가슴이 아프겠지만, 전체적인 개념에 관한 한 그의 아이디어가 여전히 유효하다는 점에서는 승리를 거둔 셈이다. 누군가는 구조를 해마다 낙엽을 떨어뜨리는 나무에 비유한다. 나무는 언제나 그대로지만 나뭇잎은 매년 봄에 새로 돋아나지 않는가. 시간이 흐르면 자연히 공간의 용도가 바뀌고, 사용자는 그들의 통찰력이 발전하면 건물도 그에 적응하기를 바란다. 때로는 이러한 변화가 공간의 질을 한 단계 후퇴시키기도 하지만, 때로는 원래의 상황을 개선하고 발전을 가져오기도 한다.

센트랄 베헤이르 빌딩 645-656

마치 수많은 작은 섬이 모인 듯 다수의 동일한 단위공간으로 이루어진 촌락 같은 건물을 만든다는 아이디어는 원래 발컨스바르드 시청(646-647)과 암스테르담 시청(648-649) 청사 공모전에 제출한 것으로서 센트랄 베헤이르 빌딩에서 마침내 실현되었다. 건물 블록을 형성하는 기본적인 단위 요소는 크기가 상대적으로 작고 목적에 따라 면적과 형태와 공간 조직을 조정할 수 있기 때문에 다양한 프로그램(또는 '기능')의 수용이 가능하다. 이른바 '다원자성polyvalent'을 지닌 공간이다.

실로 다양한 면적과 공간을 요구했던 드리 효번 요양원의 프로그램이 단일한 질서 속에 다양한 공간이 통합된 형태로 자연스럽게 귀결된 반면, 센트랄 베헤이르 빌딩의 경우에는 사각형 단위 요소를 토대로 설정했기 때문에 기본적으로는 매우 단순하지만, 실질적으로 모든 공간적 요구 사항을 만족시킬 수 있었다. 하지만 단위 요소는 다원자성을 띠고 있으므로 필요한 경우 다른 단위 요소의 역할을 대신하는 일도 가능하다. 대체 가능성이야말로 변화를 흡수하는 능력의 핵심이다.

사무용 빌딩 설계가 이론상으로는 간단할지 몰라도, 센트랄 베헤이르 빌딩의 경우 적응력이 뛰어난 공간을 만들어야 한다는 과제가 있었다. 조직은 끊임없이 변화하기 때문에 각 부서가 차지하는 면적이 수시로 조정되어야 했다. 건물은 이러한 내부의 압력을 수용하는 동시에 전체적으로도 언제나 원활하게 작동해야 한다. 요컨대 영구적인 적응력이 설계의 선결 조건이었다. 상황이 달라져도 언제나 전체 시스템의 평형을 유지하면서 기능을 수행하기 위해서는 모든 구성 요소가 다목적으로 활용할 수 있어야 했다. 설계안에 따르면 건물은 질서 있는 광활한 공간으로서, 건물 전체를 관통하는 영구적이고 고정된 기본 구조와 이를 보완하는 변용과 해석이 가능한 영역으로 이루어진다.

기본 구조는 건물 전체의 지지대 역할을 하며, 닥트 시스템을 포함하고 건물 내부의 주요 '도로'와 일치한다. 기본 구조는 두 가지 형태로 나타나는데, 하나는 연속적인 구조물(척추)이며 다른 하나는 건물 경계선에 일정한 간격으로 삽입된 작은 타워(척추골)다. 한편 해석 가능한 영역은

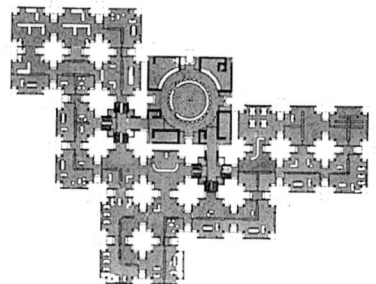

예측할 수 있는 모든 기능을 수행하도록 설계되어있음으로 해서 공간에 대한 구체적인 요구를 창출하고 다양한 '보완' 방법을 이끌어낸다. 해석 가능한 영역은 빌딩의 각 부분을 구성하는 1차적인 재료로 채울 수 있다. 기본 구조와 해석 가능한 영역은 그 자체로도 온전하지만 충전재로 보완하게 되어있으며, 충전재로 채워져도 공간의 본질은 변하지 않는다. 결국 다양한 해석의 복합체라는 점에서 전체 건물의 정체성이 형성된다.

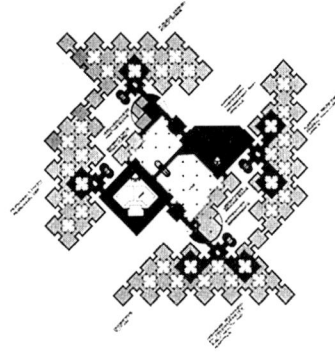

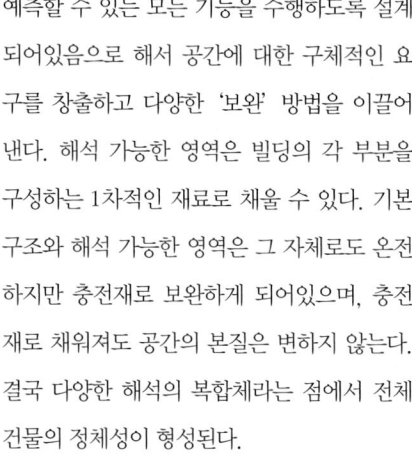

646 647
648 649
   650 651
   652 653

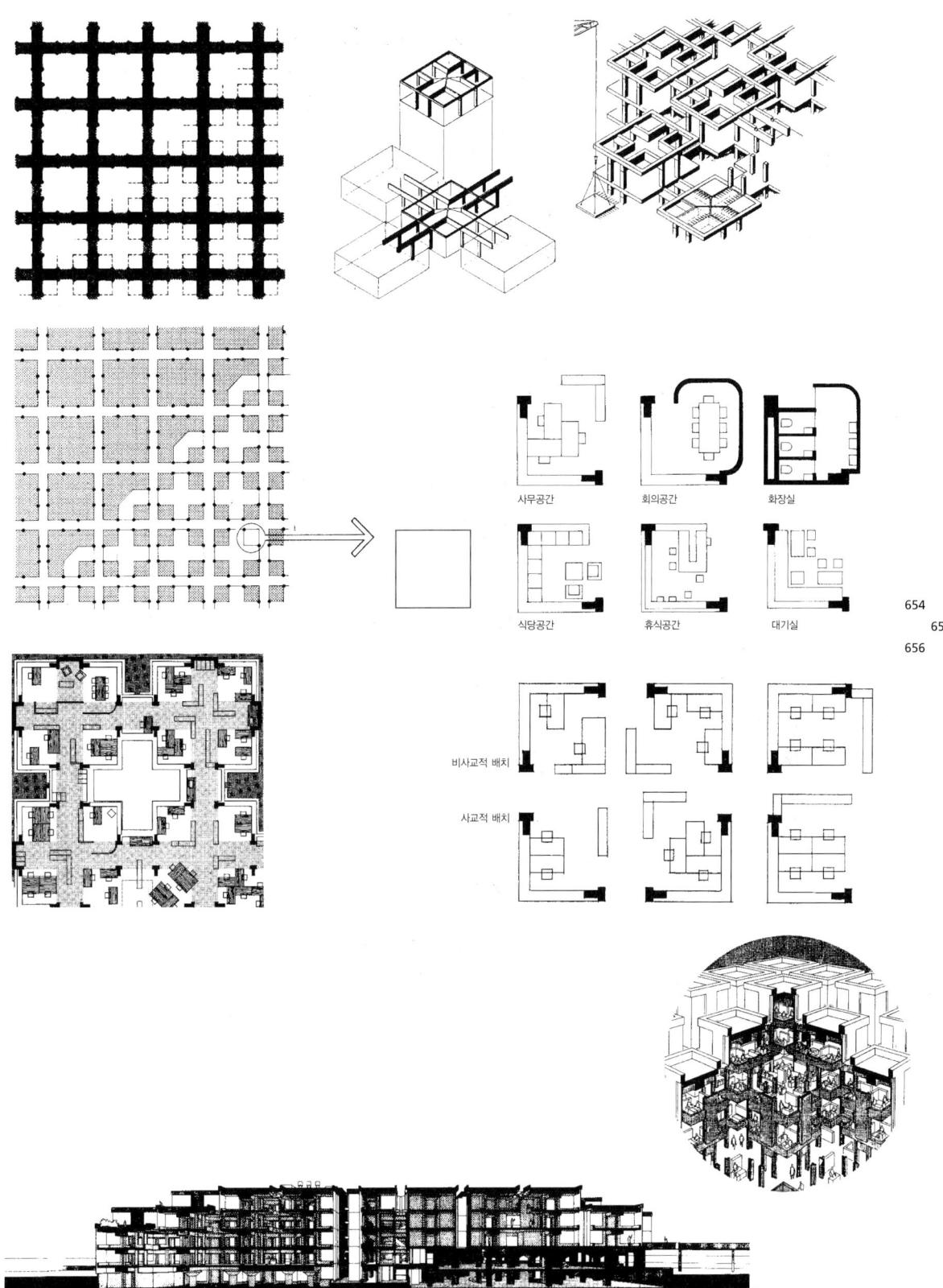

사무공간	회의공간	화장실
식당공간	휴식공간	대기실

654
655
656

비사교적 배치

사교적 배치

공간 만들기, 공간 남기기

브레던뷔르흐 음악당 657-663

브레던뷔르흐 음악당 외관은 무작위적인 형태가 두드러지며 흔히 자기완결적인 건물이라고 할 때 예상되는 이미지에 완전히 부합한다. 음악의 '사원' 같은 느낌을 피하기 위해 건물을 주변 환경과 최대한 융합하는 것이 설계의 출발점이었고, 건물의 접근성을 높이기 위해 주변 환경과 접하는 면을 다각적으로 구성했다. 다각적인 구성이라고 해도 모두 똑같은 재료를 썼기 때문에 실제로는 단일한 전체를 이루는 각기 다른 면들이 된다. 다시 말하면 전체의 통일성보다 각 부분의 가독성에 주의를 더 기울이면서도 각 부분들을 통해 전체를 표현했다. 그래서 어느 방향에서나 전체의 모습이 눈에 들어온다. 구조적 요소들은 속박에서 벗어나고자 하는 독립성이 강해져 모서리마다 다양한 방식으로 '조립되어' 있기 때문에 구성 요소들의 상호관계도 모두 다르게 나타난다.

따라서 건물과 주변 환경의 경계선이 다양한데도 불구하고, 건물의 재료와 그 일치하고 구성 요소의 결합 방식이 통일되어 있기 때문에 건물 전체가 같은 건축 언어로 이야기하는 느낌이 난다. (비록 실내공간에 목재 외장을 추가하긴 했지만) 실내와 실외에 기본적으로 똑같은 재료를 사용해 둘 모두가 한눈에 들어오고 전체적인 접근성 표현을 강조하는 효과를 보았다.

반복적으로 사용된 기둥은 강력하고 선명한 형태 언어로서 건물 질서에 큰 비중을 차지한다. 기둥은 일정한 간격으로 그리드를 형성해 건물 전체를 균질한 공간으로 구획한다. 한편으로는 마치 악보에서 장단과 박자를 지시하는 세로줄처럼 건물의 운율을 표현하며 공간의 리듬을 결정하는 역할을 한다.

규칙적인 기둥 배열은 각 부분에 충전재를 유연하게 채울 수 있는 최소한의 질서 체계를 만들고, 그것은 프로그램

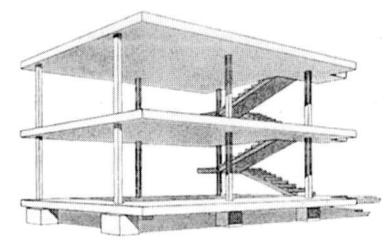

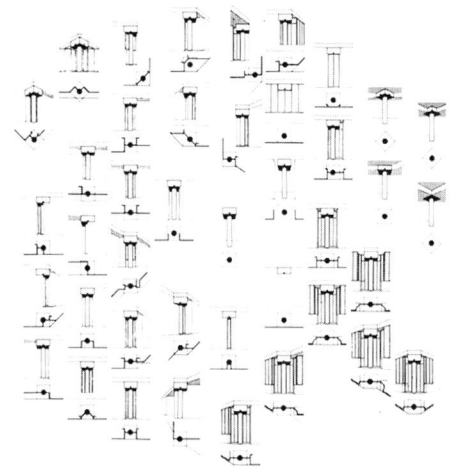

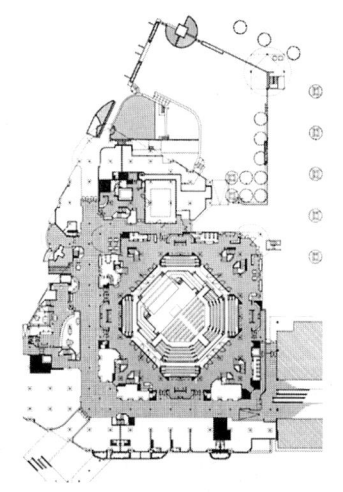

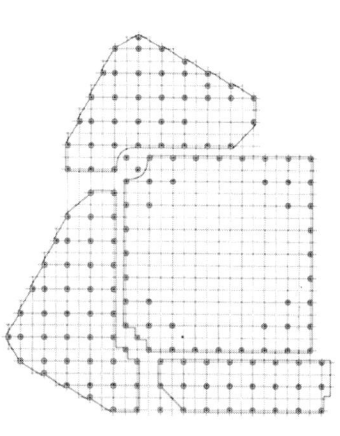

의 복잡한 체계로부터 구성 요소의 다양한 성격을 규제한다.

최소한의 질서 체계는 전체에 통일성을 부여하는 동시에 각각의 공간을 구체적인 요구 사항과 위치에 맞게 설계하도록 유도한다. 이것은 20세기 초 기둥과 플랫폼으로 이루어진 콘크리트 골조 사용에 의해 새롭게 열린 가능성을 남김없이 활용하기 위해 개발된 '자유로운 평면'(658)과는 전혀 다른 원리다. 자유로운 평면을 활용한 초기 사례의 특징은 눈에 띄게 휘어진 곡면 벽과 독립적으로 서있는 기둥이 각자 자기 영역을 형성하는 것이었다. 반면 오늘날 자유로운 평면을 적용할 때는 일반적으로 기둥을 출발점 삼 벽을 세운다. 방 또는 닫힌 공간의 수가 상대적으로 많은 건축물에서는 단연 후자의 '방법'이 적절하다.

기둥을 독립적으로 세우는 경우라면 둥근 기둥을 쓰는 편이 낫다. 기둥 사이를 오가는 사람에게 훨씬 우호적이고 부드러운 느낌을 주기 때문이다.

662
663

기둥은 '길목마다' 서있지만 결코 통행에 지장을 주지는 않으면서 강렬한 이미지를 내뿜는다. 기둥의 강렬한 존재감은 실제 구조상의 필요보다 크게 만들어진 사각 주두 capital 덕분에 한층 강조된다. 일렬로 놓인 주두의 주된 기능은 각기 다른 방향과 높이를 가진 천장들이 만나는 지점을 정리하는 것이다. 또한 주두는 기둥보다 폭이 넓어 인접한 벽과 기둥 사이를 떨어뜨림으로써 각각의 기둥 주위에 넉넉한 공간을 확보해준다. 건물 정면에 있는 기둥들은 특정한 위치에 필요한 유리창 면적에 따라 벽들 사이의 간격을 조정하는 역할을 한다. 정면의 개구부들은 대부분 '기둥이 있는 영역'에 위치하는데, 실제로 벽에 뚫린 '구멍'처럼 생긴 개구부는 드물다. 넓은 공간에 자유롭게 세워진 기둥들은 일종의 모티프로 건물 전체에 다양하게 변형되면서 알아보기 쉽고 특색 있는 이미지를 만들어낸다. 기둥은 각각의 장소에서 각기 다른 공간 체험을 가능케 하는 방식으로 설계되었지만, 노출된 기둥 bare column의 형태는 어디든 똑같이 유지된다. 열린 공간이냐 닫힌 공간이냐에 따라 기둥이 다르게 치장되는 모습은 '자리에 따라 다른 옷을 입는' 격이다. 기둥이 공간의 외관을 결정하고, 그 공간은 다시 기둥의 이미지를 결정한다. 여기서 기둥으로 이루어진 구조는 자유를 창

조하는 체계이며, 구체적인 상황에서의 '활용'에 동기를 부여하는 '능력'이며, 반복되는 공간이 없는데도 일관된 건물의 질서를 창출하는 하나의 도구라고 할 수 있다.

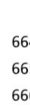

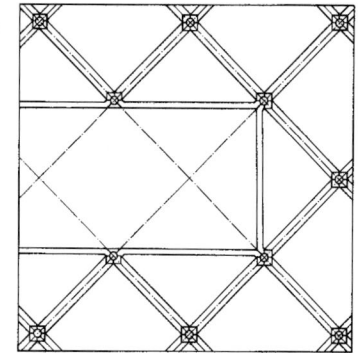

사회복지부 청사 664-681

층마다 사무공간이 끝없이 이어지는 거대한 건물이 아니라 여러 부분으로 나뉜 건물이다. 거대한 공간은 외견상 따로 떨어진 것처럼 보이는 몇 채의 건물로 나뉘는데, 이 건물들은 길게 뻗은 중심공간을 따라 나란히 또는 서로 마주보고 모여있다. 소규모 오피스 빌딩 여러 개가 모여 하나의 복합체를 형성하는 셈이다. 다소 독립적인 성격을 지닌 '오피스 블록'은 팔각형 요소가 서로 연결된 형태로, 팔각형 공간은 각각 하나 이상의 부서를 수용할 수 있고 중심공간에서 직접 접근이 가능하다.

오피스 블록은 하나 이상의 연속된 혹은 겹쳐진 팔각형 요소로 구성되며 면적은 420제곱미터 이상이다. 팔각형 공간 내부의 공간 배치는 다양한 방식으로 이루어지는데, 1~3개의 사무공간이 있는 방을 여러 개 만들어 평균 32명을 수용한다. 이 건물은 원래 수평적인 셀cell 형태의 사무공간을 염두에 두고 설계되었으나 필요에 따라 언제든지 열린 구조를 갖는 공간으로 변신할 수 있다.

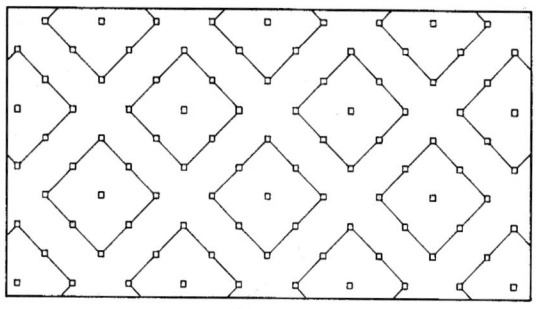

외부와 내부에서 처음 바라볼 때 건물은 여러 개의 팔각형 요소가 모인 복합체처럼 보이고, 사무공간의 분할 역시 팔각형 패턴으로 이루어진다.

구조적인 측면에서 보면 이 건물은 동일한 형태로 미리 제작된 수많은 콘크리트 부품을 현장에서 조립해서 만든 규칙적인 골조다. 부품의 결합은 거의 똑같은 단위공간이 반복해서 나타나는 방식으로 이루어졌다.

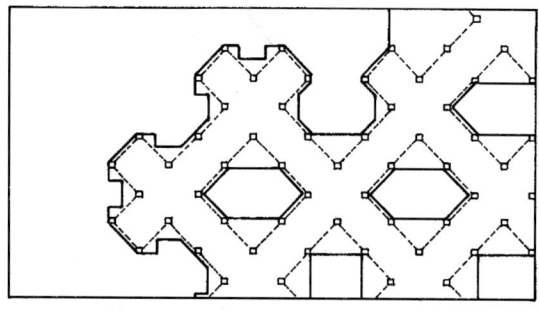

모두 사선으로 놓인 1차 보는 각 층의 바닥 전체를 가로지르는 도관 구조를 형성한다. 팔각 패턴을 선택한 이유는 일정한 사각형 공간을 만들어 주요 구조물의 1차 영역 외곽에 2차 영역을 형성하기 위해서였다. 가장자리가 2차 보secondary edging beam로 끝나는 바닥판들 사이에서는 2차 영역을 열린 공간으로 남겨둘 수 있었다.

2차 영역의 끝을 이루는 대각선 형태는 바닥을 팔각형으로 잘라내는데 여기서 아름답고 율동적인 분절이 생겨난다.

이 건물은 각 부분에 프로그램을 '채워' 바람직한 공간을 구성하는 일이 가능한 구조다. 또 규칙적이고 '객관적'인 기둥 배치 덕택에 공간을 채우거나 개조하는 데 변형의 여지가 많기 때문에 건물이 필요에 따라 유연하게 대처할 수 있다.

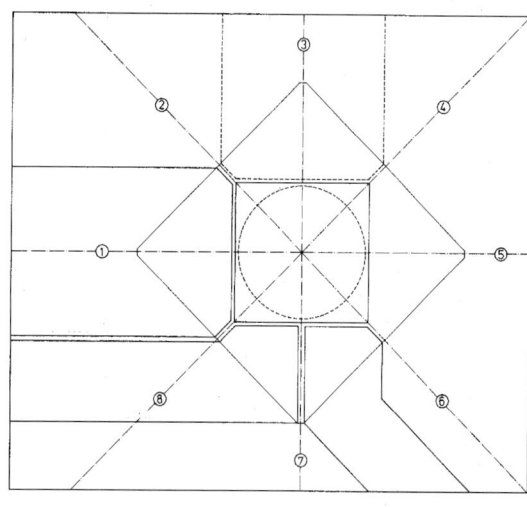

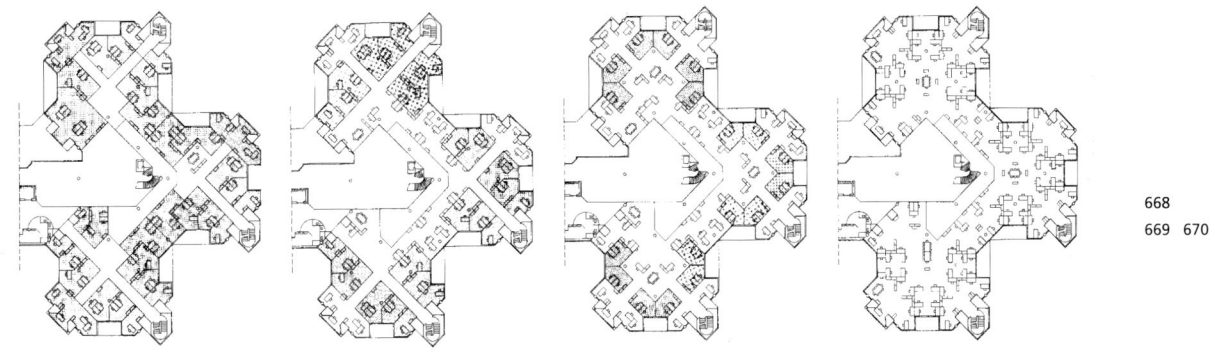

668
669 670

이 건물의 구조는 모든 공간에 질서를 도입하는 역할을 하며 충전의 자유를 제한하기보다는 확대한다. 여기서 구조는 하나의 끈처럼 전체 구조물을 관통하면서 여러 구성 요소를 이해하기 쉽게 만들고 일정한 질서를 부여한다. 공간 분할과 조직은 물론이고 기술 설비의 토대를 형성하는 것도 구조의 역할이다. 설비는 시공과 완전히 통합되어 있으며 건물 전체에 균일하게 분포된 도관을 기초로 한다.

단위공간의 주된 방향은 항상 전체 건물의 방향과 대각선을 이룬다. 1차 구조를 형성하는 큰 보 역시 같은 방향으로 놓여 있다. 따라서 2차 보는 건물의 대동맥과 같은 중앙 홀이 전체 공간을 가로지르는 방향을 따라놓인다. 2차 보는 1차 보에 비해 직경이 작지만 공간적인 관점에서는 그에 못지않게 중요한 역할을 수행한다.

이 건물의 설계안에서 특히 흥미를 끄는 부분은 두 방향을 결합하는 방법이었다. 문제는 구조적으로 중요한 역할을 하는 1차 보와 대각선 방향으로 놓이는 2차 보를 결합하면서 어떻게 2차 보를 통해 공간의 세로축을 명확하게 정립하느냐로 압축되었다. 8가지 방향에서 오는 보들을 지지하기 위한 해법으로는 사각형의 주두columnhead를 채택했다. 윗면이 1제곱미터에 달하고 8개 영역으로 나뉘는 주두는 어느 방향으로 놓인 보든 다 지탱할 수 있었다. 그리고 건물의 공간적 요구를 모두 충족하려면 20개의 교차점이 필요했는데, 교차점은 유일하게 가변적인 부분으로서 집단적인 동시에 개별적으로 설계되었다. 각기 다른 방향에서 오는 무거운 1차 보와 비교적 가벼운 2차 보가 맞물리게 하기 위해 더 높은 보를 추가해 크기가 다른 두 가지 보를 하나로 묶었다. 그리고 주두의 방향을 1차 보가 아닌 2차 보의 방향에 맞추었다.(빈 공간에서 2차 보는 가장자리 보가 된다). 이렇게 방향을 설정한 결과 중앙 홀의 방향이 1차 보의 방향과 같은 강한 인상을 주게 되었다. 교차점은 모든 구조적 원칙을 종합하며, 모든

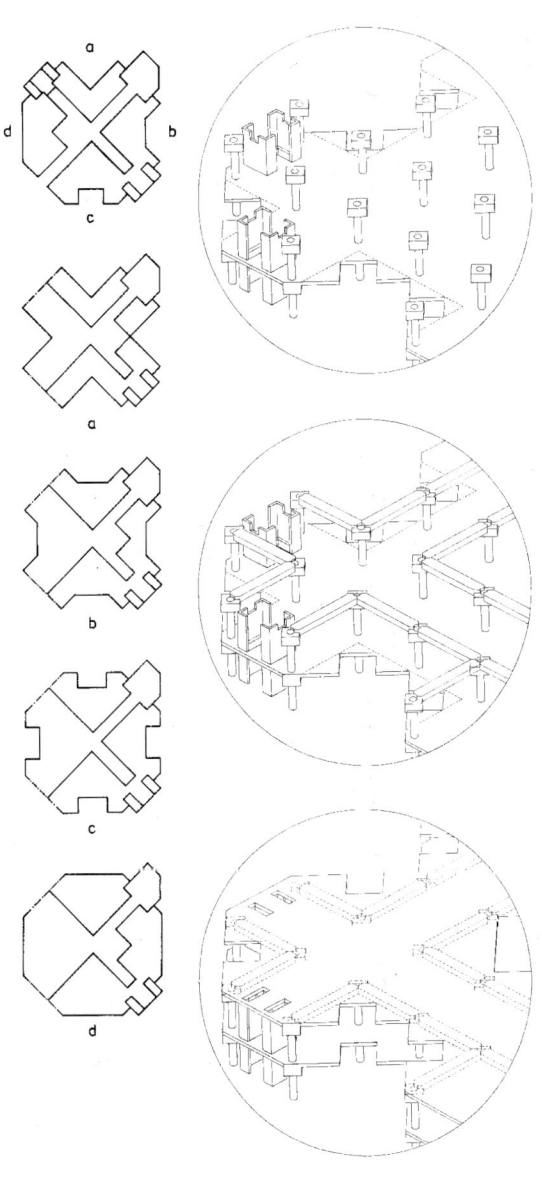

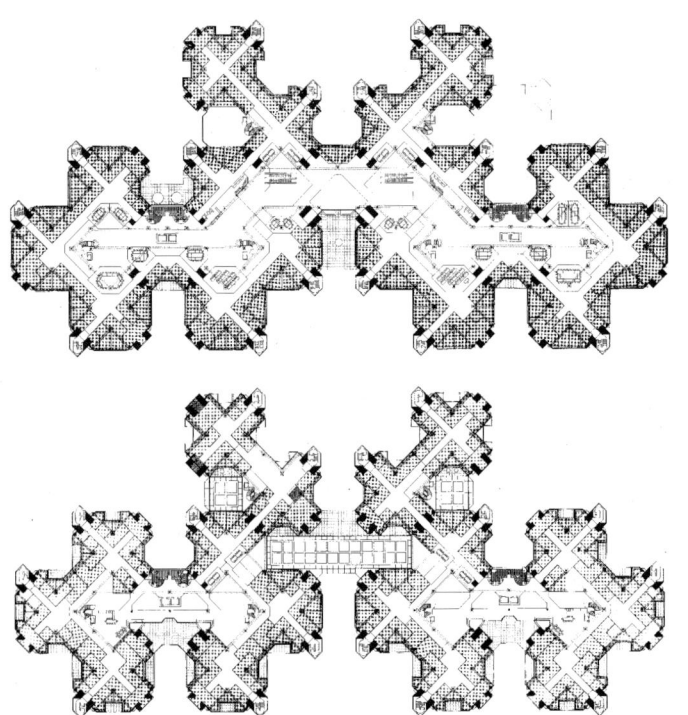

것이 모이는 1세제곱미터의 공간으로서 건물 전체의 구조적 컨셉을 대표한다. 또한 교차점은 통일성 속에서도 다양성을 내포하고 있기 때문에 건물의 질서를 구성하는 가장 중요한 요소가 된다.

    규모가 큰 요소가 반복되며 바닥의 전체 혹은 부분을 자유자재로 확장할 수 있다는 점에서 이 건물은 조립식 콘크리트 부품을 활용하기에 더할 나위 없이 좋은 여건을 갖추고 있었다. 마무리 공사 수준이 높아서 콘크리트 부품을 그대로 사용해도 무방했다는 점 역시 유리하게 작용했다. 기본 구조는 기둥, 보, 도관, 바닥의 4개 요소로 이루어졌다. 주두 위에 놓인 보들의 한쪽 면에는 돌출된 용마루가 있었는데, 그것이 '비어 있는 바닥재'를 연결하는 간단한 부속품 역할을 했다. 미리 조립한 보를 사용했기 때문에 시공은 정확했다. 구조에 안정성을 부여하는 도관 샤프트conduit shaft는 현장에서 제작

671
672
673

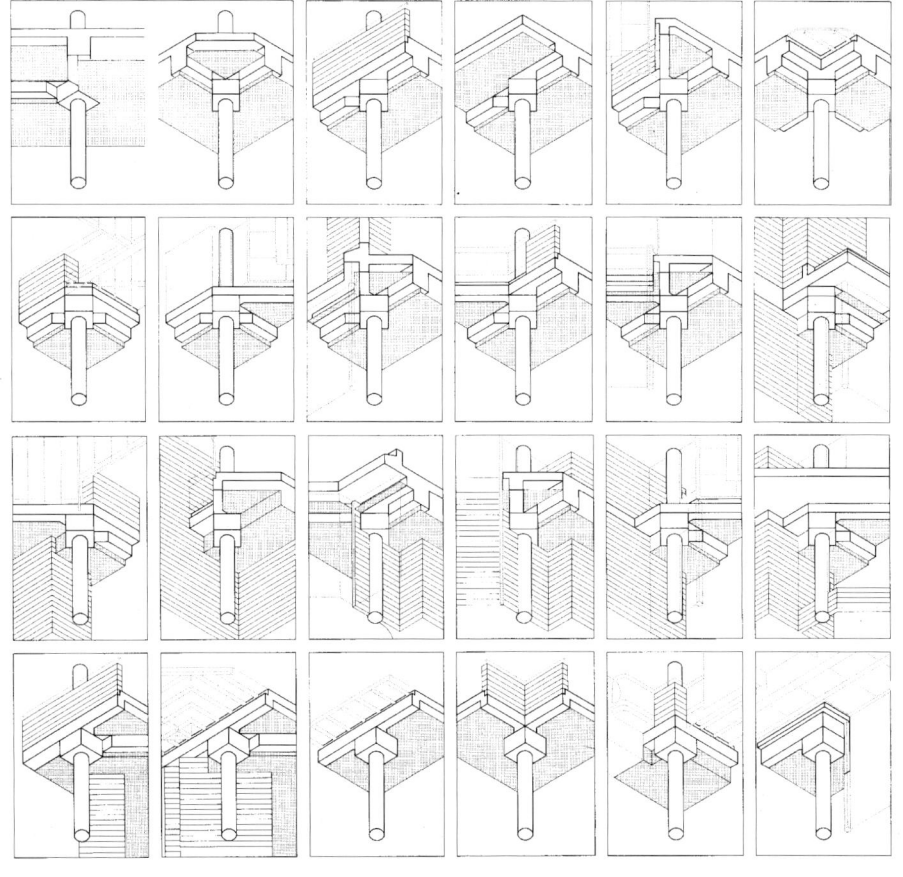

674
675
676 677 678 679

공간 만들기, 공간 남기기   241

했고, 보 사이의 바닥은 미리 조립한 부품을 쓰기도 하고 현장에서 콘크리트를 타설하기도 했다. 건물 입구 밑에 있는 주차공간에도 사무실 바닥과 동일한 기둥 배치를 적용했다. 한정된 예산으로 이렇게 복잡한 건물을 지을 수 있었던 것은 미리 제작된 부품을 현장에서 조립하는 시스템을 채택해서 비용을 상당히 절감한 덕분이었다.

아폴로 학교 682-690

두 학교는 교육부가 정한 동일한 공간적 기준을 따르고 있으며 공통된 질서를 가진 같은 설계안에서 발전했으므로 유사한 점이 많다. 하지만 대지 위치가 다르고 교실 퇴창이 다른 방향으로 나있으며 학교의 구성원이 다르기 때문에 생긴 중요한 차이점도 상당히 많다.

하지만 각각의 건물을 설계하면서 드러난 구체적인 문제들을 해결하는 데 사용된 건축적 수단은 동일하다. 그래서 두 학교의 구성 요소에는 일관성이 있다. 우리는 여기서 공통된 건축 언어를 발견할 뿐 아니라 각각의 해결책이 같은 어원에서 파생된 후 변형되었다는 점에서 공통의 문법을 발견한다.

680
681
682 683

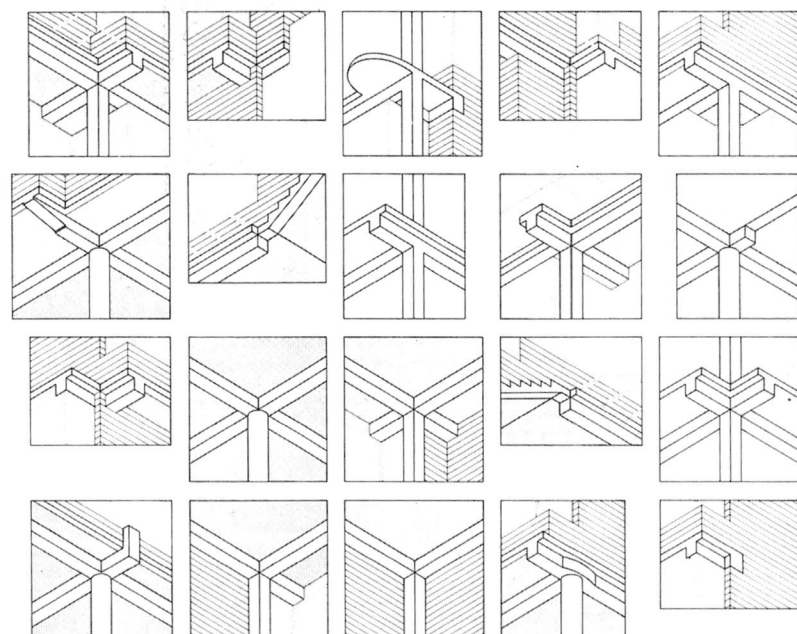

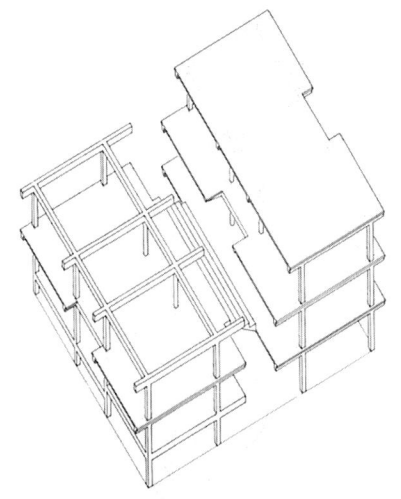

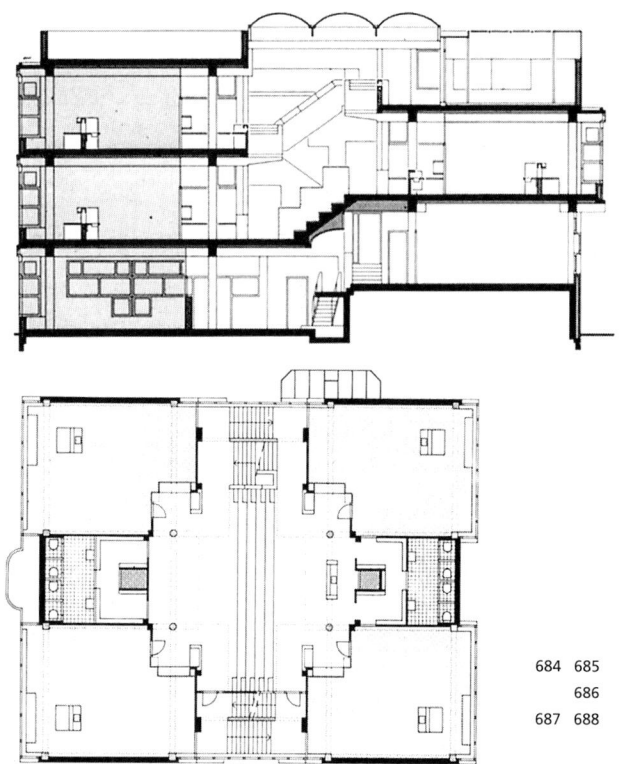

아폴로 학교에 적용된 구조적 원칙은 총 20개 정도로 요약되는데 이 원칙들은 해석 방식에 따라 분류된다. 예컨대 내부 또는 외부, 골조를 쓰느냐 또는 벽돌, 토대, 강철 부재를 계속 사용하느냐, 정상 크기 또는 과장된 크기, 십자형 보 또는 T형 접합부 등이다. 모든 구성 요소는 한 가족처럼 유사성을 지니고 서로 연결된다. 설계 과정에서부터 모든 지점이 다른 지점과 밀접한 관련을 맺고 모든 단계가 첫 단계를 연상할 수 있도록 하려 했기 때문이다.

684 685
686
687 688

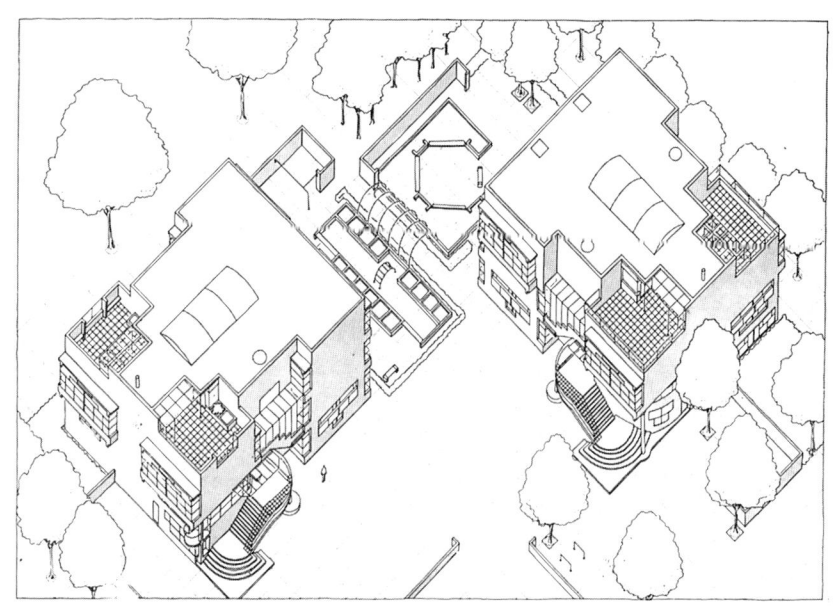

공간 만들기, 공간 남기기

689
690

　　수단의 통일성이 건물의 질서에 포함된다는 사실만 놓고 보면, 흔히 볼 수 있는 건축 양식에 따른 분류 역시 우리가 이야기하고 있는 '건물의 질서'를 규정하는 기준에 부합한다는 생각이 들기도 한다. 그러나 건축 양식 내에서는 모든 요소가 고정된 임무를 수행하며 다른 요소와의 결합은 규칙에 따라 이루어진다. 건축 양식은 표현하는 내용이 한정되어있고, 각각의 요소 또는 서로 결합된 요소들이 어떤 고정된 의미를 형상하며 해석의 여지를 거의 남기지 않는다는 점에서 하나의 공식적인 언어다. 그 밖에 건축 양식의 더 중요한 특징은 '건설 키트'의 기술적 제한이 공간의 가능성을 결정한다는 점이다. 예를 들어 고전주의 양식을 따를 때는 캔틸레버를 제작할 수 없으므로 기둥 없는 열린 모서리(도이커와 리트펠트가 설계한 건물에 있는 것처럼)를 만들기란 불가능하다. 고전주의 양식의 건설 키트에는 그런 공간을 만드는 도구가 들어있지 않기 때문이다.

　　사실 건축의 역사와 건축 양식의 관계는 건축이 양식이라는 멍에를 벗어던지는 데 성공했다는 사실에서 찾아야 한다. 건축가의 '존재의 이유'는 관습적인 형태를 탈피하려는 지속적인 노력에 있다. 기존에 있는 수단만 사용해서는 건축가의 의도를 충분히 실현하기가 어렵기 때문이다.

하나의 설계안에 적용된 '질서'는 공간이 어디에 사용되며 앞으로는 어디에 사용될 것인가에 관해 깊이 이해한 데서 나온 결과물이다. 따라서 건물의 질서는 그것으로부터 예상되는 '활용'을 기다리고, 바로 여기에서부터 '능력'은 귀납적인 과정으로 새롭게 구축된다.

모든 건축 과제에는 새로운 질서를 개발하기에 유리한 지점이 존재한다. 과제의 특수한 성격에서 나오는 질서가 있는 것이다. 모든 질서는 특정한 메커니즘을 상징하며 나아가 그 메커니즘에만 국한되는 경향이 있다. 강조되는 목표는 경우에 따라 각기 다르지만, 구조와 관련해서는 질서가 자유를 창조한다는 역설이 핵심이 된다. 질서는 계획안 전체를 관통하는 수평선과 같으므로!

물고기를 말리려고 바닥에 늘어놓는 모습, 세네갈.

6 기능성, 유연성 그리고 다원자성

구조주의 건축에서 형태는 효율성의 표현에서 비롯된다. (그렇다고 모든 구조주의 건축이 효율적이라는 뜻은 아니다). '기능주의적인 도시'와 '기능주의적인 건물'에서는 차이점이 두드러져 보이기 때문에 필요와 효용을 유형별로 명확히 구체화하게 되며, 그것은 필연적으로 통합이 아닌 분열로 귀결된다. 기능주의적 사고방식은 시간을 제외한 모든 것에 저항했다.

대개 '국제주의 양식international style'을 고집했던 훌륭한 기능주의자들은 다른 건축가가 흔히 빠졌던 함정을 피하는 데 성공했다. 그들이 설계한 널찍한 백색 정육면체 건물은 실제로 다목적으로 활용될 수 있다. 하지만 이른바 기능주의적 도시계획은 기능의 통합이 아닌 분리가 건축적 문제에 대한 해법을 찾는 일에 얼마나 큰 악영향을 끼쳤는가를 여실히 보여준다. 지나치게 특수한 해결책은 모두 빠른 속도로 쇠퇴하므로 기능을 수행하지 못하게 될 뿐 아니라 심각한 비효율을 초래한다.

요즘도 대규모로 건설되곤 하는 경사진 바닥의 주차용 건물을 생각해보라. 이것은 비용이 적게 들고 시공이 용이한 해법이지만 상황이 바뀔 경우, 가령 자가용을 타고 다니는 사람이 대폭 줄어들면 다른 용도로 쓸 수 없다.

유연성은 하나의 유행어가 되어 건축의 모든 질병을 치유할 만병통치약처럼 여겨졌다. 설계안이 중립적인 성격을 띠면 건물은 다른 용도로 사용이 가능하며 시대와 상황의 변화로 인한 영향을 충분히 수용하고 흡수할 수 있으리라 생각했다. 그것은 일면 맞는 말이지만 사실상 중립적 성격이란 정체성의 부재, 즉 뚜렷한 특징이 없다는 뜻이다. 따라서 변화가 가능한 공간을 만들고자 한다면 특징을 상황에 적응시키고 변경하는 문제 이전에 우선 독특한 특징을 만드는 것이 열쇠다.

'모든 경우에 맞는 유일한 해결책은 없다. 그러므로 유연성이라는 말은 확실하고 명쾌한 방법의 전면 부정을 의미한다. 유연한 평면은 언제나 올바른 해결책은 있을 수 없다는 확신에서 출발한다. 해결을 요하는 문제는 끊임없이 변화하는, 즉 언제나 일시적인 상태이기 때문이다. 유연성은 상대성의 고유한 특징인 것처럼 보이지만 실제로는 불확실성과 관련이 있다. 스스로 자신을 과감하게 내던질 자신이 없으므로 어떤 행동을 취할 때마다 필연적으로 따르는 책임을 인정할 용기도 없는 것이다. 유연한 구성은 변화에 빠르게 적응하긴 해도 특정한 경우에 가장 적합한 최선의 해결책이 될 수는 없다. 따라서 특정한 경우에 유연성이란 모든 적절치 못한 해결책의 집합을 가리킨다.

결론적으로 변화하는 대상을 수용할 수 있는 유연한 시스템은 특정한 문제에 대해 가장 중립적인 해결책을 내놓는다. 하지만 가장 적절한 최선의 해결책은 결코 내놓지 못한다.

변화가 잦은 환경에 대한 단 하나의 건설적 접근법은 아예 변화를 영구한 특징으로 간주하고, 정적인 성격을 가진 다원자적 공간에서 시작하는 것이다. 그 자체를 변화시키지 않고도 여러 가지로 활용 가능한 공간, 유연성을 최소화하면서도 최적의 해법을 도출할 수 있는 공간이 필요하다. 오늘날 우리가 사는 도시에 있는 셀 수 없이 많은 주택은 하나같이 엄청난 수의 부품이 필요한 방법으로 건설된다. 이 같은 시공 방법으로 인해 모든 주거단위의 획일성과 주민의 균일성이 동일시되면서 이제 우리는 단조롭고 균일한 블록 안에 획일적인 주택을 조립해넣는 지경에 이르렀다.

획일적인 도시계획과 획일적인 평면도는 기능의 분리에 기반하고 있으며 기능의 지시에 맹목적으로 순응한다. 이러한 순응은 일상생활과 노동, 식사와 수면 등의 구분을 토대로 여러 가지 목적의 공간을 각기 다른 방식으로 설계하도록 하는 결과를 초래한다. 활동의 종류가 다르면 그 활동이 일어나는 장소에 대한 요구도 달라진다고 가정하는 것이다. 실제로 우리는 지난 25년간 그렇게 이야기해왔다. 하지만 일상생활과 노동과 식사와 수면을 활동이라고 명명하는 일이 타당하다 치더라도 각각의 활동이 일어나는 장소에 대한 특별한 요구 사항이 있다고 단정해서는 안 된다. 특별한 요구는 사람에게서 나온다. 사람은 동일한 기능이라도 자기만의 취향에 따라 자기만의 방식으로 해석하기를 원하지 않는가.

기능주의적인 도시와 기능주의적인 평면에서 아이디어를 최초로 생각해낸 사람들의 정체성이 흔적도 없이 사라진다면 그것은 획일적인 주거공간 탓이 아니다. 문제는 주거공간을 획일화하는 방식에 있다. 오늘날 주거공간은 미리 정해진 엄격한 표준에 따라 단 한 가지 기능만을 용인한다. 요즘 건설되는 주택과 도시는 근본적인 변화를 일절 허용하지 않으며 앞으로도 허용하지 않을 것이다.

우리는 사람들이 식탁과 침대를 어디에 두어야 하는지 일괄적으로 정해놓고 다음 세대에도 같은 행동양식을 전달함으로써 사실상 주거공간의 획일화를 유도하고 있다. 개개인의 행동의 자유를 집단적으로 규정하고 집 안은 물론 도시 내부의 모든 장소의 목적을 미리 정해놓는다. 그런 일이 이루어지는 방식 역시 참으로 몰개성적이어서, 정체성이 될 법한 변형은 모조리 싹이 잘려 나간다.

운하 주위의 오래된 집들이 살기 좋은 이유는 어느 방에서든 일을 하고 휴식을 취하고 잠을 잘 수 있기 때문이다. 그리고 각각의 방을 어떻게 사용하고 싶은지에 관해 주민의 상상력을 자극하기 때문이다. 예컨대 암스테르담 구시가지의 다양한 모습은 규칙이 풍부해서 생긴 것이 아니라(사실은 20세기 건물에 적용된 규칙이 더 복잡하다), 서로 큰 차이는 없을지라도 다원자성이 강해서 개별적 해석의 가능성을 가지는 공간이 연속되는 데서 나온 것이다.

이제 개개인의 생활 패턴을 집단적으로 해석하는 일은 중단해야 한다. 우리에게 필요한 것은 여러 가지 기능을 원형原形으로 승화할 수 있는 다양한 공간이다. 그런 공간은 변화를 수용하고 흡수하는 능력이 있기 때문에 공동의 생활 패턴을 개별적으로 해석하는 일을 가능케 하고 온갖 바람직한 기능과 그로 인한 변화를 촉진한다.' ①

지금까지 인용한 모든 사례를 압축하면, 설계할 때 건물과 도시가 자기 정체성을 유지하면서도 변화에 적응하는 능력과 다양성을 갖도록 하자는 주장이다.

우리가 찾고 있는 것은 복잡하기 이를 데 없는 21세기 사회에서 건축가가 직면하는 어려움을 이겨나가는 데 필요한, 경직되지 않고 정적이지 않은 '메커니즘'(언어학 용어로 하면 패러다임)을 도출할 수 있는 사고방식과 행동방식이다. 설령 건축가가 원래 의도한 바와 다른 용도로 사용자들이 공간을 사용하기로 하더라도 공간이 불쾌해하고 당황해하다가 결국 정체성마저 잃어버리는 일은 없어야 한다. 더 직설적으로 표현하자면 건축은 사용자에게 가능한 한 모든 곳에 영향을 미치고 싶은 마음을 불러일으켜야 한다. 그것은 그 건축의 정체성을 강화하기 위해서이기도 하지만 무엇보다 사용자의 정체성을 풍부하게 하고 강화하기 위해서 필요한 일이다.

구조주의는 언어에서 이러한 과정이 매우 효과적이라는 사실을 보여준다. 구조주의를 계속 언급하는 이유는 구조주의가 건축이 나아갈 방향을 제시하기 때문이다. 아직도 건축을 소통의 체계로 간주하는 경우가 많긴 하지만, 건축은 단순한 언어가 아니다. 그럼에도 건축과 언어에는 많은 유사성이 있으며 비슷한 점 가운데 하나가 '능력competence'과 '활용performance'이라는 개념이다. '능력'과 '활용'은 언어에만 적용되는 개념이 아니라 공간에도 얼마든지 적용 가능하며 이론적으로 공간의 출발점이 될 수도 있는 개념이다. '효용'이 언제나 최우선 고려 사항이라는 사실은 두말할 필요도 없다. 표준이라는 말의 정확한 의미를 확립하는 일이 시급하지만, 효용은 논쟁의 여지가 없는 유일무이한 표준이다. 물론 하나 이상의 목적으로 쓰일 수 없는 물체와 공간도 있다. 대개는 기술과 관련된 것인데, 이러한 물체와 공간은 본연의 기능만 제대로 수행하면 될 뿐이다. 하지만 대부분의 물체와 공간에는 처음에 설계된 목적이자 그 명칭에 표시된 유일한 목적 외에도 다른 가치와 잠재력, 효용이 있다. 여기서 '효용'은 구조주의에서 말하는 '능력'과 유사한 개념으로, 다원자성이라는 말로 바꿀 수도 있다. 나는 설계의 기준으로 바로 이 '효용'을 강조하고 싶다.

다음은 동일한 원칙에 관해 1963년에 쓴 글의 일부다. 다음 장으로 넘어가기 위한 준비운동이라고도 할 수 있다.

'공간과 프로그램의 상호관계'

도시의 가장 중요한 특징은 아마도 끊임없는 변화일 것이다. 변화는 도시 환경의 고유한 속성이며 우리에게는 일상적인 경험이다. 도시는 항상 변화한다. 사람들이 유기적인 성장이나 기능주의적인 진화라는 규칙에 따라 형태를 부여하려고 노력했지만 도시는 그런 규칙에 순응한 적도 없고 지금도 순응하지 않는다. 장기적인 변화, 일시적인 변화, 오래 지속되는 변화는 언제나 일어난다. 사람들이 이 집 저 집으로 옮겨 다니는가 하면 건물이 개조되기도 한다. 그 결과 그물망처럼 얽힌 관계의 중심에 변화가 일어나고 그로 인해 또 다른 변화가 생긴다. 따라서 모든 개입은 다른 건축공간의 의미에 크고 작은 변화를 일으킨다고 할 수 있다.

도시 내의 모든 사람과 사물이 항상 정체성을 유지하기 위해서는 상황이 매 순간 자체적인 완결성을 가질 필요가 있다.

변화는 수시로 진행되는 영구적인 상황이다. 모든 개별적인 공간의 의미를 형성하는 고정적인 요인으로서 변화할 수 있는 능력을 가장 먼저 고려해야 할 이유가 여기에 있다. 건축 공간이 변화에 적응하려면 자기 정체성을 잃지 않으면서도 여러 가지 해석을 허용하며, 복합적인 의미를 흡수하는 동시에 표현할 수 있도록 설계되어야 한다.

그러므로 같은 시기에 존재하는 모든 동일한 주택은 다른 시기에 존재하는 도시 안의 모든 장소와 마찬가지로 변화하는 의미를 수용할 수 있어야 한다.

이러한 유사성은 공간의 장소와 시간이 언제든지 제거되고 단 하나의 출발점으로 바뀔 수 있다는 사실, 다시 말해서 의미가 주소를 바꿀 수 있다는 사실을 가리킨다.

마찬가지로 유연성(모두에게 그럭저럭 괜찮지만 누구에게도 최선은 아닌)의 불가피한 결과인 중립적인 공간이나 지나치게 많은 표현(사용자가 아닌 다른 누군가에게 최적화되어 있는)의 결과인 특이한 공간 역시 적절한 해법이 될 수 없다. 해답은 책임감 결여와 지나친 자기 확신이라는 양 극단 사이의 어디에서가 아니라 두 가지 모두와 거리가 먼 곳에서 찾아야 한다. 모든 사람이 나름의 방식으로 발언하고 제각기 다른 의미를 선택할 수 있는 곳(그러므로 다양한 의미가 있는 곳이어야 한다)에 해답의 가능성이 있다.

공간이 다양한 의미를 가지려면 여러 가지 역할을 해낼 수 있다는 해석이 가능해야 한다. 그리고 실제로 여러 가지 역할을 하기 위해서는 공간에 녹아있는 갖가지 의미가 노골적인 제안이 아닌 은근한 자극으로 느껴져야 한다.

최초에 부여받았던 의미를 박탈당한 공간은 어떤 의미든 다 이끌어낼 수 있기 때문에 다중적인 성격을 지닌다. 하지만 1차적인 목적 외의 다른 목적으로는 사용되지 못한다.

현대 사회의 속성인 다양성에 대응하려면 '굳어진 의미'라는 족쇄로부터 공간을 해방시켜야 한다. 그리고 원형을 찾으려는 노력을 계속해야 한다. 원형은 여러 의미와 결부되기 때문에 프로그램을 흡수할 뿐 아니라 새로운 프로그램을 생성하기도 한다.

공간과 프로그램은 서로를 생성한다! ③

7 공간과 사용자

앞에서 이야기한 '구조'는 상황에 따라 자유로운 해석과 의견을 허용하는 (항상 일정한 관계의) '골조'라는 개념으로 쓰였다.

지금까지 우리는 여러 사람에 의해 동시에 해석되고 수많은 사람이 관련된 상황에서는 집단적 연상이 개입되는 도시의 공간을 주로 다루었다.

구조와 설계자라는 측면에서 주된 관심사는 건축가와 구조물의 관계에 있었으므로 사용자는 사실상 주체라기보다는 객체로서 부수적으로 다루었다. 공간이 구조로 해석된다는 사실을 확인했지만, 도대체 사람들로 하여금 공간을 해석하게 하는 요인이 무엇인지는 아직 알아내지 못했기 때문이다.

이제 공간을 일반적인 의미의 구조로 이해하고 다시 한 번 공간과 사용자의 관계를 상상해보자. 사용자를 개인으로 생각하고 공간이라는 개념에서 추상화의 멍에를 벗겨내자. 이러한 변화는 공간이 그것에 관계된 사람들(그리고 그 관계를 맺으려는 사람들)에게 무엇을 의미하는가라는 문제를 다루는 태도의 변화로서, 형태를 창조한 사람과 설계자와 사용자의 관계에 관한 의문을 간접적으로 이끌어낸다.

우리는 해석 가능성을 공간의 고유한 특징으로 간주하는 데서 출발하여, 공간(구조로서의 공간)을 해석 가능하게 만드는 것이 무엇인가라는 질문에 도달한다.

답은 우리가 '능력'이라고 표현할 수 있는 공간의 수용 가능성이다. '능력'은 공간이 연상으로 채워지고 사용자와 상호 의존 관계를 형성하도록 하는 힘이다.

그러므로 여기서 관심사는 형태를 가진 공간이다. 말하자면 악기가 연주자에게 행동의 자유를 주는 것과 같은 이치다.

원형극장을 비롯해 앞서 살펴본 사례에서 문자 그대로의 의미로 '수용 능력'도 다룬 바 있다. 하지만 지금 이야기하는 '능력'은 의미를 수용하는 능력을 뜻한다. '능력'을 염두에 두면 건축과 관련된 모든 형태가 새로운 시각으로 보인다.

그러므로 여기서 이야기하는 형태라는 개념은 대상과 바라보는 사람 사이의 공식적이고 고정된 관계를 전제로 지속되는 것이 아니다. 대상을 둘러싼 껍데기와 같은 시각적 외관이 아니라 수용 능력이 있고 의미의 토대가 될 수 있는 개념으로서의 형태에 관심을 기울이려 한다. 사용자는 형태에 의미를 부여할 수 있다. 하지만 형태는 어떻게 사용되느냐에 따라, 혹은 어떤 가치가 귀속되고 덧붙여지고 제거되느냐에 따라 의미를 박탈당할 수도 있다. 어떤 경우든 사용자와 형태가 상호작용하는 방식이 가장 중요하다.

'형태가 사용자에게 미치는 영향과 사용자가 형태에 미치는 영향은 모두 의미를 흡수하고 소통하는 능력에 의해 결정된다는 사실을 분명히 하려 한다. 핵심은 형태와 사용자의 상호작용, 즉 형태와 사용자가 서로에게 어떤 작용을 하며 서로를 어떻게 전용하느냐.

설계는 건축 재료의 잠재력이 충분히 활용되도록 재료를 조직하는 과정이 되어야 한다. 의도적으로 형태를 부여한 모든 것은 기능을 더 잘 수행해야 한다. 다양한 상황에서, 다양한 시기에, 다양한 사람들이 기대하는 역할을 해내기에 더욱 적합해져야 한다. 시작 단계에서 무엇을 만들든 엄밀한 의미의 기능적 요구를 만족시키는 데 그치지 않고, 하나 이상의 기능을 수행하게 하려는 노력을 기울여야 하며, 되도록 많은 역할을 수행하게 함으로써 여러 사용자에게 혜택이 돌아가게 해야 한다. 이때 사용자는 자기만의 방식으로 형태에 반응하고 해석하면서 자신의 익숙한 환경에 융화시킬 수 있을 것이다.

단어와 문장이 그렇듯 형태는 어떻게 '읽히느냐'와 '독자'를 위해 어떤 이미지를 만들어낼 수 있느냐에 따라 결정된다. 형태는 사람들 스스로 다양한 상황에서 다양한 이미지를 떠올리게 함으로써 다양한 의미를 획득한다. 이러한 경험은 형태에 대한 인식을 변화시키는 열쇠로 작용해 우리로 하여금 여러 가지 상황에 적합한 형태를 만들게 해준다. 의미를 흡수하는 능력과 자기를 본질적으로 변화시키지 않고서도 의미를 포기하는 능력이 있는 형태는 의미의 담지자가 될 수 있다. 요컨대 의미가능signifiable한 형태가 된다'. ④

8 공간 만들기와 공간 남기기

건축가가 설계를 할 때는 확실한 목표를 지나치게 명시적으로 밝히지 말고 늘 해석을 허용하며 사용 과정에서 정체성을 획득해 나가는 결과물을 만들어야 한다. 우리가 만드는 공간은 하나의 제안으로서 언제든지 구체적인 상황에 어울리는 반응을 이끌어낼 수 있어야 한다. 단순히 중립적이고 유연하며 두루뭉술한 공간이 아니라, 다원자성이라고 부르는 넓은 의미의 효용을 지닌 공간이어야 한다.

베이스퍼르스트라트 학생 기숙사 694-696

4층에 있는 가로생활공간은 콘크리트로 만든 커다란 조명블록이 있어서 무척 밝다. 조명블록은 지면 가까이 있어서 빛으로 주민들을 방해하지도 않고 높은 창문에서 내다보는 풍경을 가리지도 않는다. 조명블록의 1차적인 기능은 조명이지만 그 형태와 위치로 말미암아 여러 가지 다른 목적으로 사용될 가능성이 생긴다.

'조명블록은 형태와 위치로 볼 때 여러 가지 역할을 수행하기 위한 조건을 충족하며, 실제로 벤치나 작업대로 해석되기도 하고 날씨가 좋을 때는 피크닉용 탁자로 해석된다. 또한 가로 한가운데에 위치해 어떤 상황에서나 시선을 모은다. 조명블록은 공용 통로에 놓여있는 물건을 모두 달라붙게 하는 자석과도 같다. 가로공간에서 개인적인 이해와 집단적인 이해의 표현이 다채롭게 섞인 생활이 이루어지도록 유도하는 물체인 셈이다.

설계에 어떤 의문이나 단서도 달지 않는다는 것은 공간을 즉석에서 활용할 기회가 많고 건축가가 꿈을 꿀 여지도 많아진다는 이야기다. 반대로 고정된 의미와 '무엇이 옳고 무엇이 옳지 않은가'를 나타내는 상징적인 형태form-symbol를 따라 환경이 조직되는 경우 주민들이 자발적으로 할 수 있는 일은 많지 않을 것이다.' ④

694
695 696

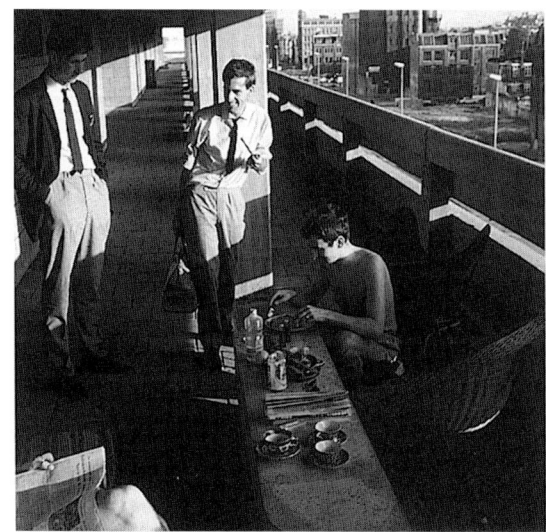

몬테소리 학교 697-718

델프트의 몬테소리 학교 교실과 복도 사이 문 위에 있는 폭이 넓은 선반은 화분, 책, 모형, 찰흙 작품 등을 올려놓거나 갖가지 잡동사니를 보관하는 데 사용될 수 있다. 이런 열린 '벽장'은 학생들이 구체적인 필요와 희망에 따라 각기 다른 방식으로 채울 수 있는 골조에 해당한다.

몬테소리 학교 홀의 중심은 벽돌로 만든 낮은 단이다. 벽돌 단은 공식 행사에도 쓰이고 자유로이 열리는 모임에도 쓰인다. 이곳을 처음 본 사람은 벽돌 블록을 다른 데로 옮기면 공간의 가능성이 더 커지리라 생각할 수도 있다. 우리도 그것을 예상했고 실제로 토론을 벌였다. 이 공간의 핵심은 영구성과 부동성 그리고 '길을 가로막는' 성격이다. 사용자가 피해갈 수 없는 중심점인 벽돌 블록의 존재가 사용자에게 시시각각 상황에 반응하라는 제안 내지 유도를 하기 때문이다. 벽돌 블록은 공간 분절에 기여함으로써 홀의 사용 가능성을 넓히는 '시금석'이다.

벽돌 단은 상황에 따라 특별한 이미지를 연상시키며, 다양한 해석을 허용하기 때문에 여러 가지 역할을 해낼 수 있다. 아이들 역시 벽돌 단이 있는 곳에서 다양한 역할을 하고 싶은 충동을 느낀다. 아이들은 학교 홀에서 공작 수업이나 음악 수업이 진행되거나 어떤 활동을 할 때면 단 위에 걸터앉기도 하고 물건을 늘어놓기도 한다. 게다가 벽돌 단은 사방으로 확장이 가능하다. 블록 내부에 들어있는 일련의 목재 부품을 활용하면 벽돌 단은 무용이나 음악 공연을 열어도 손색없는 무대로 바꿀 수 있다. 부품을 조립했다가 다시 분해하는 작업은 교사의 도움 없이 아이들이 직접 할 수

697 698 699
700
701 702

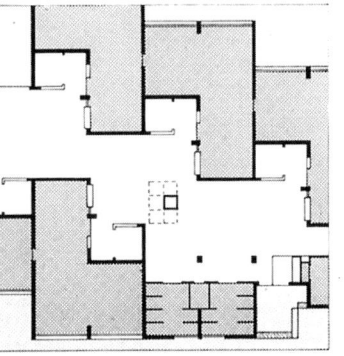

공간 만들기, 공간 남기기

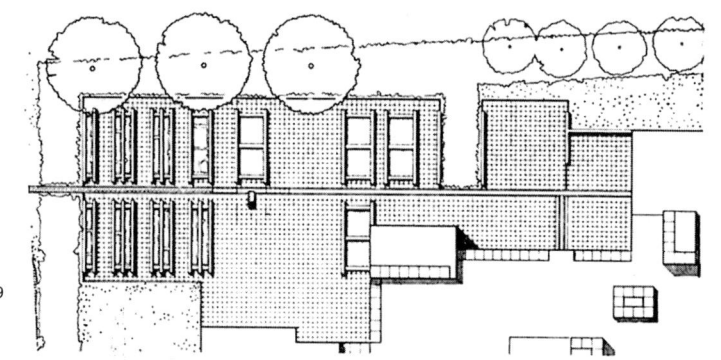

703 704
705
706
707 708 709

있다. 점심시간이면 아이들은 벽돌 단 위나 옆에서 놀거나 한데 모여 그림책을 본다. 주위에 넓은 공간이 많은데도 벽돌 단 주변에 모이는 것을 보면 아이들에게는 번쩍이는 마룻바닥에 놓인 벽돌 단이 드넓은 바다의 섬처럼 느껴지는 모양이다.

한편 유치원 홀의 한가운데에는 사각형으로 움푹 들어간 공간이 있다. 이곳에는 들어낼 수 있는 나무블록이 채워져있어, 블록을 꺼내 사각형 공간 주위에 놓기만 해도 의자가 있는 휴식공간이 만들어진다. 나무블록은 낮은 의자로 쓸 수 있게 제작되었으며, 아이들이 홀 안에서 나무블록을 다른 데로 옮기거나 탑 모양으로 쌓을 수도 있다. 블록을 늘어놓아 기차 모양을 만들 수도 있다. 이 사각형 공간은 맞은편에 있는 학교 홀의 벽돌 단과 여러 면에서 대조를 이룬다. 벽돌 단이 주변 경치가 더 잘 보이는 언덕으로 올라가는 이미지를 연상시킨다면, 사각형으로 파인 공간은 한적한 곳으로 물러나는 느낌을 주거나 골짜기 또는 분지로 내려가는 이미지를 연상시킨다. 벽돌 단이 바다의 섬이라면 움푹 들어간 사각형 공간은 호수에 비유할 수 있다. 아이들이 다이빙대를 가져다 놓으면 호수는 수영장으로 바뀐다.

학교 건물 뒤쪽의 공터는 원래 낮은 벽에 의해 분절되어 여러 개의 직사각

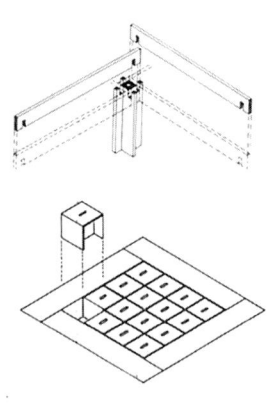

254 헤르만 헤르츠버거의 건축 수업

710 711 712
713 714
715

716 717 718

는 고정된 뼈대다.

    공간을 여러 부분으로 나누는 낮은 벽을 만드는 데 쓰인 재료는 구멍이 뚫린 건축용 벽돌이다. 벽돌의 구멍은 다양한 방식으로 사용이 가능했다. 예컨대 작은 정원을 둘러싼 곳에서는 벽돌이 화분처럼 쓰였고, 모래밭을 둘러싼 곳에서는 속이 파인 '아이스크림' 용기로 변신했다. 혹은 구멍에 막대기를 꽂아 텐트를 치기 위한 기초를 마련하기도 했다. 요컨대 구멍이 뚫려있는 간단한 형태가 벽돌을 다른 용도로 활용할 무한한 기회를 제공했다. 아쉽게도 얼마 전 낮은 벽들은 허물어지고 상상력이 끼어들 틈이라곤 전혀 없는 놀이시설로 대체되었다.

형 공간으로 나뉘어있었다. 평행한 벽 사이의 좁고 긴 공간은 처음에는 화초를 심거나 모래밭을 만들 계획이었으나, 다른 여러 목적으로도 사용이 가능했다. 분리된 각각의 공간뿐 아니라 낮은 벽이 세워진 전체 영역도 상황에 따라 각기 다른 내용물로 채울 수 있는 일종의 골조에 해당한다.

    이렇게 만들어진 공간은 개인 또는 집단 행동을 지시하

공간 만들기, 공간 남기기   255

하에는 이미 주차장이 있었으므로 나무가 자라는 데 필요한 최소한의 흙을 담은 상자를 지상에 설치했다. 상자의 크기와 상자 사이의 거리는 시장에 놓인 판매대를 기준으로 결정되었다. 나무를 기준점으로 삼아 판매대를 배치하면 판매대 앞뒤로 충분한 공간을 확보할 수 있었다.

나무를 심는 상자 바로 옆 공간을 선택하거나 배정받은 상인은 그 상자를 여분의 상품 진열공간으로 사용한다. 그래서 상자들은 때때로 발리의 사원을 연상시키는 매우 이국적인 모습으로 바뀐다.

나무를 심을 상자를 설치하기로 한 것은 시장에 필요한 전기 설비와 가로 조명을 동시에 해결할 좋은 기회였다. 장이 열리지 않는 날에는 사람들이 상자에 앉아 나무 그늘 밑에서 쉴 수도 있었다. 우리는 도시 환경에 영향을 미치는 설계를 할 때마다 다목적 설계의 원칙을 반영해야 한다.

브레던뷔르흐 광장 719-723

브레던뷔르흐 광장의 공간을 재정비해 옛날에 그곳에서 열렸던 시장을 다시 연다는 결정을 내렸을 때, 광장에 나무를 심자는 제안도 함께 나왔다.

나무는 시장과 잘 어울릴 뿐 아니라 광장에서 시장이 열리지 않을 때의 적막하고 쓸쓸한 느낌을 덜어준다. 광장 지

719
720 721
722 723

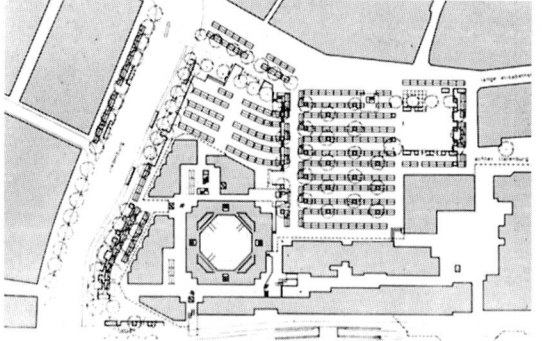

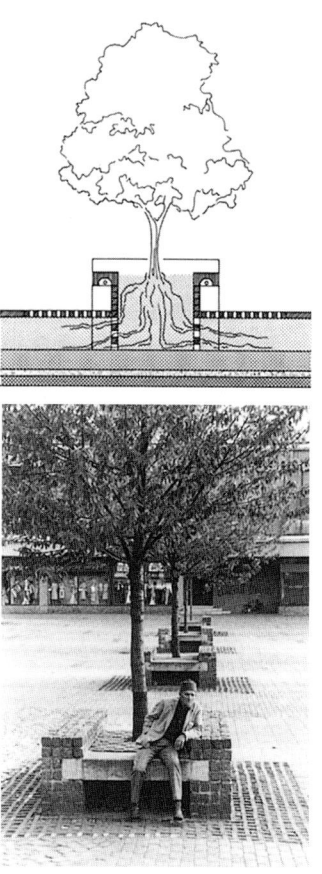

앞에서 인용한 사례들은 구성 요소의 적응에 중점을 두고 있었다. 구성 요소가 특정한 '상황'에서 일시적으로 기능을 수행하다가 원래 상태로 돌아가고, 나중에 다른 요구가 생기면 새로운 변형을 감행하는 것이다. 이때 공간의 특징과 사용자의 관계는 일시적이며, 사용자에 의한 전용 역시 한정적이고 불확실한 현상이다. 만약 사용자가 계속 신경을 쓰고 가꾸어야 하는 공간이라면 훨씬 많은 구성 요소를 미완성으로 남겨둠으로써 각자의 요구와 취향에 잘 맞는 방식으로 마무리할 기회를 제공해도 좋다.

디아곤 주택 724-746

델프트에 위치한 디아곤 주택은 완성되지 않은 집이라는 아이디어에 기초한 여덟 채의 '골조 주택'이다. 계획안 일부를 미완성으로 남겨놓음으로써 주민에게 생활공간을 어떻게 분할하며 어디에서 잠을 자고 어디에서 식사할지 스스로 결정할 기회를 주었다. 가족 구성에 변화가 생기면 주택을 새로운 요구에 맞게 변경할 수 있으며 심지어 어느 정도 확대도 가능하다. 계획안은 영구적이지 않은 틀로서 앞으로 계속 채워나갈 수 있다. 골조 주택은 누구든지 자기가 필요하고 원하는 바에 따라 완성할 수 있는 반제품과 같다.

골조 주택은 두 개의 고정된 코어core를 기본으로 하며, 주거공간은 높이가 서로 다른 일곱 개의 공간으로 나누어 일상생활, 수면, 공부, 놀이, 휴식 등 다양한 기능을 수용한다. 일곱 개의 작은 주거공간은 각각 칸막이를 활용해 방을 만들고 나머지 공간은 텅 빈 홀을 가로지르는 실내 발코니로 쓴다. 가족 구성원 개개인의 취향에 맞게 장식된 실내 발코니가 모여 가족이 공동으로 쓰는 생활공간이 만들어진다. 생활공간과 수면공간은 엄격하게 구분되지 않는다(따라서 잠 자러 '위층으로 올라간다'는 말이 성립하지 않는다). 가족 구성원 각자가 자기 영역을 가지고 있는 이 집은 하나의 커다란 공동 거실과도 같다. ④

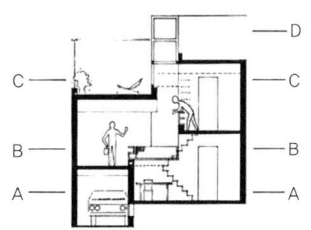

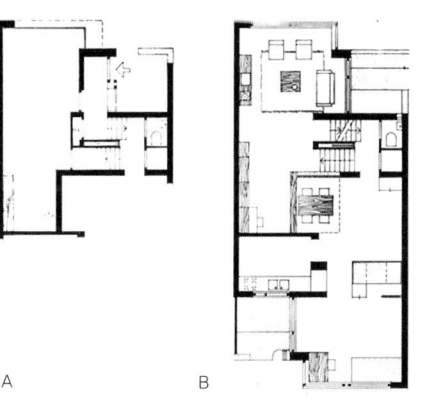
A

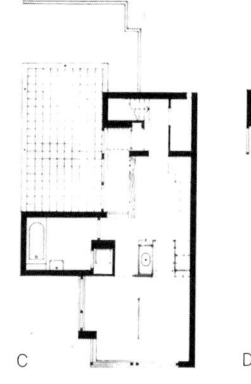
B

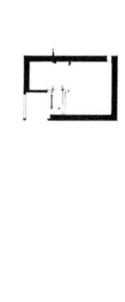
C   D

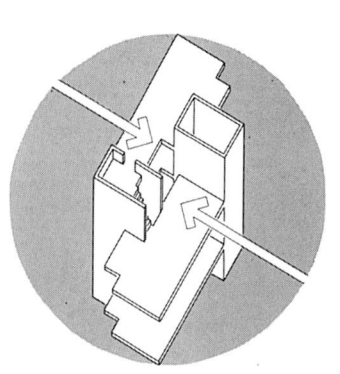

공간 만들기, 공간 남기기 257

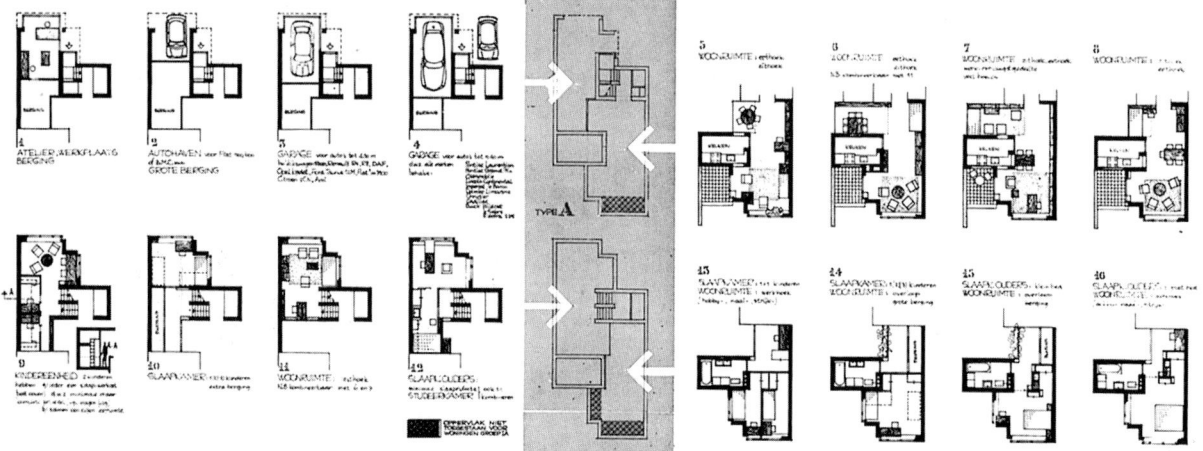

'건축가는 무엇이 가능한지를 보여주기만 할 것이 아니라 자기 설계안에 내포된 고유한 가능성을 누구나 알 수 있도록 정확히 전달해야 한다. 건축가에게 무엇보다 중요한 일은 설계안에 내포된 제안에 대한 주민 개개인의 반응에서 배울 점이 많다는 사실을 깨닫는 것이다. 주택은 여전히 지방 행정기관과 투자자, 사회학자와 건축가가 사람들의 바람을 재단한 결과를 토대로 설계되고 있다. 그들이 생각해내는 것은 틀에 박힌 해결책이 고작이며, 그럭저럭 괜찮게 넘어갈지는 몰라도 결코 완벽한 만족을 주지는 못한다. 수많은 사람의 개인적인 바람을 소수의 전문가가 집단적인 방식으로 해석한 결과이기 때문이다. 과연 우리가 모든 사람의 개인적인 바람을 알 수 있을까? 그것을 알려면 어디에서 어떻게 시작해야 할까? 인간 행동만을 연구하려 해서는 절대로 그 행동을 낳은 원인이자 개개인의 의지를 억압하는 요인인 무신경한 사회적 조건을 넘어서지 못한다. 아무리 정성을 많이 들여 철저하게 연구한다 해도 소용없다. 개인이 자기 자신을 위해 진정으로 원하는 바를 알아낼 길이 없으므로, 다른 사람들을 위한 완벽한 주거공간을 만들기란 불가능하다. 각자 자기 손으로 집을 직접 짓던 시절에도 사람들이 자유롭지 못하기는 마찬가지였다. 모든 사회는 어떤 행동양식을 기본으로 이루어지고 구성원은 그 행동양식에 종속되기

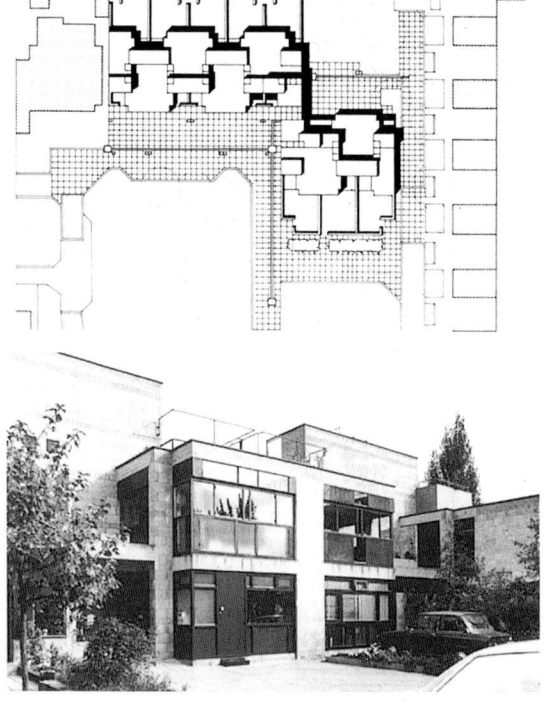

때문이다. 사회의 모든 구성원은 다른 사람들에게 보이고 싶은 모습대로 살아간다. 개인이 '소속되기' 위해 사회에 치러야 하는 대가인 셈이다. 따라서 개인은 집단적인 행동양식을 소유하는 동시에 집단적인 행동양식에 지배당하는 존재다. 자기 집을 손수 짓는다 해도 이러한 속박에서 벗어나지는 못한다. 하지만 적어도 모든 사람에게 집단적 행동양식을 개별적으로 해석할 자유는 주어야 하지 않겠는가.' ④

어떤 사람이 이웃과 얼마나 밀접한 관계를 맺느냐는 정원의 경계를 표시하는 형식에 상당히 많이 좌우된다. 본질적으로 담장은 이웃으로부터 최대한 분리된 공간을 형성한다. 그렇다고 모든 경계선을 없애버리면 항상 이웃에게 노출되기 때문에 서로 피할 길이 없어진다. 모두가 원하는 대로 행동하라는 표시로 이웃한 정원과의 경계를 모두 없애버리면 어떻게 될까? 누구나 그러고 싶겠지만 그런 실마리가 사라진다면 일방적으로 손해를 보는 일이 발생할 수도 있다.

구멍 뚫린 벽돌로 만든 낮은 경계선은 벽돌 담장을 쌓을 수 있는 토대가 된다. 혹은 나무 담장을 위한 지지대가 될 수도 있다. ④

집 뒤편의 테라스는 개인적 해석의 가능성을 열어주는 공간이다. 첫 번째 가능성은 계단이다. 시공 과정에서 계단

을 최소한으로 줄였고, 정원으로 통하는 계단 역시 다른 수단으로 대체할 수 있게 했다.

두 번째 가능성은 작은 테라스 아래의 열린 공간이다. 일반적으로는 차단할 법한 공간이지만 여기서는 일부러 틔워놓았다. 흔히 건축가는 이처럼 작고 아늑한 공간이 유용하게 쓰일 수도 있다는 사실을 깨닫지 못한 채, 단지 혼란스럽고 어수선해지는 상황을 피하려는 이유에서 닫힌 공간으로 만들어버리는 경향이 있다. 하지만 삼면이 벽으로 둘러싸인 작은 테라스는 거실 측면을 확장하기에 더할 나위 없

731
732

733 734

공간 만들기, 공간 남기기   259

735　736
737
738
739　740

이 좋은 공간이다.

'이 경우 서로 마주보는 옥상 테라스 사이에 약식으로 경계를 설정하기 위해 금속 막대 구조물을 설치했다. 가로 세로로 엮인 금속 막대는 무명천이나 성기게 짠 매트처럼 가벼운 물건들을 일시적으로 걸어놓거나 부착하라는 권유의 표시다. 여기에도 구멍 뚫린 벽돌로 이루어진 토대가 있어서, 화초를 심는 공간으로 아주 유용하게 쓰일 수 있다.' ④

미완성으로 남겨둔 옥상 테라스는 매우 다양한 해법으로 이어졌다. 심지어는 자기 옥상 테라스를 활용해 온전한 온실을 지은 주민도 있었다. 이는 건축가조차도 상상해보지 못한 아이

741 742
743
744

디어였다. 몇 년 후에는 옥탑방을 추가할 공간을 확보한다는 이유로 옥상 테라스의 구조물이 철거되고 말았다. 여기서는 건축의 독창성이 아니라 이 정도 규모에서 이런 유형의 개조가 실제로 가능하다는 사실이 중요하다.

현관에는 대문 바로 옆에 수직 콘크리트 보가 있다. 이것은 작은 '뜰'을 만들라는 건축적 제안이었다. 보는 그 위의 발코니를 지지하는 역할을 하며 보 뒤의 공간이 비었으므로 실제로는 지붕 덮인 주랑柱廊현관은 없다. 하지만 유리지붕을 설치하면 지붕 있는 현관을 쉽게 만들 수 있었다. 또한 주민 개개인의 필요와 취향과 주어진 상황에 따라 나름의 상상력으로 완전히 닫힌 공간으로 만들어 자전거 보관소로 활용할 수도 있고 확장(사실 매우 작은 공간이기는 하다)을 통해 실내의 현관 복도를 넓힐 수도 있다.

거실에서 내려다보면 콘크리트 보에 의해 만들어지는 공간은 원칙적으로 '창문'을 통해 접근 가능한 옥외생활공간으로 바뀔 수 있다. 이 '창문'은 해석하기에 따라 넓은 창문 혹은 작은 문으로 쓰일 수 있도록 위치와 비례를 설정했다. 이런 유형의 주택에서 흔히 그렇듯 차고는 계획안에 정식으로 포함되지 않았지만, 가로와 같은 높이에 간이차고와 비슷한 공간이 있어서 주차용으로 쓸 수 있고 쉽게 문을 달 수도 있다. 한편으로는 이 공간을 활용해 방 하나를 추가하는 일도 가능하다. 필요에 따라 외부에서 바로 출입이 가능한 사무실,

공간 만들기, 공간 남기기 261

745

서재, 작업실 따위를 만들 수 있는 것이다. 사실 대부분의 사람은 실외에 차를 세워두고 생활하며, 자동차 수명을 몇 년 늘리는 일보다 방 하나를 더 가지는 여유를 누리길 바라지 않겠는가.

　창문을 골조로 설계하면 주민들이 각자 유리 또는 불투명 재료를 선택해서 채울 수 있다. 골조는 맥락과 질서를 반영하는 불변의 요소다. 그 맥락과 질서 안에서는 각 개인의 자유와 전체의 자유가 하나로 통합된 것으로 간주된다. 골조는 일정한 규칙의 범위 내에서 상상 가능한 모든 충전재를 수용할 수 있게 설계되며, 다양한 충전재를 합치면 항상 일관성 있는 전체에 도달한다.' ④

　'이 모든 논의에서 얻을 수 있는 결론은 빈 용기를 설계하는 일이 우리가 할 일의 전부라는 것이다. 용기는 가능한 한 평범하고 중립적으로 만들어 주민들이 그들의 특별한 바람을 실현할 자유를 최대한 누리도록 해야 한다.

　매우 역설적인 이야기로 들릴 테지만 최대한의 자유가 무기력한 상태를 초래할 확률도 작지 않다. 수많은 대안이 제시된다 해도 자기에게 최선으로 판명될 안을 선택하기가 무척 어렵다는 사실에는 변함이 없기 때문이다. 비유하자면 끝없이 다양한 요리가 나열되어있지만 식욕을 돋우지 못하고 오히려 무디게 하는 거창한 차림표와 비슷하다. 선택의 여지가 너무 많으면 최선의 결론은 고사하고 실질적인 결론에 도달하기조차 불가능해진다. 대안이 너무 많은 것은 너무 적은 것만큼이나 나쁘다.

　모든 선택은 가능성의 범위를 파악할 수 있어야(즉 한계가 정해져야) 함은 물론이고, 선택하는 사람이 자기만의 사고방식으로 하나하나의 대안을 머릿속에 떠올리고 자기만의 경험을 토대로 상상할 수 있어야 한다. 곧 모든 대안은 연상이 가능해야 한다. 그래서 선택하는 사람이 이미 알고 있거나 잠재의식의 경험에서 떠올리는 여러 가지 계획과 새로운 대안을 머릿속으로 비교할 수 있어야 한다. 새로운 자극에 의해 연상된 이미지를 과거의 경험 속에서 축적된 이미지와 비교함으로써 사용자는 새로운 대안의 잠재력을 평가하고 그 잠재력을 그에게 익숙한 세계의 연장, 즉 그의 개성의 연장으로 받아들인다. 선택의 메커니즘이 기존의 경험 속에서 축적된 이미지를 인식하고 확인하는 과정을 요구한다면, 무엇보다 중요한 것은 건축가가 제공하는 모든 대안이 최대한 많은 연상을 불러일으키는 일이다. 연상이 풍부해질수록 더 많은 사람이 연상에 반응하게 된다. 즉 대안에서 나온 연상이 어떤 상황 속에서 사용자에게 특별한 의미가 있을 확률이 높아진다. 따라서 모든 공간은 중립적이기보다는 최대한 다양한 제안을 내포해야 하며, 그 제안은 특정한 방향을 강요하지 않으면서도 끊임없이 연상을 불러일으켜야 한다. 사용자가 환경을 자기의 필요에 적응시키고 자기 자신의 것으로 만들도록 격려하고 동기를 부여하려면 자극이 필요하다. 그러므로 건축가는 사용자의 목적에 가장 알맞은 해석과 사용법을 이끌어낼 수 있는 자극을 제시해야 한다.

　이러한 '자극'은 누구나 머릿속으로 이미지를 떠올릴 수 있도록 고안되어야 한다. 그 이미지들은 사용자의 경험으로 이루어진 세계에 투영되어 여러 가지 연상을 낳고, 그 연상은 구체적인 시기와 상황에 가장 알맞은 개별적인 사용법을 고안할 것이다.

　이 모든 이야기의 핵심이자 여기에 인용된 사례들이 강조하려는 바는, 사람은 자기 자신과 다른 사람들에게 의존하며 여기에서 비롯되는 궁극적인 제약에 매인

746

존재로서, 외부의 도움을 받지 않고는 그들을 속박하는 의미의 시스템과 그 기저에 있는 가치와 평가의 시스템으로부터 스스로 해방될 수가 없다는 점이다. 자유가 지닌 잠재력은 많은 사람에게 미치기에 부족함이 없지만, 엔진을 움직이려면 불꽃이 필요하다.

예를 들어 '어두운 장소'라고 하면 내부분의 사람은 외부와 차단된 안전한 구석을 떠올릴 것이다. 하지만 개개인을 놓고 보면 '어두운 장소'의 의미는 각자가 처한 상황에 따라 달라진다. 휴식을 취하기 좋은 한적한 구석 자리일 수도 있고, 조용히 공부하는 장소나 잠을 자는 장소일 수도 있고, 암실로 쓰는 방일 수도 있으며, 식료품이나 여타의 개인 물품을 저장하는 창고일 수도 있다.

만약 어떤 집이 이 모든 연상을 불러일으키고 수용한다면 집안 어딘가에 틀림없이 구석진 장소가 있다는 뜻이다. 마찬가지로 작은 방들, 옥탑방, 다락방, 포도주 창고, 처마 밑의 창문은 각기 다른 연상을 불러일으킨다. 집이 다양하고 풍부한 공간을 제공할수록 주민들의 다양하고 풍부한 욕구를 충족시키기도 쉬워진다.

요즘의 주택이 대부분 삭막하고 메마른 느낌으로 다가오는 원인이 바로 여기 있다. 그러나 건축 법규에도 맞지 않을 오래된 주택에서는 삭막한 느낌이 전혀 풍기지 않는다. 이제 우리는 오래된 주택이 제공하는 무한한 개조와 장식의 가능성에 주목해야 한다. 설령 현대 건축과 마찬가지로 진부한 형태를 기본으로 삼고 있을지라도 오래된 주택은 사용자에게 훨씬 많은 것을 제공한다. 오래된 주택에는 새로운 연상을 불러일으키는 자극이 매우 풍부한 덕분에 사용자가 장소를 진정으로 전용할 수 있기 때문이다.' ④

9 동기 부여

'동기 부여 incentive'를 극대화하는 설계를 하려는 건축가에게는 지금까지와 다른 새로운 접근법이 필요하다. 특히 주의를 집중하는 지점이 달라져야 한다. 건축가는 건물 프로그램에 집중하던 습관에서 벗어나 '복합적인' 상황에 눈을 돌려야 한다. 건물 프로그램은 대체로 집단적 해석을 반영하는 반면, 복합적인 상황은 우리가 설계하는 모든 공간에서 벌어지는 일상적인 일에 관한 개인적 해석과 집단적 해석을 모두 반영한다.

이처럼 다양하게 분류된 자료를 겉으로 드러내기 위해 건축가가 마음껏 사용할 수 있는 유일한 수단이 바로 상상력이다. 건축가는 모든 상상력을 동원해 사용자의 입장에 서서 자기 설계가 어떻게 받아들여지며 사용자가 무엇을 기대할지 이해해야 한다. 구체적으로 상상하는 능력은 건축가가 반드시 지녀야 할 능력이자 습득해야 할 여러 기술 가운데 하나며, 건물 프로그램 너머의 진짜 프로그램이라는 기본적 사실에 도달할 유일한 방법이기도 하다.

이러한 사실들을 처리하는 일에 착수하고 궁극적으로 사용자에게 연상을 불러일으키는 설계안을 탄생시키는 것은 다른 문제다. 하지만 이 처리 과정의 일부는 건물의 '해부학'과 밀접한 관련이 있는 구체적인 측면으로서, 앞 장에서 예로 든 건축물이 지닌 '유도' 또는 '동기 부여'의 성격을 직접적 또는 간접적으로 설명하는 데 도움이 된다.

건축가보다 사용자가 마무리를 더 훌륭하게 하리라는 기대에서 어떤 부분을 일부러 미완성으로 남겨두는 경우, 건축가가 선택한 기본 형태는 기술적인 면에서나 실용적인 면에서나 '사용자에게 맡긴다'는 목적에 부합해야 한다.

해부학적인 견지에서 볼 때 미완성으로 남겨둔 모든 부분은 개조나 확장이 쉽고 다양한 해결책을 수용할 수 있어야 하며, 사용자가 직접 완성하고 싶은 충동을 느끼도록 설계되어야 한다. 자기완결적인 성격이 강하지 않고 다른 요소와의 관계 속에서 존재하는 부분은 조립이나 결합이 가능한 형태, 다시 말하면 사용자가 조립이나 결합을 통해 손수 만들도록 유도하는 형태여야 한다. 사실 문자 그대로의 의미만 보더라도 '반제품'에는 반드시 완성을 유도하는 부분이 있어야 하며, 처음부터 그런 의도를 가지고 있어야만 반제품 제작이 가능하다. 공간을 미완성으로 남겨둘 때는 가장 기본적인 원리, 예를 들어 경사진 면이나 곡면보다 평평한 면에 무언가를 추가하는 일이 더 쉽다는 원리를 중시해야 한다. 실제로 결정을 내려야 할 때 도움을 줄 만한 건축가가 주위에 없으리라고 추정될 때는 더욱 그렇다.

'자유로운 평면', 르코르뷔지에.

베를린 건축박람회 주택, 미스 반 데어 로에.

기둥

벽이나 파티션을 세울 때 반드시 사각기둥에서 시작해야 유리한 것은 아니지만, 사각기둥이 원기둥보다 쉬운 출발점인 것만은 분명하다. 특히 기둥이 공간 구성의 초석이 되는 경우라면 이 점에 유의해야 한다. 실제로도 독립적인 기둥이 공간을 나누는 벽과 관계없이 자기 영역을 점유하는 '자유로운 평면'의 초기 사례를 제외하면 대부분의 경우 사각기둥이 더 편리하다. 센트럴 베헤이르 빌딩이나 드리 호번 요양원에 있는 기둥은 인접한 벽과 낮은 파티션을 위해 수직 방향 홈을 내기 편리한 형태로 설계되었다. 연속되는 넓은 공간이 소수의 파티션을 경계로 서로에게 흡수되는 느낌이 특징인 브레던뷔르흐 음악당에서는 둥근 기둥이 사용되었다. (749, 750) 널찍한 공용공간에 독립적으로 서있는 둥근 기둥은 사람이 북적일 때 진가를 발휘한다. 사람이 많아도 방해하거나 길을 막지 않기 때문이다. 아폴로 학교에는 인접한 벽이 있는 곳마다 사각 기둥을 사용하되 홀에 있는 네 개의 독립 기둥은 둥근 모양으로 설계했다. (751) 사람들이 활발하게 활동하는 장소의 한가운데에 외로이 서있는 기둥은 공간 구성의 교차점으로 해석되기도 한다.

749 750
751

수용능력은 공간의 형태는 물론이고 구성 요소의 크기와 서로 다른 구성 요소 사이에 있는 공간의 면적에 의해 결정된다. 수용능력은 가구 배치의 가능성에 큰 영향을 미치기 때문에, '결합 면적attachment surface'을 넓히고 활용 가능성을 높이기 위해 기둥을 구조상 필요한 규모보다 약간 크게 만드는 편이 나을 때가 많다.

디아곤 주택.

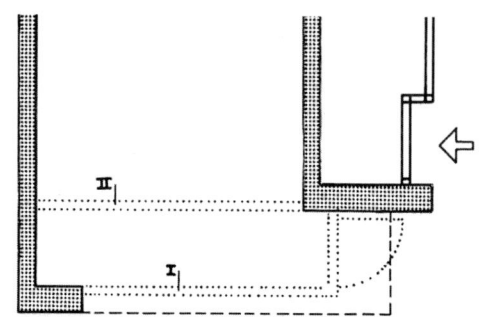

받침기둥

일반적인 기둥뿐 아니라 어느 건물에나 나타나는 다양한 형식의 받침기둥Pier도 여러 용도로 활용 가능하다. 받침기둥의 활용도는 그것이 어디에 놓이며 주위에 열린 공간이 어떻게 형성되느냐에 좌우된다. 예컨대 오래된 주택에 많이 있는 벽난로의 돌출된 벽면을 생각해보자. 벽난로는 긴 벽 하나를 도중에 끊어놓기 때문에 방에 가구를 배치할 때 신경 쓰일 수밖에 없다. 받침기둥은 공간의 성격을 규정하고 출발점을 마련해준다. 받침기둥 양쪽에 있는 공간이 방 전체의 가능성과 한계에 지대한 영향을 미치기 때문이다. (가령 '침대가 벽감niche에 맞을까, 너무 클까?'를 고민하게 된다.)

증축과 변경을 최대한 수용할 수 있는 조건을 갖춘 '골조 주택'의 경우, 차고로 쓸 수 있는 1층 공간 양쪽에 받침 기둥을 세우되 현관으로 쓰거나 차고 문을 설치하는 등 여러 해법을 가능케 하는 배치를 택했다. 모호한 해법을 선택한 이유는 활용 가능성의 범위를 넓히려는 데 있었다. 이렇듯 모호한 '출발점'은 질문을 던지고, 사용자 스스로 자기에게 가장 잘 맞는 답을 찾도록 한다.

이러한 상황을 알아보는 안목만 있다면 어디에서나 세월의 흐름과 함께 주민들이 스스로 주택을 개조하거나 증축한 예를 찾을 수 있다. 행정당국이나 건물 소유주로부터 미리 허락 받지 않았을 수도 있겠지만 결과는 대부분 성공적이다.

특히 사용자에게 동기를 부여한 장소에서 개조 공사가 이루어질 확률이 높다. 지붕을 씌울 수 있는 발코니라든가 사방을 둘러싸기가 쉬운 로지아 따위가 그런 장소에 해당한다.

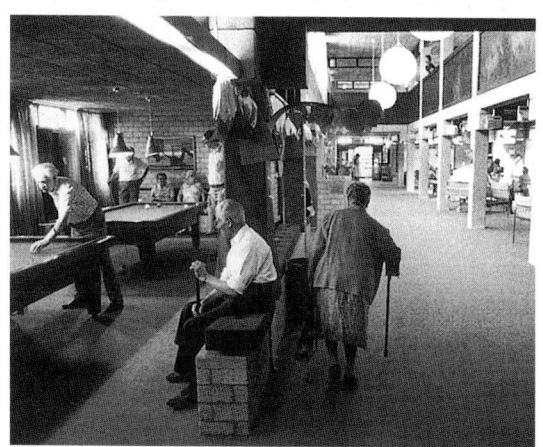

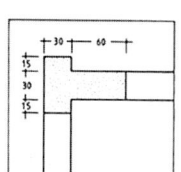

드리 호번 요양원.

센트랄 베헤이르 빌딩.

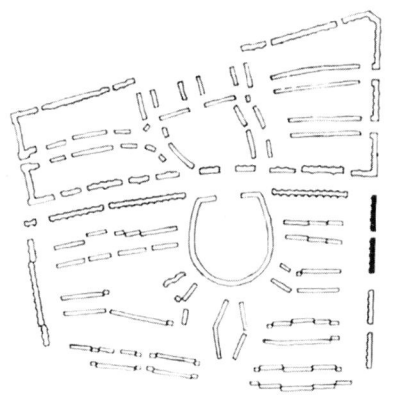

말굽형 단지|Hufeisensiedlung, (베를린 브리츠, 1925-27), B. 타우트.

757 758 759
760 761

베를린 집합주택 757-761

이런 식으로 개조나 증축을 장려하는 장치를 건축가가 일부러 삽입했다고 보이지는 않는다. 하지만 브루노 타우트가 설계한 베를린 집합주택은 일부러 그런 장치를 포함시킨 경우로 보아야 할 것이다. 이 집합주택은 일단 건설된 후에는 주민이 어떤 변경을 가해도 모두 수용 가능하도록 설계되었다.

브루노 타우트는 익명성이 강한 집합주택의 초기에 사용자를 옹호하는 입장을 분명히 밝힌 최초의 건축가라 할 수 있다. 그 후 끝없이 늘어선 하나같이 똑같은 주택의 몰개성이 인간의 영혼을 억압하고 파괴함을 인식한 사람들은 그 해결책을 건축에서 찾기 시작했다.

구멍 뚫린 블록

구멍 뚫린 콘크리트 블록은 모양 자체로 사용자에게 동기를 부여하며, 형태와 사용법의 상호관계에 관한 기본적인 예와 극단적인 예를 동시에 보여준다. 블록에 뚫린 구멍은 그 자체로 빈 곳을 채워넣으라는 요구가 된다(적어도 블록 한 쪽에만 구멍이 있을 경우에는 확실히 그렇다. 양쪽이 다 뚫려있는 경우에는 창문과 비슷해진다).

드리 호번 요양원에 있는 발코니, 할렘머르 하우튀넌 주택의 단위주거, 카셀 집합주택 등에서 볼 수 있듯 구멍 뚫린 블록은 어디든 놓이기만 하면 어김없이 활용된다. 대개 화초를 심는 용도로 쓰인다. 물론 화분이나 창턱에 놓인 상자에서 화초를 가꾸고 싶어 했던 사람은 다른 방법도 쉽게 찾았겠지만, 구멍 뚫린 블록은 그 자체만으로도 미완성으로 보이는데다 어떤 용도로라도 사용해야 할 것 같은 느낌을 준다. 말하자면 사용자에게 동기를 부여하는 존재다.

드리 호번 요양원

몬테소리 학교, (델프트).

　형태와 사용법의 호혜성이라는 원칙을 출발점으로 삼게 되면 사용자와 주민에게 자유를 더 많이 부여하는 것으로 강조점이 옮겨진다. 그렇다고 해서 건축가가 할 일과 하지 말아야 할 일이 사용자의 지시 여부에 따라 결정된다고 받아들여서는 안 된다.

　사용자가 스스로 환경을 결정하는 데서 지금보다 큰 역할을 하는 것을 지원하려면, 개인주의적인 성격을 강화하는 데 1차적인 목표를 두기보다는 건축가가 만들어주는 부분과 사용자에게 맡기는 부분 사이의 불균형을 시정하는 일에 집중해야 한다.

　'동기 부여'를 통해 사용자에게서 연상을 불러일으키고 구체적인 상황에 맞는 개조 작업이 이루어지게 하려면 아주 사소하고 미묘한 사항까지 다 담아낸 프로그램을 기초로 철저히 계산된 설계안이 필요하다. 강조점이 사용자에게로 옮겨간다 해도 이러한 전제 조건에는 변함이 없다. 사용자에게 동기를 부여하는 데서 핵심은 고유한 잠재력을 가능한 한 높이는 것이다.

따라서 많은 것을 적은 것으로 바꾸거나, 더 많은 것을 이끌어낼 수 있는 곳에서 적은 것을 만들어야 한다. 어떤 상황이든 "동기 부여 + 연상 = 해석"이라는 공식은 성립한다.

　여기서 '동기 부여'는 일종의 상수로서, 수시로 변화하는 연상과 합쳐져 다양한 해석을 산출해낸다. 만약 '동기 부여'를 '능력'으로, '해석'을 '활용'으로 바꾸면 193쪽에서 설명한 언어학의 비유로 돌아가게 된다. (말이 나온 김에, 구멍 뚫린 블록이 미완성으로 남은 원형 극장의 축소판과 같다는 사실을 알아차린 독자가 혹시 있는가?)

　건축가가 집합적인 구조물을 해석하는 입장에 있다면, 사용자에 대한 건축가의 입장은 자신의 설계를 해석 가능하게 만드는 것이다. 건축가는 자신이 관여하는 범위가 어디까지며 관여하지 말아야 할 일은 무엇인지를 분명히 해야 하며, 적절한 비례와 균형 속에서 공간을 만들고, 또 공간을 남겨야 한다.

10 형태는 악기다

사람은 주변에 있는 사물에 개인적으로 많은 영향력을 행사할수록 그 사물에 강한 유대감을 느끼며 관심을 많이 기울일수록 정성과 애정을 쏟고 싶은 마음도 강해진다.

사람은 자신이 동일시할 수 있는 대상에 대해서만 애정을 키운다. 자기의 정체성을 충분히 투영할 수 있는 것, 너무나 많은 관심과 정성을 기울인 나머지 그 대상이 마치 자신의 일부인 듯한 것. 어떤 사물에 아낌없는 관심과 정성을 쏟으면 마치 그 사물이 자신을 꼭 요구하는 것처럼 느껴지고, 그 사물에 일어나는 일에 대해 자기가 결정권을 행사할 뿐 아니라 그 사물 역시 자기 삶에 발언권을 가지는 것처럼 느껴지기도 한다. 이러한 관계 역시 상호 전용의 과정으로 간주할 수 있다. 사람은 주변 환경의 형태와 내용에 더 깊이 관여할수록 환경을 전용하는 일이 많아진다. 그리고 사람은 환경을 점유할 뿐 아니라 환경에게 점유당하기도 한다.

사람과 사물이 서로를 전용하는 현상에 비추어볼 때, 우리가 건축가로서 동기를 부여한다는 것은 곧 사람들에게 자신이 거주하는 공간을 완성하고 그 공간에 '색을 입히라고' 권유하는 것이다. 한편으로는 사람들 역시 사물에게 자기 자신의 존재를 완성하고 색깔을 입히며 내용물을 채우라고 권유한다.

사용자와 공간은 서로를 보완하고 서로에게 영향을 미친다. 이들의 관계는 개인과 공동체의 관계와도 비슷하다. 사용자가 공간에 자신을 투영하는 것은 공동체 안에서 각 개인이 다른 사람과의 다양한 관계 속에서 자기만의 색깔을 표현하며, 역할을 수행하고 역할에 조종당하기도 하면서 정체성을 형성해 나가는 과정과 비슷하다.

공간은 하나의 기계로서 주어진 목표를 향해 똑바로 나아가며, 형태와 프로그램이 서로를 연상시키는 지점에 이르면 악기와 같은 역할을 한다. 제대로 작동되는 기계는 정해진 프로그램에 따라 예상대로만 움직인다. 누구든 언제나 정확한 버튼을 누르기만 하면 예상과 똑같은 결과를 얻는다.

'악기는 연주라는 본래의 목적 내에서 최대한 다양하게 사용될 수 있는 가능성을 내포한다. 정해진 한계 내에서 악기의 잠재력을 최대한 이끌어내는 것은 연주자의 몫이다. 악기와 연주자는 각자의 능력을 서로에게 드러내면서 서로를 보완하고 서로를 완성한다. 이런 면에서 공간 역시 악기와 비슷하다. 공간은 사용자에게 그가 마음속으로 간절히 원하는 일을 나름의 방식으로 실행할 기회를 제공한다.' ④

내가 하려는 이야기는 1966년에 쓰고 1967년에 '정체성'이라는 제목으로 〈포럼〉 7호에 발표한 다음 글에 잘 요약되어있다.

'건축가가 건물을 설계할 때 항상 마음에 새겨야 하는 것은 사용자가 각 부분을 어떻게 사용할지를 스스로 결정할 수 있어야 한다는 사실이다. 사용자의 개인적인 해석은 건물 프로그램을 엄격히 고수하는 건축가의 전형적인 접근과는 비교할 수 없을 정도로 중요하다. 프로그램을 구성하는 기능의 결합이 모든 사람에게 어느 정도 들어맞는 가장 큰 공통분모인 표준 생활패턴에 맞춰진다면 어떨까? 모든 사람에게 우리가 예상하는 이미지에 맞춰 행동하고, 먹고, 자고, 집에 들어서라고 강요하는 결과를 낳게 된다. 요컨대 각 개인과의 유사성이 희박해 개인에게 적용하기에는 매우 부적절한 이미지를 강요하게 된다.

따라서 충족시켜야 할 조건이 모호하기만 하다면 투명한 건축을 창조하는 일은 전혀 어렵지 않다!

모든 사람이 상황과 장소에 따라 각자의 방식으로 구체적인 기능을 해석하는 데서 비롯된 불일치는 궁극적으로 각 개인에게 정체성을 부여한다. 그리고 모든 사람이 처한 상황에 정확히 맞추는 일은 불가능하기 때문에(지금도 그렇고 과거에도 언제나 불가능했다), 우리는 실제로 해석이 가능한 공간을 설계함으로써 개인적 해석의 가능성을 열어놓아야 한다.

단순히 개별적 해석의 여지를 남겨두는 것, 즉 설계하다가 초기 단계에 멈추는 것만으로는 충분하지 않다. 물론 이렇게만 해도 유연성은 증가하겠지만 유연하다고 해서 언제나 기능을 더 잘 수행할 수 있는 것은 아니다. (유연성은 어떤 상황에서도 상상할 수 있는 최선의 결과를 도출하지 못하기 때문이다.) 사람들에게 열려있는 선택의 기회가 대폭 확대되지 않는 한 전형적인 패턴은 사라지지 않을 것이다. 선택 기회를 확대하기 위해서는 우선 우리 주변에 있는 사물이 다용도로 쓰일 수 있도록 하는 데서 시작해야 한다. 따라서 우리는 사물이 자신에게 충실하면서도 다른 여러 색깔을 띠는 일이 가능하게 만들어야 한다.

각 개인이 자기만의 방식으로 해석하기를 기대하려면 설계 단계에서부터 다양한 역할을 고려해야 한다. 즉 다양한 역할에 우선순위를 부여하거나 프로그램에 중요한 요건으로 포함시켜야 한다. 사용자를 자극하는 장치를 통해 다양한 역할에 우선순위를 부여하면 명시적이지 않은 제안으로 받아들여질 것이다.

공간의 조건을 결정하는 골조 내에서 사용자는 어떤 유형이 자신에게 가장 잘 맞는지 스스로 선택할 자유를 얻는다. 말하자면 메뉴를 직접 고를 자유를 얻는 셈이다. 이렇게 되면 사용자가 자기 자신에게 더 충실하게 되고 사용자의 정체성도 강화된다. 각 부분과 장소는 총체적인 프로그램, 즉 예상되는 모든 프로그램의 합에 맞춰 조율되어야 한다. 우리가 공간을 설계할 때 최대한 다양한 사용법을 수용하도록 조건을 정한다면, 계획안의 원래 목표에서 벗어나지 않으면서도 전체 공간에서 무한히 많은 가능성을 이끌어내는 것이 가능하다. 겉으로 드러나지 않고 계획안에 깊숙이 숨어있는 사용 가능성 덕분에 '수익'은 더욱 늘어날지도 모른다.' ③a

뷔트 쇼몽 공원, (파리).

저자 약력

1932	네덜란드 암스테르담 출생
1958	델프트 공과대학 졸업. 건축사무소 개업
1959-63	네덜란드 건축잡지 〈Forum〉 편집장
1965-69	암스테르담 건축아카데미에서 강의
1970-99	델프트 공과대학 교수
1975-	벨기에 왕립아카데미 명예회원
1982-86	스위스 제네바대학 방문교수
1983-	독일 건축가협회 명예회원
1986-93	스위스 제네바대학 교수
1990-95	암스테르담 베를라허협회장 역임
1991-	영국 왕립건축가협회 특별명예회원
1992	오란여 낫소 기사 작위
1993-	베를린 예술아카데미 명예회원 추대
1995-	이탈리아 피렌체 디자인예술아카데미 명예회원
1996-	스코틀랜드 왕립건축협회 특별명예회원
1997-	프랑스 건축아카데미 명예회원
1999-	네덜란드 라이온 기사 작위
2002-	네덜란드 건축가협회 명예회원BNA
2004-	미국 건축가협회 명예회원AIA
1966-2008	아르헨티나, 오스트리아, 벨기에, 브라질, 크로아티아, 덴마크, 프랑스, 독일, 그리스, 아일랜드, 이스라엘, 이탈리아, 일본, 멕시코, 네덜란드, 슬로베니아, 한국, 스페인, 스위스, 대만, 영국, 미국의 대학 및 건축협회 객원 강사

수상

1968	City of Amsterdam Award for Architecture; for the Students' house, Amsterdam
1974	Eternit Award; for Centraal Beheer office building, Apeldoorn
1974	Fritz-Schumacher Award for complete oeuvre
1980	A.J. van Eck Award for Vredenburg Music Centre, Utrecht
1980	Eternit Award (honorary mention) for Vredenburg Music Centre, Utrecht
1985	Merkelbach Award from the city of Amsterdam for the Apollo Schools, Amsterdam
1988	Merkelbach Award from the city of Amsterdam for De Evenaar school, Amsterdam
1989	Richard Neutra Award for professional excellence
1989	Berliner Architekturpreis, awarded by the city of West Berlin for the LiMa housing project on Lindenstrasse / Markgrafenstrasse, Berlin
1991	Premio Europa Architettura Fondazione Tetraktis Award for his complete oeuvre
1991	Berlage Flag for the Ministry of Social Welfare and Employment, The Hague
1991	BNA Kubus, awarded by the Association of Dutch Architects for his complete oeuvre
1991	Betonprijs (Concrete award) for the Ministry of Social Welfare and Employment, The Hague
1993	Prix Rhénan for Schoolvereniging Aerdenhout Bentveld school, Aerdenhout
1998	City of Breda Award for Architecture; for the Library and 'De Nieuwe Veste' - Centre for Art and Music (Music and Dance department), Breda
1998	Premios Vitruvio 98 Trayectoria Internacional; for the entire oeuvre
2000	Scholenbouwprijs (School Building Award) for Montessori College Oost, Amsterdam
2002	Leone d'Oro for the Best Foreign Pavilion of the 8th International Architecture Biennale of Venice
2004	Apeldoorn for CODA - Cultuur Onder Dak Apeldoorn, museum, library and municipal archives, Apeldoorn

2004	Oeuvreprijs Architectuur (oeuvre award for architecture) of The Netherlands Foundation for Visual Arts, Design and Architecture (Fonds BKVB)		공모전 우승작

2004	Scholenbouwprijs (School Building Award) for Titaan secondary school, Hoorn	1991	Office building Benelux Merkenbureau, The Hague
		1990-91	Projects for the 'Media Park Köln', Cologne (Germany)
		1991	City Theatre, Delft
2005	Arie Keppler Award for Titaan secondary school, Hoorn	1992-93	Berlin Olympia 2000 / urban planning for parts of Rummelsburger Bucht, Berlin (Germany)
2006	Publieksprijs Architectuur (awarded by readers of the Stentor Apeldoornse Courant) for the extension /renovation of Theatre and Congress Centre Orpheus, Apeldoorn	1993	Residential buildings, Düren (Germany)
		1993	Urban design (for offices) for the Clemensänger area in Freising, near Munich (Germany)
		1996	Urban design village centre, Gemeindezentrum, Dallgow (Germany)
2008	Architectuurprijs Zwolle for the 'fire station', awarded by the city of Zwolle	1996	Urban design, Tel Aviv - Peninsula (Israel)
		1997	Theatre, Helsingør (Denmark)
		1998	Urban design Paleiskwartier'(residential buildings, offices, parking), 's-Hertogenbosch
		1998	Conversion and extension of the governmental RDW office building, Veendam
		1998	Kindergarten/primary school and 32 houses, Kasteel Unicum, Oegstgeest
		1999	Museum, library, municipal archives, Apeldoorn
		2000	Waternet / DWR Office Building, Amsterdam
		2000	Residential area Paswerk, Haarlem
		2003	Extension elementary school 14e Montessorischool, Amsterdam
		2003	Urban design residential area 'Meerhoven', Eindhoven
		2003	Secondary school in area 'Leerpark', Dordrecht
		2004	School with 16 classrooms Romanina, Rome - Italy, in collaboration with Autonomeforme from Palermo

작품 활동

쪽 번호

1959-66	Students' house, Weesperstraat, Amsterdam: p.18, 43, 155, 252.	1986-93	'Theater Centrum aan het Spui', complex consisting of apartments, retail premises, theatre and film facilities, The Hague
1960-66	Montessori Primary School, Delft: p.33, 43, 125, 128, 133, 162, 253.	1988-89	8 classroom extension to primary school Schoolvereniging Aerdenhout Bentveld, Aerdenhout
1962-64	Extension Linmij laundry, Amsterdam (demolished in 1995): p.228.	1988-96	Amsterdamse Buurt housing project, 43 units, Haarlem
1964-74	De Drie Hoven nursing home, Amsterdam-Slotervaart: p.32, 135, 140, 146, 161, 230.	1989-90	Studio 2000, 16 live-work units in Muziekwijk neighbourhood, Almere
1967	House conversion, Laren	1989-99	'Kijck over den Dijck' housing project Merwestein Noord, Dordrecht
1967-70	8 experimental houses (Diagoon type), Delft: p.141, 257.	1990-92	Polygoon, 16 classroom primary school, Filmwijk, Almere
1968-70	Extension to Montessori School, Delft	1990-92	11 semi-detached houses, Filmwijk, Almere
1968-72	Centraal Beheer office building (with Lucas & Niemeijer), Apeldoorn: p.34, 117, 122, 125, 180, 214, 233.	1990-93	Benelux Trademarks Office, The Hague
		1990-95	Extension to Centraal Beheer office building, Apeldoorn
1972-74	De Schalm community centre, Deventer-Borgele: p.212.	1991-93	Extension to Willemsparkschool, Amsterdam
1973-78	Vredenburg Music Centre, Utrecht: p.20, 38, 50, 68, 126, 181, 236.	1991-93	Library and De Nieuwe Veste, Centre for Art and Music (Music and Dance department), Breda
1977-81	Second extension to Montessori School, Delft: p.133.	1991-98	YKK Dormitory / Guesthouse, Kurobe-City, Toyama District(Japan)
1978-80	Residential Neighbourhood (40 houses), Westbroek: p.215.	1992-95	Chassé Theatre, Breda
1978-82	Haarlemmer Houttuinen urban regeneration programme, Amsterdam: p.30, 150.	1993-94	Anne Frank primary school, Papendrecht
		1993-95	De Bombardon, 20 classroom remedial school, Almere
1979-82	Kassel-Dönche housing project, Kassel(Germany): p.135.	1993-96	Markant Theatre, Uden
1979-90	Ministry of Social Welfare and Employment, The Hague: p.238.	1993-96	Housing on Vrijheer van Eslaan, Papendrecht
1980-82	Pavilions, bus stops and market facilities for square (Vredenburgplein), Utrecht: p.256.	1993-96	Rotterdamer Strasse housing project, 136 units, Düren(Germany)
1980-83	Apollo primary schools, Amsterdam: Amsterdamse Montessori School and Willemsparkschool: p.26, 28, 53, 82, 131, 242.	1993-97	Extension to Vanderveen department store, Assen
		1993-97	Stralauer Halbinsel housing project, Block 7+8, Berlin(Germany)
1980-84	Overloop nursing home, Almere-Haven: p.50, 61, 89, 134.	1993-00	Montessori College Oost, secondary school for approx. 1650 pupils, Amsterdam
1982-86	LiMa housing, Berlin (Germany): p.47, 142.	1994-96	Extension to the library, Breda
1984-86	De Evenaar primary school, Amsterdam: p.22, 26, 64.	1994-98	Bijlmer monument(in cooperation with Georges Descombes), Amsterdam
1986-89	Het Gein, housing project (406 one-family houses and 52 apartments), Amersfoort: p.158.		

1994-98	Urban design/masterplan for Stralauer Halbinsel, Berlin (Germany)		Venice (Italy)
1995-97	De Koperwiek primary school, Venlo	2002-04	Bridge for pedestrians and cyclists Veersche Poort, Middelburg
1995-99	Housing project Prooyenspark, Middelburg	1999-05	Experimental houses Waterwijk, Ypenburg
1996-99	House Schirmeister on Borneo Isle, Amsterdam	2000-05	Waternet office building, Amsterdam
1996-00	Housing project Paradijsselpark, Capelle aan den IJssel	1995-06	Supervisor for urban design Veersche Poort, Middelburg
1996-02	De Eilanden, Montessori primary school, Amsterdam	2000-07	Housing project Paswerk, Haarlem
1997-02	Housing project (new-build, renovation) Noordendijk, Dordrecht	2001-06	Sewage purification plant and office building RWZI, Amsterdam
1998-00	De Vogels primary school, Oegstgeest	2001-07	Housing project Mezenhof Veersche, Middelburg
1998-00	Housing project Poelgeest, Oegstgeest	2002-06	Conversion of Ministry of Social Welfare and Employment, The Hague
1998-01	Housing project (urban growth units) Veersche Poort, Middelburg	2002-07	Housing project Meerwijk / Schalkwijk, and De Meer and De Piramide extended schools (2 primary schools, neighbourhood centre, pre-school playgroup and day nursery), Haarlem
1998-02	Housing project (growing houses), Almere		
1998-02	Housing project Watersniphof Veersche Poort, Middelburg		
1998-02	Water-house (floating house) Veersche Poort, Middelburg	2002-08	Housing project for elderly Hof van Buuren, Middelburg
		2003-06	Extension and renovation 14th Montessori primary school, Amsterdam
1998-02	'Il Fiore' office building, Céramique area, Maastricht		
1998-04	Housing project (160 one family houses), Ypenburg	2003-06	Extension to De Koperwiek primary school, Venlo
1999-00	Extension to Willemsparkschool, Amsterdam	2003-08	Aramis office building, Roosendaal
1999-04	CODA (Cultuur Onder Dak Apeldoorn), museum, library and municipal archives, Apeldoorn	2003-08	Fire station, Zwolle
		2003-08	Stedelijk Dalton Lyceum secondary school, Dordrecht
1999-04	Titaan secondary school, Hoorn	2004-06	House Postmus, Bergen
1999-04	Extension / renovation of theatre and congress centre Orpheus, Apeldoorn	2004-07	De Spil extended school (primary schools, neighbourhood centre, pre-school playgroup, day nursery and sports hall), Arnhem
2000-02	Bergeend housing project Veersche Poort, Middelburg		
2000-03	Renovation and extension cinema Haags Filmhuis, The Hague	2004-07	De Salamander extended school (primary schools, neighbourhood centre, pre-school playgroup, day nursery and sports halls), Arnhem
2000-03	Renovation and extension Chassé Theatre and Holland Casino, Breda	2004-07	De Opmaat extended school (primary school, preschool playgroup, and day nursery), Arnhem
2000-04	MediaPark office complex with studios and housing, Cologne (Germany)	2005-08	Fire Station, Hilversum
		2007-08	Sanders House, Amsterdam
2001-04	Zwanenhof housing project, Veersche Poort, Middelburg		
2002	Design of Fresh Facts exhibition in the Dutch Pavilion for the 8th International Architecture Biennale,		

주요 저작

Hertzberger, Herman., *The Schools of Herman Hertzberger Alle scholen*, Uitgeverij 010 Publishers, Rotterdam, 2009.

Hertzberger, Herman., *Space and Learning. Lessons in architecture 3.* Uitgeverij 010 Publishers, Rotterdam, 2008.

Kloos, Maarten., Behm, Maaike., and Amsterdam Centre for Architecture, *Hertzberger's Amsterdam*, Amsterdam ARCAM/Architectura & Natura Press, Amsterdam, 2007.

Vollaard, Piet., and Kruize, Roelof., *Waternet, Dubbeltoren Waternet Double Tower*, Uitgeverij 010 Publishers, Rotterdam, 2006.

Hertzberger, Herman., and Wortmann, Arthur., *De Theaters van Herman Hertzberger*, Uitgeverij 010 Publishers, Rotterdam, 2005.

Swaan, Abram de., and van Beers, Nienke., *Herman Hertzberger: Oeuvreprijs 2004 Fonds voor beeldende kunsten, vormgeving en bouwkunst*, Stichting Fonds BKVB, Amsterdam, 2005.

Hertzberger, Herman., Bouter, Hein de., and Kirkpatrick, John., (et al) *Cultuur onder dak: Shelter for culture : Herman Hertzberger & Apeldoorn*, Uitgeverij 010 Publishers, Rotterdam, 2004.

Hertzberger, Herman., *Articulations*, Prestel Verlag, München, 2002.

Hertzberger, Herman., Fiorentini, Pierluigi., and Architetti, Gli., *Spazi a misura d'uomo*, Testo & Immagine s.r.l., Torino, 2002.

Hertzberger, Herman., *Space and the Architect. Lessons in Architecture 2*, Uitgeverij 010 Publishers, Rotterdam, 2000.

Bergeijk, Herman van, and Hauptmann, Deborah., *Notations of Herman Hertzberger*, NAi Publishers, Rotterdam, 1998.

Hertzberger, Herman., and Bergeijk, Herman van., *Herman Hertzberger*, Birkhäuser Verlag, Basel, 1997.

Hertzberger, Herman, Vollaard, Piet., Zijthoff, Reg ten., *Chass Theater*, Uitgeverij 010 Publishers, Rotterdam, 1995.

Hertzberger, Herman., *Projekte 1990-1995. Das Unerwartete berdacht. Accommodating the unexpected*, Uitgeverij 010 Publishers, Rotterdam, 1995.

Hertzberger, Herman., Continenza, Romolo., and Zevi, Bruno., *Herman Hertzberger: Premio Europa Architettura 1990-1991*, Fondazione Tetraktis, Teramo, 1991.

Hertzberger, Herman., *Lessons for students in architecture*, Uitgeverij 010 Publishers, Rotterdam, 1991, 1993, 1998, 2001, 2005, 2009.

Hertzberger, Herman., and Reinink, Wessel., *Architect*, Uitgeverij 010 Publishers, Rotterdam, 1990.

Hertzberger, Herman., and Lüchinger, Arnulf., and Rietveld, Rijk., *Herman Hertzberger 1959-86. Bauten und Projekte*, Arch-Edition, Den Haag, 1987.

Croset, Pierre-Alain, (red.) Herman Hertzberger. *Six architetures photographi es par Johan van der Keuken*, Electa Editrice, Milano, 1985.

Hertzberger, Herman. "Huiswerk voor meer herbergzame vorm" *Forum XXIV*. nr. 3, 1973.

전시

1967	Biennale des Jeunes, Paris (France) [Students' house]
1968	Stedelijk Museum, Amsterdam [following City of Amsterdam award for architecture]
1971	Historical Museum, Amsterdam [show of plans for Nieuwmarkt quarter, Amsterdam]
1976	Venice Biennale (Italy)
1976	Stichting Wonen, Amsterdam
1980	Kunsthaus, Hamburg (Germany)
1985 etc.	Berlin (Germany) / Geneva (Switzerland) / Bordeaux (France) / Zürich (Switzerland) / Vienna (Austria) / Zagreb (Yugoslavia) / Split (Yugoslavia) / Braunschweig (Germany) / Hannover (Germany) / Frankfurt (Germany) / Dortmund (Germany) and further ['Six architectures photographieés par Johan van der Keuken', travelling exhibition featuring built work [Students' house, 'De Drie Hoven', 'Centraal Beheer', Music centre 'Vredenburg', Apollo Schools], three competition projects added in 1986 from Zagreb onwards [Film centre 'Esplanade', Bicocca-Pirelli, Gemäldegalerie]
1985	Stichting Wonen, Amsterdam [exhibitions 'Architecture 84' and 'De Overloop']
1985	Frans Halsmuseum, Haarlem [exhibitions 'Le Corbusier in Nederland' and Students' house]
1986	Fondation Cartier, Jouy-en-Josas (France) [Students' house]
1986	Pompidou, Paris (France) [exhibitions 'Lieux de Travail' and 'Centraal Beheer']
1986	Milan Triennale (Italy) [exhibitions 'Il Luogo del Lavoro', 'Centraal Beheer' and Bicocca-Pirelli]
1986 etc.	Stichting Wonen, Amsterdam / Montreal (Canada) / Toronto (Canada) / Los Angeles (USA) / Raleigh (USA) / Blacksburg (USA) / Philadelphia (USA) / Tokyo (Japan) / London (U.K.) / Edinburgh (U.K.) and further [exhibition 'Herman Hertzberger'; various (competition) projects since 1979]
1987	MIT, Cambridge (USA) and various other universities in the USA [Film centre 'Esplanade', Bicocca-Pirelli, Gemäldegalerie]
1987	Stichting Wonen, Amsterdam [exhibitions 'Architecture 86' and 'De Evenaar']
1988	New York State Council of the Arts, New York (USA) [Haarlemmer Houttuinen, Kassel-Dönche, Lindenstrasse]
1989	Global Architecture International, Tokyo (Japan) [filmcentre Esplanade]
1989	Institut Français d'Architecture, Paris (France) [exhibition of the 20 entrants to the competition for the Bibliothèque de France]
1991	Global Architecture International, Tokyo (Japan) [Ministry of Social Welfare]
1991	Tetraktis exhibition of projects and travel sketches by Herman Hertzberger, L'Aquila, (Italy)
1992	World Architecture Triennale, Nara (Japan) [Ministry of Social Welfare, Mediapark Cologne]
1993	De Beyerd, Breda [exhibition 'Herman Hertzberger']
1995	Architekturgalerie, Munich (Germany) / Centraal Beheer, Apeldoorn / De Pronkkamer, Uden, travelling exhibition [das Unerwartete überdacht / Accomodating the Unexpected, Projekte/Projects 1990-1995]
1995	De Beyerd, Breda [Chassé Theatre]
1996	Deutsches Architektur Museum, Frankfurt am Main (Germany), [projects Stralauer Halbinsel Berlin]
1998	Deutsches Architektur Zentrum, Berlin (Germany); Museo Nacional de Bellas Artes, Buenos Aires (Argentina); Bouwbeurs, Utrecht; Netherlands Architecture Institute, Rotterdam; Technische Universität, Munich (Germany); Town hall, Middelburg; Biennal Museum of Arts Ibera Puera, São Paulo (Brazil); Haus der Niederlände, Münster (Germany); Museum Nagele, Nagele: travelling exhibition 'Herman Hertzberger Articulations', compiled by the Netherlands Architecture Institute, Rotterdam
2004	Centraal Beheer, Apeldoorn [exhibition 'Architectuurstudio Herman Hertzberger']
2007	ARCAM, Amsterdam [exhibition 'Hertzberger's Amsterdam']

참고 문헌

헤르만 헤르츠버거의 논저 · 강연

"7x70 une presenza necessaria" by Molinari, Luca., and "Herman Hertzberger 'Magister ludi' dello spazio" by van Bergeijk, Herman. (followed by a number of project documentations), *Area*, no.70, 2003, pp.2-5, pp.54-77.

"A Culture of Space", *Dialogue, architecture + design + culture*, no.2, 1997, pp.14-15.

"Aldo van Eyck 1966", *Goed Wonen*, no.8, 1966, pp.10-12.

"Aldo van Eyck", *Spazio e Società*, no.24, 1983, pp.80-97.

"Anne Frank Basisschool", Papendrecht, "De Bombardon" LOM-Basisschool, Almere, *Zodiac*, no.18, 1997/98, pp.152-161.

"Architecture for People", *A+U*, no.75, 1977, pp.124-146.

"Architectuur en constructieve vrijheid" and "Bibliothèque Ste Geneviève in Parijs", ***Architectuur / Bouwen***, **no.9, 1985, pp.33-37.** ⑫

"Architektur für Menschen", in: Blomeyer, G. R, B. Tietze, *In Opposition zur Moderne*, Friedrich Vieweg & Sohn, 1980, pp.142-148.

"Building Order", ***Via*** **7, Cambridge, 1984.** ⑪

"Concours d'Emulation 1955 van de studenten", *Bouwkundig Weekblad*, 1955, p.403.

"Das Schröderhaus in Utrecht", *Archithese*, no.5, 1988, pp.76-78.

"De schetsboeken van Le Corbusier", *Wonen-TABK*, no.21, 1982, pp.24-27.

"Designing as Research", *The Berlage Cahiers*, no.3, 1995, pp.8-10.

"De te hoog gegrepen doelstelling", *Wonen-TABK*, no.14, 1974, pp.7-9.

"De traditie van het nieuwe bouwen en de nieuwe mooiigheid", in: Haagsma, ***I, H. de Haan, Wie is er bang voor nieuwbouw?***, **Amsterdam, 1981, pp.141-154.** ⑦

"De traditie van het Nieuwe Bouwen en de nieuwe mooiigheid", *Intermediair*, 1980.

"Do architects have any idea of what they draw?", *The Berlage Cahiers*, no.1, 1992, pp.13-20.

"Een bioscoop met visie", *Skrien*, no.197, 1994, pp.58-61.

"Einladende Architektur", *Stadt*, no.6, 1982, pp.40-43.

"El deber para hoy: hacer formas más hospitalarias", *Summarios*, no.18, 1978, pp.3-32.

"Espace Montessori", *Techniques & Architecture*, no.363, 1985/1986, pp.78-82, p.93.

"Flexibility and polyvalency", ***Ekistics***, **no.8, 1963, pp.238-239.(excerpt of Forum, no.3, 1962)** ①

"Flexibility and Polyvalentie", *Forum*, no.3, 1962.

"Form and program are reciprocally evocative", ***Forum***, **no.7, 1967(article originally written in 1963).** ③

"Form und Programm rufen sich gegenseitig auf", *Werk*, no.3, 1968, pp.200-201.

"Gedachten bij de dood van Le Corbusier", ***Bouwkundig Weekblad***, **no.20, 1965, p.366.** ②

"Henri Labrouste. La réalisation de l'art", *Techniques & Architecture*, no.375, Sociéte Nationale de Publicité Presse, Paris, 1987/88, p.33.

"Het 20e-eeuwse mechanisme en de architectuur van Aldo van Eyck", in: Ligtelijn, Vincent., *Aldo van Eyck Werken*, THOT, Bussum, 1999, pp.22-25.

"Het 20e-eeuwse mechanisme en de architectuur van Aldo van Eyck", ***Wonen-TABK***, **no.2, 1982, pp.10-19.** ⑧

"Het St. Pietersplein in Rome. Het plein als bouwwerk", *Bouw*, no.12, 1989, pp.20-21.

"Huiswerk voor meer herbergzame vorm", ***Forum XXIV***, **no.3, 1973.** ④

"Identity", ***Forum***, **no.7, 1967(article originally written in 1966).** ③a

"Inleiding", in: *ir. J. Duiker*, Uitgeverij 010 publishers, Rotterdam, 1990.

"Introductory Statement", *The Berlage Cahiers*, no.1, 1992, pp.9-12.

"Klaslokalen aan een centrale leerstraat", in: *Ruimte op school*, Almere, 1994, pp.16-17.

"L'Espace de la Maison de Verre", *L'Architecture d'Aujourd'hui*, no.236, 1984, pp. 86-90.

"La Scuola di Amsterdam, Tracy Metz talks to Herman Hertzberger about the Architecture of Education", *Domus*, no.832, 2000, pp.58-69.

"Learning from Groningen"(an e-mail interview with Christophe Cornubert and Herman Hertzberger, by Gerard Asali, Andrea Morpurgo and Javier Rojas), *HUNCH - The Berlage Institute Report*, no.2, Berlage Institute Amsterdam, 2000, pp.103-123.

"Learning without Teaching", *The Berlage Cahiers*, no.4, 1996, pp.6-8.

"Le Corbusier et la Hollande", *Le Corbusier, voyages, rayonnement international*, Fondation Le Corbusier, Paris, 1997, pp.57-64.

"Lecture by Herman Hertzberger", *Technology, Place & Architecture* -The Jerusalem Seminar in Architecture, Rizzoli, New York, 1998, pp.250-253.

"Le Royaume Public" and "Montagnes dehors - montagnes dedans", in: *Johan van der Keuken*, Brussels, 1983, pp.88-118.

"Looking for the beach under the pavement", *RIBA-Journal*, no.2, 1971, pp.328-333.

"Mag het'n beetje scherper alstublieft?" in: *Joop Hardy: Anarchis*, Delft, 1991, pp.143-144.

"Montessori en Ruimte", *Montessori Mededelingen*, no.2, 1983, pp.16-21.

"Montessori Primary School in Delft", *Harvard Educational Review: Architecture and Education*, vol.39, no.4, 1969, pp.58-67.

"Motivering van het minderheidsstandpunt", *Wonen-TABK*, no.4, 1980, pp.2-3.

"Naar een verticale woonbuurt", *Forum*, no.8, 1960/61, pp.264-273.

"Nara, and Triennale, Nara, 1992", Lecture in: *The Japan Architect Extra Issue*, no.8, 1993, pp.147-152.

"Over bouwkunde, als uitdrukkingen van denkbeelden", *De Gids*, no.7/8/9, 1984, pp.810-814.

"P.S.: vulnerable nudity!", in: Arets, wiel., *Strange Bodies /Fremdkörper*, Basel/Boston/Berlin, 1996, pp.65-67.

"Place, Choice and Identity", *World Architecture*, 1967, pp.73-74.

"Points de rencontre" in: Perrin, Carmen., *Contextes*(Infolio éditions) Gollion Suisse, 2004, p.60.

"Presentation", *Building Ideas*, vol.6, no.2, 1976, pp.2-14.(also in Forum XXIV no.3)

"Ruimte maken - Ruimte laten", in: *Studium Generale Vrije Universiteit Amsterdam. Wonen tussen Utopie en Werkelijkheid*, Nijkerk, 1980, pp.28-37.

"Schelp en Kristal", in: Strauven, F. *Het Burgerweeshuis van Aldo van Eyck*, Amsterdam, 1987, p.3.

"Schoonheidscommisies", *Forum*, 1970, pp.13-15.

"Schul(t)räume; Schule und Raum - Raum für Schule", *AIT*, no.5, 2001, pp.122-126.

"Shaping the environment", in: Mikkelides, B. (ed.), *Architecture for People*, London, 1980, pp.38-40.

"Some notes on two works by Schindler", *Domus*, no.545, 1967, pp.2-7.

"Spatial Education", *Arquitectura Viva*, no.78, 2001, pp.28-31, pp.114-115.

"Stadtverwandlungen", *Materialien*(Reader of the Hochschule der Künst-Berlin), no.2, 1985, pp.40-51.

"Strukturalismus-Ideologie", *Bauen+Wohnen*, no.1, 1976, pp.21-24.
"The Permeable Surface of the City", *World Architecture*, no.1, 1964.
"The Public Realm", *A+U*, 1991, pp.12-44.
"The space mechanism of the twentieth century or formal order and daily life: front sides and back sides", in: *Modernity and Popular Culture*(Alvar Aalto symposium), Helsinki, 1988, pp.37-46.
"The tradition behind the 'Heroic Period' of modern architecture in the Netherlands", *Spazio e Società*, no.13, 1981, pp.78-85.
"Three better possibilities", *Forum*, no.5, 1960/61, p.193.
"Time-based buildings", in: Leupen, Bernard., Heijne, René., and van Zwol, Jasper. (eds), *Time-based Architecture*, Uitgeverij 010 Publishers, Rotterdam, 2005.
"Une rue habitation à Amsterdam", *L'Architecture d'Aujourd'hui*, no.225, 1983, pp.56-63.
"Une strada da vivere. Houses and streets make each other", *Spazio e Società*, no. 23, 1983, pp.20-33.
"Un insegnamento da San Pietro", ***Spazio e Società*, no.11, 1980, pp.76-83.** ⑥
"Un nuevo mundo de relaciones: la fachada de vidrio de la fábrica Van Nelle de Van der Vlugt", *Tectonica*, no.10, 1999/2000, p.2
"Verschraalde helderheid", *Forum*, no.4, 1960/61, pp.143-144.
"Weten en geweten", *Forum*, no.2, 1960/61, pp.46-49.
"Zorg voor of zorg over de architectuur", *Stedebouw en Volkshuisvesting*, 1961, pp.216-218.
Bergeijk, Herman., and Hauptmann, Deborah. (et al.), *Notations of Herman Hetzberger*, Rotterdam, 1998.
Biennale de Paris, *Architecture*(Exhibition catalogue), Luik/Brussel 1985, pp.30-35.

Chassé Theater, Uitgeverij 010 publishers, Rotterdam, 1995.
de Bouter, Hein., Kirkpatrick, John., and Hertzberger, Herman. (et al.), *Cultuur onder dak = Shelter for Culture : Herman Hertzberger & Apeldoorn*, Uitgeverij 010 Publishers, Rotterdam, 2004.
De ruimte van de architect (Lessen in architectuur 2), Uitgeverij 010 publishers, Rotterdam, 1999.
De theaters van Herman Hertzberger(The Theatres of Herman Hertzberger), Uitgeverij 010 Publishers, Rotterdam, 2005.
***Forum*, no.3, 1983.** ⑩
Forum, no.8, 1965.
Frampton, Kenneth., Labour, *work and architecture*, Phaidon Press, London, 2002, pp.288-297.
Guide per progettare, Lezione di Architettura(Italian edition), Roma-Bari, 1996.
Herman Hertzberger Projekte 1990-95(Exhitibion catalogue), Uitgeverij 010 publishers, Rotterdam, 1995.
Herman Hertzberger(Studio Paperback Series), Basel/Boston/Berlin, 1997.
Herman Hertzberger, 1959-86, Bauten und Projekte/Buildings and Projects/Bâtiments et Projets by Lüchinger, A.(all the descriptions of the projects are written by Herman Hertzberger), The Hague, 1987.
Hertzberger, Herman: *Articulations*, Prestel, München, 2002, pp.76-77.
Het Openbare Rijk, Technical University Delft, 1982.(reprinted in 1984)
INDESEM 2000, Delft, 2000, pp.20-25, pp.260-275.
Inleiding, *Forum*, no.1, 1960.
Koolhaas, Rem., *Hoe modern is de Nederlandse architectuur?*, Uitgeverij 010 publishers, Rotterdam, 1990, pp.60-65.
Lecture in: *INDESEM* 1985, Right Size or Right Size, Technical University Delft, 1985, pp.46-57.

Lecture in: *INDESEM* 1987 Technical University Delft, 1987, pp.186-201.
Lecture in: *INDESEM* 1988 Technical University Delft, 1988.
Lecture in: *INDESEM* 1990 Technical University Delft, 1990.
Lessons for Students in Architecture (Chinese edition), Taipei, 1996/97.
Lessons for Students in Architecture (Japanese edition), Tokyo, 1995. *Lessons for Students in Architecture* (revised publication of the three books for students - Het Openbare Rijk, Ruimte maken - ruimte laten and Uitnodigende Vorm), Rotterdam, 1991.(second revised edition in 1993)
Lições de Arquitetura (Portuguese edition), São Paolo, 1996.
Project documentation Music Centre Vredenburg, Technical University Delft, 1981. ⑬
Reciprocity of human life and habitat (Library of Tape-slide Talk), Pidgeon Audio Visual, London, 1988.
Ruimte en Leren, Uitgeverij 010 Publishers, Rotterdam, 2008.
Ruimte Maken - Ruimte Laten, Technical University Delft, 1984.
Ruimte maken, ruimte laten, Lessen in architectuur (Dutch edition), Uitgeverij 010 publishers, Rotterdam, 1996.
Smith, Courtenay., and Topham, Sean., *Xtreme houses*, Prestel, München/Berlin/London/New York, 2002, pp.76-77.
Space and Learning, Uitgeverij 010 Publishers, Rotterdam, 2008.
Space and the Architect, Lessons in Architecture 2, Uitgeverij 010 Publishers, Rotterdam, 2000.
***Stairs* (first year seminar notes), Technische Universiteit Delft, 1987.** ⑨
Uitnodigende Vorm, Technical University Delft, 1988.
van Gool, Rob., *Das niederländische Reihenhaus - Serie und Vielfalt*, Deutsche Verlags-Anstalt, Stuttgart, 2000, p.9, pp.112-115, pp.116-117.
Vom Bauen, *Vorlesungen über Architektur* (German edition) München, 1995.
Wonen-TABK, no.24, 1979. ⑤
World Architecture, no.1, 1965.
World Architecture, no.2, 1966.

건축물 쪽번호, 저자의 작품은 제외

Baitard, V. Les Halles, Paris 1854-66: p.169
Bernini, G. S. H. St. Peter's Square, Rome since 1656: p.25,101
Blom, P. Kasbah, Hengelo 1973: p.162
Bramante, D. St. Peter's, Rome since 1452: p.37, 98
Brinkman, M. Spangen Housing, Rotterdam 1919: p.149, 154
Brinkman, M. & L. C. van der Vlugt
 Van Nelle Factory, Rotterdam 1927-29: p.56
Broek, J. H. van den
 Vroesenlaan Housing, Rotterdam 1931-34: p.145
Candilis, Josic & Woods Free University, Berlin 1963: p.216
Cerd , I. Ensanche, Barcelona 1859: p.222
Chareau, B., B. Biivoet, L. Dalbet
 Maison de Verre, Paris 1928-32: p.78
Cheval Le Palais Idéal, Haute Rives 1879-1912: p.219
Descombes, G. Pedestrian Underpass, Geneva 1981: p.72
Duiker, J., B. Bijvoet, J. G. Wiebenga
 Zonnestraal Sanatorium, Hilversum 1926-31: p.65
Duiker, J., B. Biivoet Open Air School, Amsterdam 1930: p.86
Duiker, J. Cineac Cinema, Amsterdam 1933: p.66, 182
Eiffel, G. The Eiltel Tower, Paris 1889: p.170
Eyck, A. van Orphanage, Amsterdam 1955-60: p.226
Gaudi, A., J. M. Juiol Parc Güell, Barcelona 1900-14: p.51
Godin, J. B. A. Familistère, Guise 1859-83: p.144, 160
Guimard, H.
 Castel Béranger, Paris 1896: p.81
 Underground Railway Stations 1898-1901: p.173
Habraken, N.
 The Bearers and the People: the End of Mass Housing 1961: p.210
H ring, H. Housing Siemensstadt, Berlin 1929-31: p.47
Her , H. E.
 Place Stanislas and Place de la Carrière, Nancy 1751-55: p.94

Horta, V.
 Private Home, Brussels 1896: p.36, 76
 Hotel Solvay, Brussels 1896: p.121, 184
 Van Eetvelde House, Brussels 1898: p.81
Klingeren, F. van
 Community Centers, Dronten, Eindhoven 1966-67: p.170
Labrouste, H.
 Bibliothèque Ste Geneviève, Paris 1843-50: p.84
 Bibliothèque Nationale, Paris 1862-68: p.117
Le Corbusier
 Pavillon de l'Esprit Nouveau, Paris 1925: p.44
 Fort l'Empereur Project, Algiers 1930: p.208
 Villa Savoye, Poissy 1929-32: p.71, 221
 Pavillon Suisse, Paris 1932: p.44
 Ministry of Education and Health, Rio de Janeiro 1936-37: p.179
 Heidi Weber pavilion, Zürich 1963-67: p.83
Louis, J. V. Palais Royal, Paris 1780: p.95, 164
May, E. Römerstadt, Frankfurt 1927-28: p.157
Martorell, Bohigas & Mackay
 Thou School, Barcelona 1972-75: p.49
Michelangelo St. Peter's, Rome since 1452: p.37, 98
Palladio, A. Villa Rotonda, Vicenza 1570: p.90
Paxton, J. Crystal Palace, London 1851: p.171
Peruzzi, B. St. Peter's, Rome since 1452: p.33, 98
Play, F. le World Exhibition Pavilion, Paris 1867: p.66
Piano, R. IBM Pavilion, Paris 1982-84: p.83
Rietveld, G. Rietveld-Schröder House, Utrecht 1924: p.59, 134
Radia, S. Watts Towers, Los Angeles 1921-54: p.219
San Gallo, G. da St. Peter's, Rome since 1452: p.37
Schinkel, K. Schloss klein Glienicke, Berlin 1826: p.95
Taut, B. Housing, Berlin 1925-27: p.267
Veugny, M. H. Cité Napoléon, Paris 1849: p.139
Wewerka, S. Project for a residential area, Berlin 1965: p.217
Wood, J. & J. Nash Royal Crescents, Bath 1767: p.94, 156

도판   도판 번호, 저자의 작품은 제외

R. Bolle-Reddat; 178
Hein de Bouter; 650
Burggraaff; 164
Richard Bryand; 54
Martin Charles; 114, 128, 140
Georges Descombes; 3, 173, 174, 175, 176, 177
Willem Diepraam; 12, 13, 56, 110, 122, 313, 314, 357, 358, 377, 425, 426, 427, 724, 733, 735, 739, 746, 749, 755, 763
Aldo van Eyck; 620, 622
L. Feininger; 68, 615
Dolf Floors; 106
Reinhard Friedrich; 596, 597
P. H. Goede; 617, 621
Werner Haas; 333
Jan Hammer; 432, 433
Akelei Hertzberger; 367, 368
Veroon Hertzberger; 241, 242, 243, 244
Johan van der Keuken; 25, 64, 73, 120, 126, 147, 148, 298, 299, 300, 301, 302, 304, 305, 321, 326, 428, 497, 695, 697, 698, 699, 703, 706, 707, 710, 714, 718, 750, 762, 766
Klaus Kinold; 15, 27, 34, 55, 690
Michel Kort; 259
Bruno Krupp; 319
J. Kurtz; 492

Rudolf Menke; 730
Roberto Pane; 235
Louis van Paridon; 395
Marion Post Wolcott; 40
Uwe Rau; 102, 366
Renandeau; 691
Ronald Roozen; 127
Izak Salomons; 644
H. Stegeman; 731, 732
H. Tukker; 165
Jan Versnel; 623, 625, 626, 627, 628
Ger van der Vlugt; 30, 104, 105, 143, 150, 151, 224, 225, 226, 227, 231, 343, 344, 348, 370, 371, 384, 385, 386, 674, 689
Gordon Winter; 419
Cary Wolinsky; 1

모든 사람을 행복하게 하는 건축가
헤르만 헤르츠버거의 건축 수업

1판 1쇄 펴냄 2009년 10월 10일
1판 3쇄 펴냄 2012년 11월 5일

지은이 헤르만 헤르츠버거
옮긴이 안진이

펴낸이 송영만
펴낸곳 효형출판
주소 우413-756 경기도 파주시 교하읍 문발리 파주출판도시 532-2
전화 031 955 7600
팩스 031 955 7610
웹사이트 www.hyohyung.co.kr
이메일 info@hyohyung.co.kr
등록 1994년 9월 16일 제406-2003-031호

ISBN 978-89-5872-083-6 03540

이 책에 실린 글과 그림은 효형출판의 허락 없이 옮겨 쓸 수 없습니다.

값 18,000원